普通高等院校航空专业"十二五"规划教材

航空器控制理论基础

胡盛斌　陆文华　编著

国防工业出版社

·北京·

内 容 简 介

本书重点介绍了经典控制理论的基本概念、基本分析和设计方法及其在航空器控制领域的典型应用。主要内容包括控制系统的数学模型、时域分析法、根轨迹法、频率响应法、控制系统的综合校正以及在航空器控制领域的应用等。书中紧密结合MATLAB系统仿真软件，有利于读者加深理解掌握基本理论，并可对相关原理进行仿真验证。

本书尝试经典控制理论与飞行控制结合起来，便于读者在较短时间内掌握运用经典控制理对航空器飞行控制进行基本分析和设计。全书力求突出重点，叙述通俗易懂，尽量小繁琐的数学推导，比较简明实用。

本书可作航空院校航空器械维修、飞行技术、航空机电、航空发动机等专业涉及自动控制理课程的教材或参考资料，也可供航空企业工程技术人员参考使用。

图书在版编目（CIP）数据

航空器控制理论基础 / 胡盛斌，陆文华编著. —北京：国防工业出版社，2015.3

普通高等院校航空专业"十二五"规划教材

ISBN 978 - 7 - 118 - 09853 - 2

Ⅰ. ①航… Ⅱ. ①胡… ②陆… Ⅲ. ①航空器 - 自动控制 - 高等学校 - 教材 Ⅳ. ①V249.12

中国版本图书馆 CIP 数据核字（2015）第 034936 号

※

国防工业出版社出版发行

（北京市海淀区紫竹院南路23号　邮政编码100048）

北京奥鑫印刷厂印刷

新华书店经售

*

开本 787×1092　1/16　印张 15¾　字数 359 千字

2015 年 3 月第 1 版第 1 次印刷　印数 1—2500 册　定价 42.00 元

（本书如有印装错误，我社负责调换）

国防书店：(010)88540777　　发行邮购：(010)88540776

发行传真：(010)88540755　　发行业务：(010)88540717

前　　言

　　传统上,航空类专业的航空器控制理论基础教学,基本上是先上"自动控制理论"课程,再上"飞行控制系统"课程,这样所占学时比较多,而对于一般的航空器械维修、飞行技术等对航空器控制理论要求较低的专业就不太适合了。本书尝试将经典控制理论与飞行控制结合起来,便于读者在较短时间内掌握运用经典控制理论对航空器飞行控制进行基本分析和设计,非常适合作为课时较少、要求不高的有关航空器控制理论的教材。

　　本书重点介绍了经典控制理论的基本概念、基本分析和设计方法及其在航空器控制领域的典型应用。全书分为 8 章,包括绪论、控制系统的数学模型、时域分析法、根轨迹法、频率响应法、控制系统的综合校正、控制理论在航空器中的应用以及 MATLAB 在控制系统分析和设计中的应用。

　　编者根据多年讲授本课程的经验,力求突出重点,精简篇幅,尽量减小繁琐的数学推导,突出控制理论的基本概念和方法;加强理论与实际的结合,在应用上下功夫,尤其突出将经典控制理论的方法应用于航空器飞行控制领域的具体实际应用中。本书主要特点是:将经典控制理论和飞行控制相结合;在内容上,控制理论部分精选了数学建模、经典控制三大基本方法(时域分析法、根轨迹法、频率响应法)以及系统基本校正;飞行控制部分精选了飞机动力学建模和采用经典控制方法对飞行控制系统进行基本分析和设计。此外,本书还紧密结合 MATLAB 系统仿真软件,有利于读者加深理解掌握基本理论,并可对相关原理进行仿真验证。

　　本书由胡盛斌、陆文华共同编写完成,其中第 4 章 ~ 第 8 章由胡盛斌编写,第 1 章 ~ 第 3 章由陆文华编写。在编写过程中,参阅了大量的相关文献,在此,对这些参考文献的作者深表感谢。

　　由于编者的水平有限,书中难免有不足与错误之处,恳请广大读者和专家批评指正。

编　者

2014 年 10 月

目　　录

第1章 绪 论

1.1 自动控制理论及其发展简述

自动控制是指在没有人直接参与的情况下,利用外加的设备或装置(称控制装置或控制器),使机器、设备或生产过程(统称被控对象)的某个工作状态或参数(即被控量)自动地按照预定的要求变化的控制机制。例如,雷达和计算机组成的导弹发射和制导系统,自动地将导弹引导到敌方目标;无人驾驶飞机按照预定航迹自动升降和飞行;人造卫星准确地进入预定轨道运行并回收等,这一切都是以应用高水平的自动控制技术为前提的。特别是近几十年来,自动控制技术更是广泛应用于机器人控制、导弹制导、宇宙航行以及核动力等高新技术领域中,应用范围现已扩展到生物、医学、环境、经济管理和其他许多社会生活领域中,自动控制已成为现代社会活动中不可缺少的重要组成部分。

自动控制理论是研究自动控制共同规律的技术科学,涉及受控对象、环境特征、控制目标和控制手段以及它们之间的相互作用,主要研究自动控制系统中变量的运动规律和改变这种运动规律的可能性和途径,为建造高性能的自动控制系统提供必要的理论手段。

最早的自动控制技术的应用,可以追溯到公元前我国古代的自动计时器和漏壶指南车,而自动控制技术的广泛应用则开始于欧洲工业革命时期。1769 年,英国人瓦特发明的用于控制蒸汽机转速的飞球离心调速器,被公认是首例最成功应用反馈调节器的自动控制装置。图 1 - 1 所示为瓦特发明的飞球离心调速器,当负载或蒸汽供给量发生变化时,驱动杆转速就发生变化,飞球离心调速器能够通过离心运动感应到转速的变化来自动调节进气阀门的开度,从而控制蒸汽机的转速。这种完全依靠机械的装置的工作过程是,调速器轴杆通过圆锥齿轮传动和皮带传动与蒸汽机的输出驱动杆连接在一

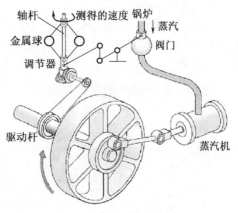

图 1 - 1 瓦特发明的飞球离心调速器

起,当输出转速增大时,飞球由于离心运动而离开轴线,重心上移,于是通过连杆关小阀门,蒸汽机也就会因此减速。

1868 年,以飞球调速器为背景,英国物理学家麦克斯韦尔研究了反馈系统的稳定性问题,发表了"论调速器"论文。该论文的发表被公认为是自动控制理论的开端,随后,源于物理学和数学的自动控制原理开始逐步形成。1927 年诞生的反馈放大器确立了"反馈"在自动控制技术中的核心地位,并且有关系统稳定性和性能品质分析的大量研究成

果也应运而生。

按照发展阶段,自动控制理论一般可分为古典控制理论、现代控制理论和智能控制理论。

古典控制理论也即一般所说的自动控制原理,它是从 20 世纪 20 年代到 40 年代形成的以时域法、根轨迹法和频率法为主要内容的一门独立学科,以传递函数为基础,主要研究单输入单输出、线性定常系统的分析和设计问题。

20 世纪 60 年代,飞速发展的航空航天技术和计算机技术催生了现代控制理论的问世。它以状态空间模型为基础,主要研究具有高性能、高精度和多耦合回路的多变量系统的分析和设计问题。

从 20 世纪 70 年代开始,随着计算机技术的不断发展,出现了以模糊控制、神经网络控制以及专家系统等为代表的所谓智能控制理论。目前,控制理论还在继续发展,正朝向以控制论、信息论和仿生学为基础的智能控制理论深入。

1.2　自动控制的基本概念

1.2.1　自动控制的基本原理

自动控制的任务,是在没有人直接参与下,利用控制装置操纵被控对象,使被控量等于给定值。如果给定值以时间函数 $r(t)$ 表示,被控量以 $c(t)$ 表示,则应使被控对象满足

$$c(t) \approx r(t) \tag{1-1}$$

上式就是自动控制任务的数学表达式。

自动控制系统,是指能够完成自动控制任务的设备,主要由控制装置、测量装置、执行装置以及被控对象组成。控制装置如何操纵被控对象,以完成自动控制的任务呢? 它与被控对象之间的联系有何特点呢? 下面举例说明。

示例 1:水位控制系统

图 1 - 2 是水位控制系统示意图,图中(a)为人工控制,(b)为自动控制。水位的高低

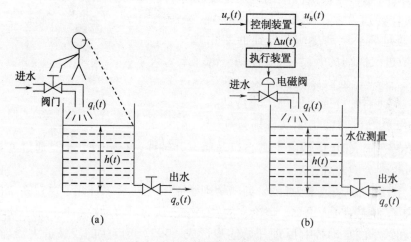

图 1 - 2　水位控制系统示意图

受到进水量 $q_i(t)$ 和出水量 $q_o(t)$ 的影响,调节进水阀门的开度,可以控制水位的高低。

控制任务:使水位高度 $h(t)$ 满足一定高度要求。

被控对象:水箱系统(含阀门)。

被控量:水位高度 $h(t)$。

人工控制的工作原理:图 1 – 2(a) 所示为采用人工控制,靠人眼观察实际水位和要求水位的差值,用手不断调节阀门,以保持水箱内水位的高度满足要求。显然,这种人工控制的实时性和精度都难以满足要求。

水位人工控制系统的原理方框图如图 1 – 3 所示。

图 1 – 3   水位人工控制系统的原理方框图

自动控制的工作原理:图 1 – 2(b) 所示为采用自动控制,水位高度的参考电压为 $u_r(t)$,水箱中的水位测量装置将水位高度 $h(t)$ 转换成电压 $u_h(t)$,控制装置输出控制信号 $\Delta u(t) = u_r(t) - u_h(t)$,经执行装置调节电磁阀控制进水量,从而控制水位高度。只要 $\Delta u(t) \neq 0$,系统就进行自动调节,直到水位的高度与要求高度相等为止,这就实现了水位的自动控制。这种自动控制可以节约人力成本,且控制的实时性和精度都比人工控制要好。

水位自动控制系统的原理方框图如图 1 – 4 所示。

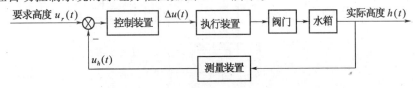

图 1 – 4   水位自动控制系统的原理方框图

示例 2:飞机 – 自动驾驶仪系统

飞机自动驾驶仪是一种能保持或改变飞机飞行状态的自动装置。它可以稳定飞行的姿态、高度和航迹;可以操纵飞机爬高、下滑和转弯。飞机与自动驾驶仪组成的自动控制系统称为飞机 – 自动驾驶仪系统。

如同飞行员操纵飞机一样,自动驾驶仪控制飞机飞行是通过控制飞机的三个操纵面(升降舵、方向舵、副翼)的偏转,改变舵面的空气动力特性,以形成围绕飞机质心的旋转转矩,从而改变飞机的飞行姿态和轨迹。

现以比例式自动驾驶仪稳定飞机俯仰角为例进行分析,说明其工作原理。图 1 – 5 为飞机 – 自动驾驶仪系统稳定俯仰角的原理示意图。

控制任务:在任何扰动(如阵风或气流冲击)作用下,始终保持飞机以给定俯仰角飞行。

被控对象:飞机。

被控量:飞机的俯仰角 θ。

控制装置:由给定装置、垂直陀螺仪、放大器、舵机、反馈电位器组成的自动驾驶仪起

3

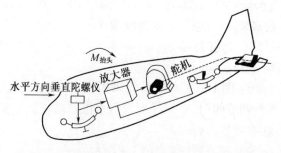

图 1-5 飞机-自动驾驶仪系统原理图

控制装置的作用。

工作原理:飞机的俯仰角用垂直陀螺仪测量。当飞机以给定俯仰角水平飞行时,陀螺仪电位器没有电压输出;如果飞机受到扰动,使俯仰角向下偏离期望值,陀螺仪电位器输出与俯仰角偏差成正比的信号,经放大器放大后驱动舵机,一方面推动升降舵面向上偏转,产生使飞机抬头的转矩,以减小俯仰角偏差;同时还带动反馈电位器滑臂,输出与舵偏角成正比的电压并反馈到输入端。随着俯仰角偏差的减小,陀螺仪电位器输出信号越来越小,舵偏角也随之减小,直到俯仰角回到期望值,这时,舵面也恢复到原来状态。

飞机自动驾驶仪稳定俯仰角控制系统的原理方框图如图 1-6 所示。

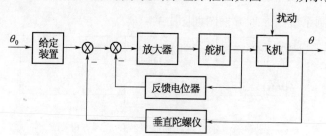

图 1-6 俯仰角控制系统原理方框图

通过上面示例的分析,我们要掌握以下几个方面的问题。

在分析自动控制系统时,它要完成什么样的控制任务?被控对象是什么?哪些物理参量要求控制(即被控量是什么)?控制装置、测量装置以及执行装置由哪些部件来承担?系统的给定值、干扰量是什么?如何判断反馈信号的极性(负反馈,还是正反馈)?掌握由系统的原理图画出系统的结构框图。

为了使自动控制系统能满足工程实际的需要,必须研究自动控制系统的结构和参数与系统性能之间的关系,这也是自动控制原理的主要任务。

1.2.2 控制系统的基本组成

自动控制系统根据具体功能和控制要求的不同,可以有不同的控制装置或不同的结构形式,但从工作原理来看,自动控制系统通常由一些具有不同职能的基本部分构成。图 1-7 所示是一个典型的自动控制系统的基本组成。

测量装置:其职能是检测被控制的物理量,如果这个物理量是非电量,一般要再转换

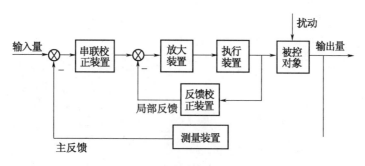

图 1-7　典型自动控制系统的基本组成

为电量。

比较装置：其职能是把测量装置检测的被控量实际值与给定装置给出的输入量进行比较，求出它们之间的偏差。常用的比较元件有差动放大器、机械差动装置、电桥电路等。

校正装置：又称控制装置或控制器，它是结构或参数便于调整的元部件，用串联或反馈的方式连接在系统中，以改善系统的性能。最简单的校正装置是由电阻、电容组成的无源或有源网络，复杂的则用电子计算机。

放大装置：其职能是将比较装置给出的偏差信号进行放大，用来推动执行装置去控制被控对象。电压偏差信号可用集成电路、晶闸管等组成的电压放大级和功率放大级加以放大。

执行装置：其职能是直接推动被控对象，使其被控量发生变化。用来作为执行元件的有阀、电动机、液压马达等。

被控对象：又称控制对象或受控对象，常指需要进行控制的工作机械装置、设备或生产过程，如加热炉、汽车和飞机等。

1.2.3　控制系统的基本控制方式

闭环控制是自动控制系统最基本的控制方式，也是应用最广泛的一种控制方式。除此之外，还有开环控制和复合控制，它们都有其各自的特点和不同的适用场合。近几十年来，以现代数学为基础，引入电子计算机的新的控制方式也有了很大发展，如最优控制、自适应控制、模糊控制等。

1. 开环控制

开环控制是指控制器与被控对象之间只有顺向作用而没有反向联系的控制过程，由开环控制组成的系统称为开环控制系统。其特点是系统的输出量不会对系统的控制作用发生影响。开环控制有两种基本方式，即按给定量控制的开环控制和按扰动控制的开环控制。

图 1-8(a)所示为按给定量控制的开环控制，其控制作用直接由系统的输入量产生，给定一个输入量，就有一个输出量与之相对应，控制精度完全取决于所用的元件及校准的精度。这种开环控制方式结构简单、调整方便、成本低，但没有自动修正偏差的能力，抗扰动性较差，一般只能用于对控制精度要求不高的场合。

图 1-8(b)所示为按扰动控制的开环控制，是利用可测量的扰动量，产生一种补偿作

用,以减小或抵消扰动对输出量的影响,这种控制方式也称顺馈控制。这种按扰动控制的开环控制方式是直接从扰动取得信息,并据以改变被控量,因此,其抗扰动性好,控制精度也较高,但它只适用于扰动是可测量的场合。

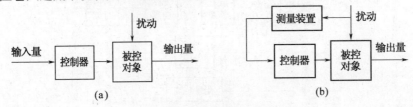

图 1-8 开环控制典型方框图

开环控制系统的主要优点:构造简单,容易维护;成本比相应的闭环控制系统低;一般不存在稳定性问题。主要缺点是无抗干扰能力,控制精度较低。因此,当输出量难以测量,或者出于成本考虑难以精确地测量输出量时,采用开环控制系统比较合适。例如,自动洗衣机一般采用开环控制系统,主要原因是要提供一种测量洗衣机输出品质,即衣服的清洁程度的装置,必将大大提高成本。

2. 闭环控制

闭环控制,又称反馈控制,是指控制器与被控对象之间既有顺向作用又有反向联系的控制过程,由闭环控制组成的系统称为闭环控制系统。闭环控制是一种重要的并被广泛应用的控制方式,自动控制理论主要的研究对象就是用这种控制方式组成的系统。图 1-9 所示为闭环控制典型方框图,其主要特点是:

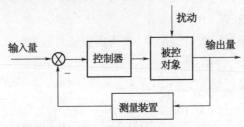

图 1-9 闭环控制典型方框图

(1)按偏差进行控制,不论什么原因使被控量偏离期望值而出现偏差时,必定会产生一个相应的控制作用去减小或消除这个偏差,使被控量与期望值趋于一致。

(2)具有抑制任何内、外扰动对被控量产生影响的能力,有较高的控制精度。

(3)存在稳定性问题,如果系统元件参数配合不当,就会导致系统产生振荡,使系统不能正常工作。

(4)使用元件多,结构复杂,特别是系统的性能分析和设计比较麻烦。

3. 复合控制

复合控制是开环控制和闭环控制相结合的一种控制方式。它在闭环控制回路的基础上,附加一个输入信号或扰动信号的顺馈通道,用来提高系统的控制精度。复合控制典型方框图如图 1-10 所示,图中(a)、(b)为两种不同的补偿器连接形式,即输入补偿和扰动补偿。复合控制的主要特点:具有很高的控制精度;可以抑制几乎所有的可测量扰动,其中包括低频强扰动;要求补偿器的参数有较高的稳定性。

6

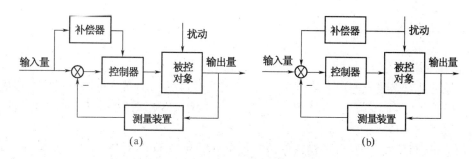

图 1 – 10　复合控制典型方框图

1.3　自动控制系统的分类

自动控制系统有多种分类方法。例如,按系统特性可分为线性系统和非线性系统、连续系统和离散系统、定常系统和时变系统、确定性系统和不确定性系统等;按输入量变化规律可分为恒值系统、随动系统和程序控制系统等;按控制方式可分为开环控制、反馈控制、复合控制等;按元件类型可分为机械系统、电气系统、机电系统、液压系统、气动系统、生物系统等;按系统功用可分为温度控制系统、压力控制系统、位置控制系统等。一般,为了全面反映自动控制系统的特点,常常将上述各种分类方法组合应用。

1.3.1　线性系统和非线性系统

1. 线性系统

若一个元件的输入与输出特性是线性的,则称该元件为线性元件,否则称为非线性元件。若一个系统中所有元件都是线性元件,系统的运动过程可用一个或一组线性微分方程来描述,则该系统称为线性系统。当线性微分方程的系数都是常数时,称为线性定常系统;当线性微分方程的系数随时间变化而变化时,称为线性时变系统。

线性系统的主要特点是具有齐次性和叠加性。线性定常系统的响应只与输入信号有关,与初始条件无关。

2. 非线性系统

若一个系统中有一个或一个以上非线性元件,则称为非线性系统。非线性系统的数学模型用非线性微分方程来描述,其特点是微分方程的系数与变量有关,或者方程中含有变量及其导数的高次幂或乘积项,例如:

$$\ddot{y}(t) + y(t)\dot{y}(t) + y^2(t) = r(t)$$

非线性系统不具有叠加性。非线性系统的响应既与输入信号有关,也与初始条件有关。

严格地说,实际物理系统中都含有程度不同的非线性元件,如放大器和电磁元件的饱和特性,运动部件的死区、间隙和摩擦特性等。由于非线性方程在数学处理上较困难,目前对不同类型的非线性控制系统的研究还没有统一的方法。但对于非线性程度不太严重的元件,可采用在一定范围内线性化的方法,从而将非线性控制系统近似为线性控制系统。

1.3.2 连续系统和离散系统

1. 连续系统

若系统各部分的信号都是时间的连续函数,即信号的大小都是可以取值的模拟量,则称为连续系统。对于线性定常连续系统,按其输入量的变化规律不同又可分为恒值系统、随动系统和程序控制系统。

(1)恒值系统。若系统的输入量一经整定好就保持恒值,而系统的控制任务就是克服扰动,使输出量保持恒值,此类系统称为恒值系统,也称为镇定系统,又称为调节器。例如,电动机速度控制、恒温、恒压、水位控制等就属于典型的恒值系统。在工业控制中,如果被控量是温度、流量、压力、液位等生产过程参量时,这种控制系统则称为过程控制系统,它们大多数都属于恒值系统。在恒值系统中,输入量可以随生产条件的变化而改变,但是,一经调整后,被控量就应与调整好的输入量保持一致。恒值系统的分析、设计重点就是研究各种扰动对被控对象的影响以及抗扰动的措施。

(2)随动系统。若系统的输入量是预先未知的随时间任意变化的函数,系统的控制任务就是要求输出量以尽可能小的误差跟随输入量变化,此类系统称为随动系统,又称为跟踪系统。如火炮自动跟踪系统、轮舵位置控制系统等就属于典型的随动系统。在随动系统中,如果输出量是机械位置或其导数时,这类系统称为伺服系统。随动系统的分析、设计的重点就是研究输出量跟随的快速性和准确性。

(3)程序控制系统。若系统的输入量是按预定规律随时间变化的函数,系统的控制任务就是要求输出量迅速、准确地加以复现,此类系统称为程序控制系统。例如数控伺服系统以及一些自动化生产线等就属于典型的程序控制系统。

程序控制系统和随动系统的输入量都是时间函数,不同之处在于前者是已知的时间函数,后者则是未知的任意时间函数,而恒值控制系统也可视为程序控制系统的特例。

2. 离散系统

若系统中有一处或多处信号为时间的离散函数,如脉冲或数字信号等,则称为离散系统。如一般的计算机控制系统就属于典型的离散系统。若离散系统中既有离散信号又有模拟量,则又称为采样系统。连续信号经过采样开关的采样就可以转换成离散信号。一般来说,在离散系统中既有连续的模拟信号,也有离散的数字信号,离散系统主要采用差分方程来描述。

1.4 对自动控制系统的基本要求

在控制过程中,一个理想的控制系统,始终要求控制系统的被控量跟随给定值的变化而变化,并希望被控量在任何时刻都等于给定值,两者之间没有误差存在。然而,由于实际系统中总是包含惯性或储能元件,同时由于能源功率的限制,使控制系统在受到外作用时,其被控量不可能立即变化,而有一个跟踪过程。通常把系统受到外作用后,被控量随时间变化的全过程,称为动态过程或过渡过程。尽管自动控制系统有不同的类型,对每个系统也都有不同的特殊要求,但是,对每一类系统的动态过程提出的共同基本要求都是一样的,可以归结为稳定性、快速性和准确性,即稳、准、快的要求。

1. 稳定性

稳定性是指系统偏离平衡状态后,自动恢复平衡状态的能力。如果系统受到外作用力后,经过一段时间,其被控量可以达到某一稳定状态,则称系统是稳定的,如图 1-11(a)所示;否则系统是不稳定的,如图 1-11(b)所示。此外,若系统出现等幅振荡,即处于临界稳定的状态,也属于不稳定。

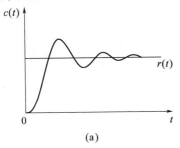
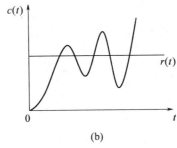

图 1-11 控制系统的阶跃响应

稳定性是保证控制系统正常工作的先决条件,是对控制系统的最基本要求。线性控制系统的稳定性由系统的结构和参数决定,与外部输入信号无关。

一个稳定的控制系统,其被控量偏离期望值的初始偏差应随时间的增长逐渐减小并趋于零。反之,不稳定的控制系统,其被控量偏离期望值的初始偏差将随时间的增长而发散,因此,不稳定的控制系统无法实现预定的控制任务。

2. 快速性

为了很好地完成控制任务,控制系统仅仅满足稳定性要求是不够的,还必须对其过渡过程的形式和快慢提出要求,一般称为动态性能。为此,对控制系统动态过程的时间(即快速性)和最大振荡幅度(即超调量)一般都有具体要求。

快速性是对控制系统的动态要求,是通过动态过程时间长短来表征的,表明了系统输出对输入的响应的快慢程度,动态过程时间越短,说明系统快速性越好,动态过程时间持续越长,说明系统响应迟钝,难以实现快速变化的指令信号。一个良好的控制系统,一般需要超调量小,动态过程时间短。

3. 准确性

系统的稳态输出与给定输入所要求的期望输出之间的误差称为稳态误差。准确性是对控制系统的稳态要求,是通过稳态误差来表征的。稳态误差是衡量控制系统控制精度的重要标志,在技术指标中一般都有具体要求。若系统的稳态误差为零,则称为无差系统,否则称为有差系统。一个良好的控制系统,一般需要稳态误差小。

习　题

1-1　试解析下列术语的意义并举例说明:

自动控制;控制装置与受控对象;给定值与被控量;开环控制与闭环控制;线性系统与非线性系统;连续系统与离散系统;恒值系统与随动系统;稳定性、快速性与准确性。

1-2　试列举几个日常生活中开环控制和闭环控制的例子,画出它们的结构方框图,并说明其工作原理。

1-3 图1-12是液位自动控制系统原理示意图。在任意情况下,希望液面高度 c 维持不变,试说明系统工作原理并画出系统方框图。

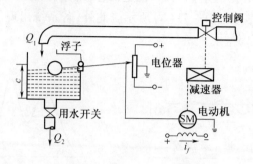

图1-12 液位自动控制系统

1-4 图1-13为仓库大门自动控制系统原理示意图。试说明系统自动控制大门开和关的工作原理并画出系统方框图。

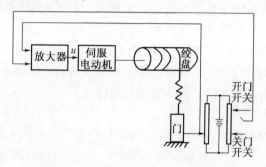

图1-13 仓库大门自动控制系统

1-5 图1-14是电炉温度控制系统示意图。试分析系统保持电炉温度恒定的工作过程,指出系统的被控对象、被控量以及各部件的作用,并画出系统方框图。

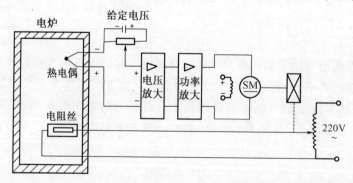

图1-14 电炉温度控制系统原理图

第 2 章　控制系统的数学模型

控制理论主要研究两类问题：① 给定一个控制系统，需要知道它的性质和特征；② 要使一个控制系统满足一定的性质和特性，该如何设计。前一个问题称为控制系统的分析，后一个问题称为控制系统的综合和设计。这两类问题的解决都需要了解控制系统内部各物理量之间的关系。描述系统内部物理量之间关系的数学表达式，称为系统的数学模型。

建立控制系统数学模型的主要方法有分析法和实验法。分析法就是对系统的运动机理进行分析，根据相关物理、化学规律得出运动方程。实验法就是给系统施加测试信号，记录其输出响应，并用适当的数学模型去逼近，这种方法又称系统辨识。本章只研究采用分析法建立系统数学模型。

本章研究的数学模型为微分方程、传递函数、方框图、信号流图。

2.1　控制系统的微分方程

2.1.1　微分方程的建立

本节结合实例，讨论根据系统运动机理建立微分方程的方法。

例 2 - 1　图 2 - 1 是弹簧 - 质量 - 阻尼器机械位移系统。其中，弹簧系数为 k，阻尼器的阻尼系数为 b，质量块的质量为 m，外作用力 $u(t)$ 为输入量，位移 $y(t)$ 为输出量，试求出质量块 m 在外作用力 $u(t)$ 作用下，位移 $y(t)$ 的运动方程。

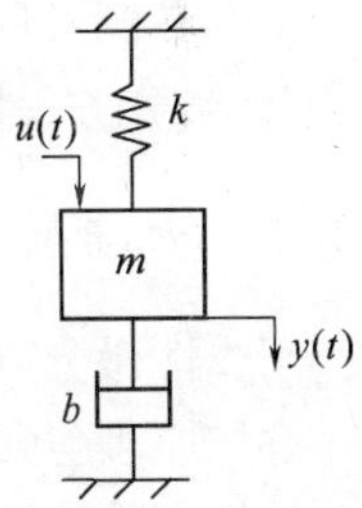

解：质量块 m 的位移、速度、加速度分别为 $y(t)$、$\dfrac{\mathrm{d}y(t)}{\mathrm{d}t}$、$\dfrac{\mathrm{d}^2 y(t)}{\mathrm{d}t^2}$；作用于质量块 m 的外力为 $u(t)$；弹簧的应力方向与 $y(t)$ 相反，大小正比于 $y(t)$，比例系数为 k；阻尼器的阻力方向与活塞的运动速度 $\dfrac{\mathrm{d}y(t)}{\mathrm{d}t}$ 的方向相反，大小正比于 $\dfrac{\mathrm{d}y(t)}{\mathrm{d}t}$，比例系数为 b。

图 2 - 1　弹簧 - 质量 - 阻尼器系统

忽略重力，根据牛顿定律有

$$ m\frac{\mathrm{d}^2 y(t)}{\mathrm{d}t^2} = u(t) - ky(t) - b\frac{\mathrm{d}y(t)}{\mathrm{d}t} $$

整理可得微分方程

$$m \frac{\mathrm{d}^2 y(t)}{\mathrm{d}t^2} + b \frac{\mathrm{d}y(t)}{\mathrm{d}t} + ky(t) = u(t) \qquad (2-1)$$

显然,这是一个二阶常系数线性微分方程,其中,外力 $u(t)$ 是引起系统运动的原因,位移 $y(t)$ 是运动的结果。

例2-2 图2-2为由电阻 R、电感 L 和电容 C 组成的串联电路。试求出以 $u_i(t)$ 为输入量、$u_o(t)$ 为输出量的微分方程。

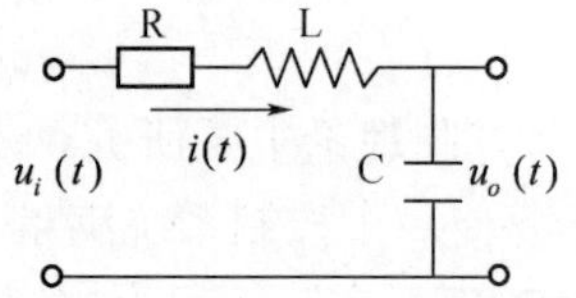

解: 设回路电流为 $i(t)$,根据电路原理容易写出

$$Ri(t) + L \frac{\mathrm{d}i(t)}{\mathrm{d}t} + u_o(t) = u_i(t)$$

$$i = C \frac{\mathrm{d}u_o(t)}{\mathrm{d}t}$$

图2-2 RLC 串联电路

消去中间变量 $i(t)$,可得描述 RLC 串联电路输入输出关系的微分方程为

$$LC \frac{\mathrm{d}^2 u_o(t)}{\mathrm{d}t^2} + RC \frac{\mathrm{d}u_o(t)}{\mathrm{d}t} + u_o(t) = u_i(t) \qquad (2-2)$$

可见,RLC 串联电路的数学模型也是一个二阶常系数线性微分方程。比较例2-1和例2-2,可以看出不同类型的系统可以有相同的微分方程,这种相似为控制系统的计算机数字仿真提供了基础。上述两个系统也称为相似系统,它们具有相似的时间响应解,人们可以将一个系统的分析结果推广到具有相同微分方程模型的其他系统。

综上所述,列写系统微分方程的步骤如下:

(1) 根据系统的工作原理及其在控制系统中的作用,确定输入量和输出量。

(2) 分析系统工作中所遵循的物理或化学规律,写出相应的微分方程。

(3) 消去中间变量,便得到系统的微分方程模型。

由上举例可见,微分方程是由系统结构、元件、参数及其基本运动规律所决定的,因此,系统微分方程描述了系统的基本特性。

2.1.2 物理系统的线性近似

用线性微分方程描述的系统称为线性系统。线性系统的重要性质就是满足叠加原理。叠加原理包含两层含义,即可叠加性和齐次性。

我们用系统的激励和响应之间的关系来说明叠加原理。在例2-2RLC 电路中,激励是输入电压 $u_i(t)$,响应是输出电压 $u_o(t)$。如果系统对激励 $x_1(t)$ 的响应是 $y_1(t)$,对激励 $x_2(t)$ 的响应是 $y_2(t)$,则线性系统对激励 $x_1(t) + x_2(t)$ 的响应一定是 $y_1(t) + y_2(t)$,这种性质就是可叠加性。

齐次性就是线性系统的激励和响应还必须保持相同的缩放比例。即如果系统对激励 $x(t)$ 的响应是 $y(t)$,则线性系统对 $ax(t)$ 的响应一定是 $ay(t)$。

严格来说,所有物理系统都是非线性系统,但是,当把参数限定在一定范围内变化时,绝大多数物理系统都呈现出线性特性,因此可以采用一些方法把非线性系统线性化处理。

系统 $y = x^2$ 不是线性的,因为不满足可叠加性。系统 $y = ax + b$ 也不是线性的,因为不满足齐次性。但是,当变量在工作点 (x_0, y_0) 附近做小范围变化时,对小偏差信号变量

Δx 和 Δy 而言，系统 $y - ax + b$ 是线性的。因为，当 $x = x_0 + \Delta x$，$y = y_0 + \Delta y$ 时，有 $y = ax + b$，$y_0 + \Delta y = ax_0 + a\Delta x + b$，可以看出，$\Delta y = a\Delta x$，满足线性系统的两个必要条件。

设连续变化的非线性函数为 $y = f(x)$。取平衡状态 (x_0, y_0) 为工作点，对应有 $y_0 = f(x_0)$，当 $x = x_0 + \Delta x$ 时，有 $y = y_0 + \Delta y$。设函数 $y = f(x)$ 在 (x_0, y_0) 点连续可微，则将它在该点附近用泰勒级数展开得

$$y = f(x) = f(x_0) + \frac{\mathrm{d}f(t)}{\mathrm{d}x}\bigg|_{x=x_0}(x - x_0) + \frac{1}{2!}\frac{\mathrm{d}^2 f(x)}{\mathrm{d}x}\bigg|_{x=x_0}(x - x_0)^2 + \cdots$$

$$(2-3)$$

当 $x - x_0$ 很小时，可以忽略上式中二次以上各项，得

$$y - y_0 = \frac{\mathrm{d}f(x)}{\mathrm{d}x}\bigg|_{x=x_0}(x - x_0) \qquad (2-4)$$

再用增量 $\Delta y = y - y_0$，$\Delta x = x - x_0$ 表示，可得线性化增量方程为

$$\Delta y = K\Delta x \qquad (2-5)$$

其中，$K = \dfrac{\mathrm{d}f(x)}{\mathrm{d}x}\bigg|_{x=x_0}$，为曲线 $y = f(x)$ 在工作点 (x_0, y_0) 上的斜率。

这样，$y = f(x)$ 所描述的非线性系统就可以由线性化后的增量方程式 $(2-5)$ 来描述。

如果响应变量 y 依赖于多个激励变量 $x_1, x_2, \cdots, x_n$，则函数关系可以写为

$$y = f(x_1, x_2, \cdots, x_n) \qquad (2-6)$$

在平衡状态工作点 $x_{1_0}, x_{2_0}, \cdots, x_{n_0}$ 处，利用多元泰勒级数展开，忽略二次以上各项，可线性近似为

$$y = f(x_{1_0}, x_{2_0}, \cdots, x_{n_0}) + \frac{\partial f}{\partial x_1}\bigg|_{x=x_0}(x_1 - x_{1_0}) + \frac{\partial f}{\partial x_2}\bigg|_{x=x_0}(x_2 - x_{2_0}) + \cdots +$$

$$\frac{\partial f}{\partial x_n}\bigg|_{x=x_0}(x_n - x_{n_0}) \qquad (2-7)$$

其中，x_0 为系统平衡状态工作点。

例 2-3 摆振荡器模型。

针对图 2-3(a) 所示的摆，作用于质点上的扭矩为

$$T = MgL\sin\theta \qquad (2-8)$$

其中，g 为地球引力常数。质点的平衡位置是 $\theta_0 = 0°$，T 与 θ 之间的非线性关系如图 2-3(b) 所示。利用式 $(2-8)$ 在平衡点处的一阶导数，可以得到系统的线性近似，即

$$T - T_0 \approx MgL\frac{\partial\sin\theta}{\partial\theta}\bigg|_{\theta=\theta_0}(\theta - \theta_0)$$

其中，$T_0 = 0$，于是可以得到

$$T = MgL(\cos 0°)(\theta - 0°) = MgL\theta \qquad (2-9)$$

在 $-\pi/4 \leqslant \theta \leqslant \pi/4$ 的范围内，式 $(2-9)$ 的近似精度非常高。例如，在 $\pm 30°$ 的范围内，摆的线性模型响应与实际非线性响应的误差小于 5%。

13

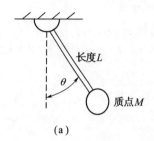
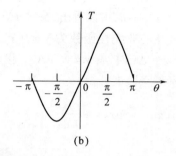

图 2 - 3　摆的震荡

在处理物理系统线性化时要注意以下几点：

（1）本节介绍的线性化方法只适用于非线性函数满足连续可微的系统。

（2）线性化方程中的参数 K 与系统的静态工作点有关,工作点不同时,相应的参数也不相同。

（3）该方法只有当变量变化较小时才能使用。因为,当变量变化范围较大时,用这种方法建立数学模型引起的误差比较大。

（4）对于严重的非线性,因不满足泰勒级数展开条件,故不能用本节所述方法做线性化处理,需要采用专门的非线性方法进行分析处理。

2.2　拉普拉斯变换

2.2.1　拉普拉斯变换定义

物理系统的线性化近似,为拉普拉斯变换创造了应用空间。拉普拉斯变换能够用相对简单的代数方程来取代复杂的微分方程,从而简化了微分方程的求解过程。

定义：对于一般的时域函数 $f(t)$,其拉普拉斯变换(简称拉氏变换)定义为

$$F(s) = L[f(t)] = \int_{0^-}^{\infty} f(t) e^{-st} dt \qquad (2-10)$$

其中,$s = \sigma + j\omega$,为复数自变量。对于任一物理可实现信号,均可以通过上述积分进行变换,以获得其复数域的表达形式。

定义：对于一般复数域函数 $F(s)$,其拉普拉斯反变换(简称拉氏反变换)定义为

$$f(t) = L^{-1}[F(s)] = \frac{1}{2\pi j} \int_{\sigma-j\infty}^{\sigma+j\infty} F(s) e^{st} ds \qquad (2-11)$$

通过拉氏反变换可以将复数域的表达式转换到时域。通常求解拉氏反变换时,需要对拉氏变换式进行部分分式分解。在系统的分析和设计过程中,通过这种方法可以使系统的特征根及其影响一目了然。

直接采用上面的积分变换可以求出许多重要的基本拉氏变换对,常用的拉氏变换对照表如表 2 - 1 所示。

14

表 2 − 1　常用拉氏变换对照表

序号	象函数 $F(s)$	原函数 $f(t)$	序号	象函数 $F(s)$	原函数 $f(t)$
1	1	$\delta(t)$	6	$\dfrac{1}{s(s+a)}$	$\dfrac{1}{a}(1-\mathrm{e}^{-at})$
2	$\dfrac{1}{s}$	$1(t)$	7	$\dfrac{1}{(s+a)(s+b)}$	$\dfrac{1}{b-a}(\mathrm{e}^{-at}-\mathrm{e}^{-bt})$
3	$\dfrac{1}{s^2}$	t	8	$\dfrac{\omega}{s^2+\omega^2}$	$\sin\omega t$
4	$\dfrac{1}{s^3}$	$\dfrac{1}{2}t^2$	9	$\dfrac{s}{s^2+\omega^2}$	$\cos\omega t$
5	$\dfrac{1}{s+a}$	e^{-at}	10	$\dfrac{\omega_n^2}{s^2+2\xi\omega_n s+\omega_n^2}$	$\dfrac{\omega_n}{\sqrt{1-\xi^2}}\mathrm{e}^{-\xi\omega_n t}\sin(\omega_n\sqrt{1-\xi^2}\,t)$

2.2.2　拉普拉斯变换的基本性质

1. 线性性质

设 $F_1(s)=L[f_1(t)]$，$F_2(s)=L[f_2(t)]$，a 和 b 为常数，则有

$$L[af_1(t)+bf_2(t)]=aF_1(s)+bF_2(s) \tag{2-12}$$

2. 微分定理

设 $F(s)=L[f(t)]$，则有

$$L\left[\frac{\mathrm{d}^n f(t)}{\mathrm{d}t^n}\right]=s^n F(s)-[s^{n-1}f(0)+s^{n-2}\dot{f}(0)+s^{n-3}\ddot{f}(0)+\cdots+f^{(n-1)}(0)] \tag{2-13}$$

其中，$f(0)$，$\dot{f}(0)$，$\ddot{f}(0)$，$\cdots$，$f^{(n-1)}(0)$ 是函数 $f(t)$ 及其各阶导数在 $t=0$ 时的值。

显然，如果原函数 $f(t)$ 及其各阶导数的初始值都等于零，则有

$$L\left[\frac{\mathrm{d}^n f(t)}{\mathrm{d}t^n}\right]=s^n F(s) \tag{2-14}$$

3. 积分定理

设 $F(s)=L[f(t)]$，则有

$$L\left[\int_n\cdots\int f(t)(\mathrm{d}t)^n\right]=\frac{1}{s^n}F(s)+\frac{1}{s^n}f^{(-1)}(0)+\frac{1}{s^{n-1}}f^{(-2)}(0)+\cdots+\frac{1}{s}f^{(-n)}(0) \tag{2-15}$$

其中，$f^{(-1)}(0)$，$f^{(-2)}(0)$，$\cdots$，$f^{(-n)}(0)$ 为 $f(t)$ 的各重积分在 $t=0$ 时的值。

如果，$f^{(-1)}(0)=f^{(-2)}(0)=\cdots=f^{(-n)}(0)=0$，则有

$$L\left[\int_n\cdots\int f(t)(\mathrm{d}t)^n\right]=\frac{1}{s^n}F(s) \tag{2-16}$$

4. 初值定理

若函数 $f(t)$ 及其一阶导数都是可拉氏变换的,则函数 $f(t)$ 的初值为

$$f(0^+) = \lim_{t \to 0^+} f(t) = \lim_{s \to \infty} sF(s) \qquad (2-17)$$

即原函数 $f(t)$ 在自变量趋于零(从正向趋于零)时的极限值,取决于其象函数 $F(s)$ 在自变量趋于无穷大时的极限值。

5. 终值定理

若函数 $f(t)$ 及其一阶导数都是可拉氏变换的,则函数 $f(t)$ 的终值为

$$\lim_{t \to \infty} f(t) = \lim_{s \to 0} sF(s) \qquad (2-18)$$

即原函数 $f(t)$ 在自变量趋于无穷大时的极限值,取决于其象函数 $F(s)$ 在自变量趋于零时的极限值。

6. 位移定理

设 $F(s) = L[f(t)]$,则有

$$L[f(t - \tau_0)] = e^{-\tau_0 s} F(s) \qquad (2-19)$$

$$L[e^{at} f(t)] = F(s - a) \qquad (2-20)$$

它们分别表示实域中的位移定理和复域中的位移定理。

7. 相似定理

设 $F(s) = L[f(t)]$,则有

$$L\left[f\left(\frac{t}{a}\right)\right] = aF(as) \qquad (2-21)$$

其中,a 为实常数。该式表示,原函数 $f(t)$ 自变量 t 的比例尺改变时,其象函数 $F(s)$ 具有类似的形式。

8. 卷积定理

设 $F_1(s) = L[f_1(t)]$,$F_2(s) = L[f_2(t)]$,则有

$$F_1(s)F_2(s) = L\left[\int_0^t f_1(t - \tau) f_2(\tau) \mathrm{d}\tau\right] \qquad (2-22)$$

其中,$\int_0^t f_1(t-\tau) f_2(\tau) \mathrm{d}\tau$ 叫做 $f_1(t)$ 和 $f_2(t)$ 的卷积,可写为 $f_1(t) * f_2(t)$。因此,上式表示两个原函数的卷积相应于它们象函数的乘积。

2.2.3 用拉普拉斯变换解线性微分方程

求解动态系统微分方程,也即求解动态系统的时域响应。工程中,一般采用拉氏变换求解动态系统的时域响应。利用拉氏变换求解动态系统时域响应的主要步骤为:

(1)建立微分方程。

(2)方程两边同时进行拉氏变换。

(3)将给定的初始条件代入方程。

(4)求出输出量的拉氏变换。

(5)利用拉氏反变换求出系统输出的时间解。

例 2 - 4 在例 2 - 2 中,若已知 $L = 1\text{H}, C = 1\text{F}, R = 1\Omega$,电源电压 $u_i(t) = 1\text{V}$,初始条件为 $u_o(0) = \dot{u}_o(0) = 1$ 时,试求电路突然接通电源时,电容两端电压 $u_o(t)$ 的变化规律。

解:在例 2 - 2 中已求得系统的微分方程为

$$LC\frac{\text{d}^2 u_o(t)}{\text{d}t^2} + RC\frac{\text{d}u_o(t)}{\text{d}t} + u_o(t) = u_i(t)$$

电路突然接通电源,可以视作 $u_i(t)$ 为阶跃输入,即 $u_i(t) = 1(t)$。

令 $U_i(s) = L[u_i(t)], U_o(s) = L[u_o(t)]$,则方程两边同时进行拉氏变换得

$$LC[s^2 U_o(s) - su_o(0) - \dot{u}_o(0)] + RC[sU_o(s) - u_o(0)] + U_o(s) = \frac{1}{s}$$

将 $L = 1\text{H}, C = 1\text{F}, R = 1\Omega$ 代入,并整理得

$$U_o(s) = \frac{1 + s^2 u_o(0) + s\dot{u}_o(0) + su_o(0)}{s(s^2 + s + 1)}$$

将初始条件 $u_o(0) = \dot{u}_o(0) = 1$ 代入,可得

$$U_o(s) = \frac{s^2 + 2s + 1}{s(s^2 + s + 1)} = \frac{1}{s} + \frac{1}{s^2 + s + 1}$$

利用拉氏反变换可得

$$u_o(t) = 1 + 1.55e^{-0.5t}\sin 0.866t, \quad t \geqslant 0$$

2.3 控制系统的传递函数

控制系统的微分方程是在时间域描述系统动态性能的数学模型,在给定外作用及初始条件下,求解微分方程可以得到系统的输出响应。这种方法比较直观,特别是借助于电子计算机可以迅速而准确地求得结果。但是如果系统的结构改变或某个参数变化时,就要重新列写并求解微分方程,不便于对系统进行分析和设计。

用拉氏变换法求解线性系统的微分方程时,可以得到控制系统在复数域中的数学模型:传递函数。传递函数不仅可以表征系统的动态性能,而且可以用来研究系统的结构或参数变化对系统性能的影响。经典控制理论中广泛应用的频率法和根轨迹法,就是以传递函数为基础建立起来的,传递函数是经典控制理论中最基本和最重要的概念。

2.3.1 传递函数的基本概念

1. 定义

线性定常系统在零初始条件下,系统输出量的拉氏变换与输入量的拉氏变换之比,称为该系统的传递函数,通常用 $G(s)$ 或 $\phi(s)$ 表示。由传递函数定义可知,要求解系统的传递函数,必须满足:

(1) 系统必须是线性定常系统。

(2) 为了简化问题,传递函数的定义中规定必须在零初始条件下。所谓零初始条件就是输入量和输出量及其各阶导数在零时刻的值均为零。它包含两方面的含义:一是指

输入量是在 $t \geqslant 0$ 时才作用于系统,即在零时刻输入量及其各阶导数均为零;二是指输入量加于系统之前,系统处于稳定的工作状态,即在零时刻输出量及其各阶导数均为零。现实的工程控制系统多属于此类情况。

(3) 传递函数只能表征一个输入和一个输出之间的关系,对于多输入和多输出之间的关系,需要采用传递函数矩阵来表征。

设线性定常系统由下述 n 阶线性定常微分方程描述:

$$a_0 \frac{\mathrm{d}^n}{\mathrm{d}t^n} c(t) + a_1 \frac{\mathrm{d}^{n-1}}{\mathrm{d}t^{n-1}} c(t) + \cdots + a_{n-1} \frac{\mathrm{d}}{\mathrm{d}t} c(t) + a_n c(t)$$

$$= b_0 \frac{\mathrm{d}^m}{\mathrm{d}t^m} r(t) + b_1 \frac{\mathrm{d}^{m-1}}{\mathrm{d}t^{m-1}} r(t) + \cdots + b_{m-1} \frac{\mathrm{d}}{\mathrm{d}t} r(t) + b_m r(t) \qquad (2-23)$$

其中,$c(t)$ 为系统的输出量;$r(t)$ 为系统的输入量;$a_1 (i = 1, 2, \cdots, n)$ 和 $b_j (j = 1, 2, \cdots, m)$ 为与系统结构和参数有关的常系数。

令 $C(s) = L[c(t)]$,$R(s) = L[r(t)]$,则对式(2-23)两边同时进行拉氏变换,并代入零初始条件得

$$[a_0 s^n + a_1 s^{n-1} + \cdots + a_{n-1} s + a_n] C(s) = [b_0 s^m + b_1 s^{m-1} + \cdots + b_{m-1} s + b_m] R(s)$$

于是,由定义可得系统的传递函数为

$$G(s) = \frac{C(s)}{R(s)} = \frac{b_0 s^m + b_1 s^{m-1} + \cdots + b_{m-1} s + b_m}{a_0 s^n + a_1 s^{n-1} + \cdots + a_{n-1} s + a_n} \qquad (2-24)$$

式(2-24)中,当令分母多项式为零时,所得到的方程称为系统的特征方程,该方程的根决定了系统时间响应的主要特征。特征方程的根又称为系统的极点。使分子多项式为零的根,则称为系统的零点。零点和极点都是特殊的频率点,在极点处 $G(s)$ 为无穷大,在零点处 $G(s)$ 为零。

2. 性质

传递函数具有以下性质:

(1) 传递函数式复变量 s 的有理真分式,其分母多项式的阶次 n 大于等于分子多项式的阶次 m,即 $n \geqslant m$。

(2) 传递函数只反映系统在零初始条件下的运动特性。

(3) 传递函数的概念只适用于线性定常系统,且只表征一个输入和一个输出之间的关系。

(4) 传递函数不能反映系统的物理结构和性质。不同物理规律的系统可以有同样的传递函数。

(5) 传递函数是一种用系统参数表示输出量与输入量之间关系的表达式,它只取决于系统或元件的结构和参数,而与输入量的形式无关,也不反映系统内部的任何信息。输入量 $R(s)$ 经传递函数 $G(s)$ 的传递后,得到了输出量 $C(s)$,这种具有传递函数 $G(s)$ 的线性系统可用图 2-4 所示的框图来表示。

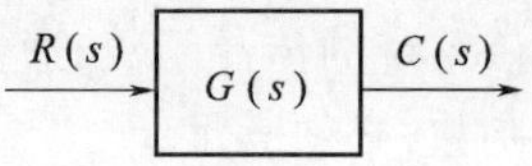

图 2-4 传递函数框图

(6) 传递函数与微分方程有想通性。传递函数分子多项式系数及分母多项式系数,

分别与微分方程的右端及左端微分算符多项式系数相对应。故将微分方程的算符 d/dt 用复数 s 置换便得到传递函数;反之,将传递函数多项式中的变量 s 用算符 d/dt 置换便得到微分方程。例如,由传递函数

$$G(s) = \frac{C(s)}{R(s)} = \frac{b_0 s^2 + b_1 s + b_2}{a_0 s^2 + a_1 s + a_2}$$

可得 s 的代数方程

$$[a_0 s^2 + a_1 s + a_2] C(s) = [b_0 s^2 + b_1 s + b_2] R(s)$$

用微分算符 d/dt 置换 s 可得到相应的微分方程

$$a_0 \frac{d^2}{dt^2} c(t) + a_1 \frac{d}{dt} c(t) + a_2 c(t) = b_0 \frac{d^2}{dt^2} r(t) + b_1 \frac{d}{dt} r(t) + b_2 r(t)$$

(7) 传递函数 $G(s)$ 的拉氏变换是系统的脉冲响应 $g(t)$。脉冲响应 $g(t)$ 是系统在单位脉冲 $\delta(t)$ 输入时的输出响应。此时,$R(s) = L[\delta(t)] = 1$,则

$$g(t) = L^{-1}[C(s)] = L^{-1}[G(s)R(s)] = L^{-1}[G(s)]$$

3. 传递函数的表达式

传递函数可以变换为各种形式。除了式(2-24)所示的有理分式形式,还有两种常用的表达形式。

1) 传递函数的零极点形式

将式(2-24)的分子、分母多项式在复数范围内因式分解,可以变换为

$$G(s) = \frac{K_r \prod_{i=1}^{m}(s - z_i)}{\prod_{j=1}^{n}(s - p_j)} \qquad (2-25)$$

其中,K_r 为系统根轨迹放大系数;$z_i(i=1,2,\cdots,m)$ 为系统的零点;$p_j(j=1,2,\cdots,n)$ 为系统的极点。传递函数的零点和极点可以是实数,也可以是复数,如果为复数,一定是共轭成对出现。这种用零点和极点表示传递函数的方法在根轨迹法中使用较多。

在复平面上表示传递函数的零点和极点的图形,称为传递函数的零极点分布图。在图中一般用"。"表示零点,用"×"表示极点。传递函数的零极点分布图可以更形象地反映系统的全面特性。

2) 传递函数的时间常数形式

可以将式(2-25)变换为

$$G(s) = \frac{K \prod_{i=1}^{m}(\tau_i s + 1)}{\prod_{j=1}^{n}(T_j s + 1)} \qquad (2-26)$$

其中,K 为系统传递函数,通常称为放大系数;τ_1、T_j 为分子、分母多项式各因子的时间常数。

各因子的时间常数和零点、极点的关系,以及 K 和 K_r 间的关系分别为

$$\tau_i = \frac{1}{-z_i}, \quad T_j = \frac{1}{-p_j}, \quad K = K_r \frac{\prod_{i=1}^{m}(-z_i)}{\prod_{j=1}^{n}(-p_j)}$$

如传递函数中有零值极点、共轭复数零点和极点时,则可表示为

$$G(s) = \frac{K \prod_{i=1}^{m_1}(\tau_i s + 1) \prod_{k=1}^{m_2}(\tau_k^2 s^2 + 2\xi_k \tau_k s + 1)}{s^v \prod_{j=1}^{n_1}(T_j s + 1) \prod_{l=1}^{n_2}(T_l^2 s^2 + 2\xi_l T_l s + 1)} \qquad (2-27)$$

其中,v 为零值极点的个数;ξ_i 为阻尼比;$m_1 + 2m_2 = m$;$v + n_1 + n_2 = n$。

4. 传递函数的极点和零点对输出的影响

传递函数的零极点对输出响应具有重要的影响。

传递函数的极点决定了所描述系统自由运动的模态,且在强迫运动中(即零初始条件响应)也会包含这些自由运动的模态。现举例说明。

设某系统传递函数为

$$G(s) = \frac{C(s)}{R(s)} = \frac{6(s+3)}{(s+1)(s+2)}$$

显然,其极点 $p_1 = -1$, $p_2 = -2$,零点 $z_1 = -3$,自由运动的模态是 e^{-t} 和 e^{-2t}。当 $r(t) = r_1 + r_2 e^{-5t}$,即 $R(s) = \frac{r_1}{s} + \frac{r_2}{s+5}$ 时,可求出系统的零初始条件响应为

$$c(t) = L^{-1}[C(s)] = L^{-1}\left[\frac{6(s+3)}{(s+1)(s+2)}\left(\frac{r_1}{s} + \frac{r_2}{s+5}\right)\right]$$
$$= 9r_1 - r_2 e^{-5t} + (3r_2 - 12r_1)e^{-t} + (3r_1 - 2r_2)e^{-2t}$$

式中,前两项具有与输入函数 $r(t)$ 相同的模态,后两项中包含了由极点 -1 和 -2 形成的自由运动模态。这是系统"固有"的成分,但其系数却与输入函数有关,因此可以认为这两项是受输入函数激发而形成的。这意味着传递函数的极点可以受输入函数的激发,在输出响应中形成自由运动的模态。

传递函数的零点并不形成自由运动的模态,但它们却影响各模态在响应中所占的比重,因而也影响响应曲线的形状。设具有相同极点但零点不同的传递函数分别为

$$G_1(s) = \frac{4s+2}{(s+1)(s+2)}, \quad G_2(s) = \frac{1.5s+2}{(s+1)(s+2)}$$

其极点都是 -1 和 -2,$G_1(s)$ 的零点 $z_1 = -0.5$,$G_2(s)$ 的零点 $z_2 = -1.33$,它们的零极点分布图如图 2-5(a) 所示。在零初始条件下,它们的单位阶跃响应分别是

$$c_1(t) = L^{-1}\left[\frac{4s+2}{s(s+1)(s+2)}\right] = 1 + 2e^{-t} - 3e^{-2t}$$

$$c_2(t) = L^{-1}\left[\frac{1.5s+2}{s(s+1)(s+2)}\right] = 1 - 0.5e^{-t} - 0.5e^{-2t}$$

20

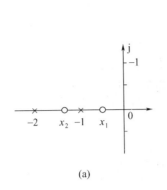
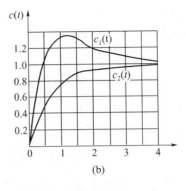

(a)　　　　　　　　　　(b)

图 2 - 5　零极点对输出响应的影响

上述结果表明,模态 e^{-t} 和 e^{-2t} 在两个系统的单位阶跃响应中所占的比重是不同的,它取决于极点之间的距离和极点与零点之间的距离,以及零点与原点之间的距离。在极点相同的情况下,$G_1(s)$ 的零点 z_1 接近原点,距两个极点的距离都比较远,因此,两个模态所占比重大且零点 z_1 的作用明显;而 $G_2(s)$ 的零点 z_2 距原点较远且与两个极点均相距较近,因此两个模态所占比重就小。这样,尽管两个系统的模态相同,但由于零点的位置不同,其单位阶跃响应 $c_1(t)$ 和 $c_2(t)$ 却具有不同的形状,如图 2 -5(b)所示。

2.3.2　典型环节及其传递函数

由式(2-27)可见,一个系统的传递函数可分解为若干个基本因子的乘积,每个基本因子就称作典型环节。典型环节可分为两大类,一类为最小相位环节,另一类为非最小相位环节。如果典型环节的开环传递函数的极点和零点均位于 s 平面的左半部,则称为最小相位环节,反之,则称为非最小相位环节。

下面列举几种典型环节:

(1)比例环节,传递函数为

$$G(s) = K \qquad\qquad (2 - 28)$$

式中,K 为比例环节的比例系数,也称为放大系数。

(2)积分环节,传递函数为

$$G(s) = \frac{1}{s} \qquad\qquad (2 - 29)$$

(3)微分环节,传递函数为

$$G(s) = s \qquad\qquad (2 - 30)$$

(4)惯性环节,传递函数为

$$G(s) = \frac{1}{Ts + 1} \qquad\qquad (2 - 31)$$

式中,T 为时间常数。

(5)一阶微分环节,传递函数为

$$G(s) = \tau s + 1 \qquad\qquad (2 - 32)$$

21

式中,τ 为时间常数。

（6）二阶振荡环节,传递函数为

$$G(s) = \frac{1}{T^2 s^2 + 2\zeta Ts + 1} \qquad (2-33)$$

式中,T 为时间常数;ζ 为阻尼系数。

（7）二阶微分环节,传递函数为

$$G(s) = \tau^2 s^2 + 2\zeta \tau s + 1 \qquad (2-34)$$

式中,τ 为时间常数;ζ 为阻尼系数。

（8）延迟环节,传递函数为

$$G(s) = e^{-\tau s} \qquad (2-35)$$

式中,τ 为延迟时间。

必须指出,组成系统的元部件与这里引入的典型环节的概念不同。一个系统由若干个元部件组成,每一个元部件的传递函数可以是一个典型环节,也可以包括几个典型环节。相反,一个典型环节也可以由许多部件或一个系统的传递函数所形成。熟悉和掌握这些典型环节,有助于分析研究复杂控制系统。

2.3.3 传递函数的求取

传递函数的一般求取方法是:

（1）按照系统的运动规律列出其微分方程。

（2）针对微分方程进行拉氏变换,并代入零初始条件,即可求得系统的传递函数。

例 2-5 图 2-6 所示弹簧-质量-阻尼器系统,位移 $x(t)$ 为输入,位移 $y(t)$ 为输出,弹簧的弹性系数分别为 k_1 和 k_2,阻尼器的阻尼系数为 b,质量块的质量为 m,试求系统的传递函数。

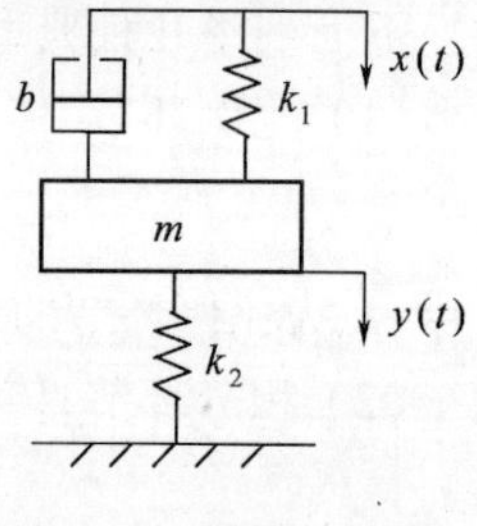

解:针对质量块,由牛顿第二定律有

$$b[\dot{x}(t) - \dot{y}(t)] + k_1[x(t) - y(t)] - k_2 y(t) = m\ddot{y}(t)$$

整理得系统的微分方程为

$$m\ddot{y}(t) + b\dot{y}(t) + (k_1 + k_2)y(t) = b\dot{x}(t) + k_1 x(t)$$

图 2-6 弹簧-质量-阻尼器系统

将上式两边同时进行拉氏变换得

$$ms^2 Y(s) + bsY(s) + (k_1 + k_2)Y(s) = bsX(s) + k_1 X(s)$$

式中,$Y(s) = L[y(t)]$,$X(s) = L[x(t)]$。

整理可得系统的传递函数为

$$\frac{Y(s)}{X(s)} = \frac{bs + k_1}{ms^2 + bs + k_1 + k_2}$$

在求电路网络传递函数时,除了上面求解方法外,还有一种相对较简便的方法,就是所谓的复阻抗方法,即利用复阻抗的概念,直接写出拉氏变换关系的代数方程求解传递函数。电路系统中的电阻 R、电容 C 和电感 L 相对应的复阻抗分别为 R、$\dfrac{1}{Cs}$ 和 Ls。

例2-6 试求图2-7所示有源网络的传递函数。图中，$u_i(t)$ 为输入，$u_o(t)$ 为输出。

解：由运算放大器电路"虚地"的概念可得：流进放大器正负端的电流为零（虚断），且正负端的电压相等（虚短）。

设流过电阻 R_1 的电流为 $I(s)$，应用复阻抗方法，可得

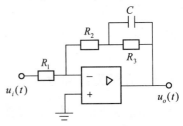

图2-7 有源网络

$$\begin{cases} U_i(s) = I(s)R_1 \\ -U_o(s) = I(s)\left(R_2 + \dfrac{R_3 \dfrac{1}{Cs}}{R_3 + \dfrac{1}{Cs}} \right) \end{cases}$$

消去中间变量 $I(s)$，可得传递函数为

$$\frac{U_o(s)}{U_i(s)} = -\frac{R_2 R_3 Cs + R_2 + R_3}{R_1 R_3 Cs + R_1}$$

2.4 方框图及其等效变换

控制系统的方框图，也即结构图，是表示组成控制系统的各个元件之间信号传递动态关系的图形。系统中每个元件用一个或几个方框图表示，然后，根据信号传递先后顺序用信号线按一定方式连接起来，就构成了系统的方框图模型。方框图模型是控制系统原理图与数学方程的结合，既补充了控制系统原理图所缺乏的定量描述，又避免了纯数学的抽象运算，是控制理论中描述复杂系统的一种简便方法。

2.4.1 方框图的组成

控制系统的方框图由一些对信号进行单向运算的方框和信号流向线组成，一般由以下四种基本单元组成。

（1）信号线：带有箭头的直线，箭头表示信号传递方向，信号线上标信号的原函数或象函数，如图2-8(a)所示。

（2）方框：表示对信号进行的数学变换，方框中为元部件的传递函数，它起对信号的运算、转换作用。如图2-8(b)所示，显然，方框的输出量等于方框的输入量与传递函数的乘积，即 $C(s) = G(s)R(s)$，因此，方框可看做单向运算的算子。

（3）引出点（测量点）：表示信号引出或测量位置，从同一点引出的信号完全相同，如图2-8(c)所示。

（4）比较点（综合点）：对两个以上信号进行加减运算，"+"号表示相加，"-"表示相减，"+"号可以省略不写，如图2-8(d)所示。

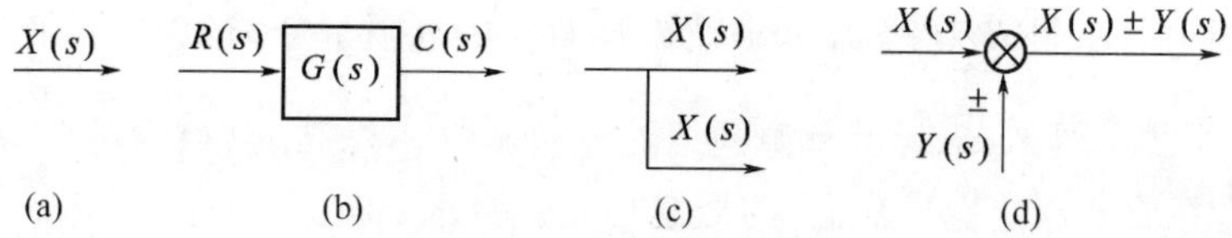

图 2-8　方框图基本单元

2.4.2　方框图的建立

绘制系统方框图的一般步骤为：

(1) 列出描述系统各环节或元件的运动方程，确定其传递函数。

(2) 绘出各环节或元件的方框，方框中标明其传递函数，并以箭头和字母符号表明其输入量和输出量。

(3) 按照系统中各变量的传递顺序，依次将各元件的方框图连接起来，通常输入变量在左端，输出变量在右端，便得到系统的方框图。

例 2-7　绘制图 2-9 所示两级 RC 滤波网络的方框图，其中，$u_i(t)$ 为输入，$u_o(t)$ 为输出。

解：用复阻抗法直接列出复域方程

$$I_1(s) = [U_i(s) - U_1(s)]\frac{1}{R_1}$$

$$U_1(s) = [I_1(s) - I_2(s)]\frac{1}{C_1 s}$$

$$I_2(s) = [U_1(s) - U_o(s)]\frac{1}{R_2}$$

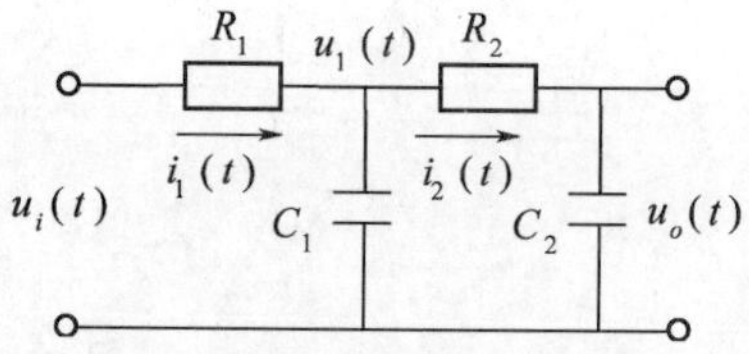

图 2-9　两级 RC 滤波网络

$$U_o(s) = I_2(s)\frac{1}{C_2 s}$$

由上述方程可以分别建立各变量间的传递方框，如图 2-10(a)~(d)所示。按照系统中各变量的传递顺序，依次将各方框图连接起来，便得到系统的方框图，如图 2-10(e)所示。

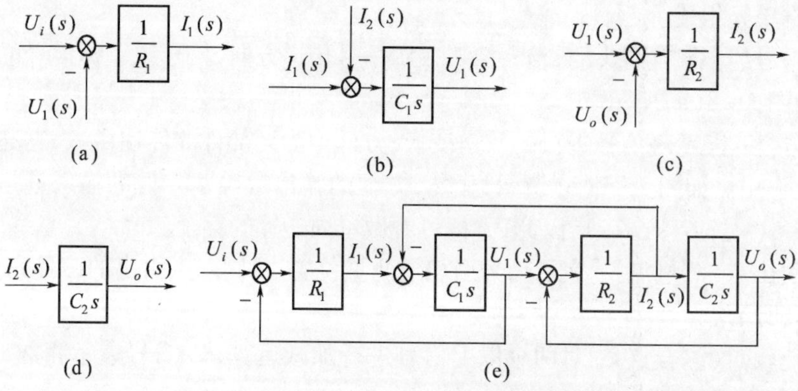

图 2-10　两级 RC 滤波网络的方框图

2.4.3 方框图的等效变换和化简

方框图表示了系统中各信号之间的传递与运算的全部关系,当然可以求出输入、输出变量之间的传递关系,也即传递函数。但是,一个复杂系统的方框图,其方框间的连接错综复杂,使得求取传递函数比较困难,因此,有必要对方框图进行等效变换化简。

方框图化简的一般方法是移动引出点或比较点,交换比较点,进行方框运算,将串联、并联和反馈连接的方框合并。在简化过程中应遵循变换前后变量关系保持等效的原则,即:变换前后前向通路中传递函数的乘积应保持不变,回路中传递函数的乘积应保持不变。

1. 串联方框的等效变换

传递函数分别为 $G_1(s)$ 和 $G_2(s)$ 的两个方框,若 $G_1(s)$ 的输出变量作为 $G_2(s)$ 的输入变量,且中间无引出点、比较点,这样的连接称为串联方框连接,简称串联连接,如图 2-11(a) 所示。

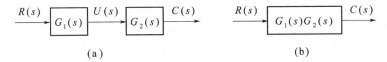

图 2-11 串联连接及其简化

由图 2-11(a)有

$$U(s) = G_1(s)R(s), \quad C(s) = G_2(s)U(s)$$

消去 $U(s)$ 可得

$$C(s) = G_1(s)G_2(s)R(s) = G(s)R(s)$$

其中

$$G(s) = G_1(s)G_2(s) \tag{2-36}$$

称为串联方框的等效传递函数,可用图 2-11(b)的方框表示。可见,两个串联方框的等效传递函数等于各串联方框的传递函数的乘积。该结论可推广到 n 个方框串联的情况。

2. 并联方框的等效变换

传递函数分别为 $G_1(s)$ 和 $G_2(s)$ 的两个方框,如果它们具有相同输入量,而输出量等于两个方框输出量的代数和,这样的连接称为并联方框连接,简称为并联连接,如图 2-12(a)所示。

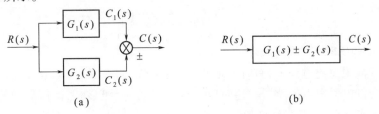

图 2-12 并联连接及其简化

25

由图 2 - 12(a)有

$$C_1(s) = G_1(s)R(s), \quad C_2(s) = G_2(s)U(s), \quad C(s) = C_2(s) \pm C_2(s)$$

消去 $C_1(s)$ 和 $C_2(s)$ 可得

$$C(s) = [G_1(s) \pm G_2(s)]R(s) = G(s)R(s)$$

其中

$$G(s) = G_1(s) \pm G_2(s) \qquad\qquad (2 - 37)$$

称为并联方框的等效传递函数,可用图 2 - 12(b)的方框表示。可见,两个并联方框的等效传递函数等于各并联方框的传递函数的代数和。该结论可推广到 n 个方框并联的情况。

3. 反馈连接方框的等效变换

传递函数分别为 $G(s)$ 和 $H(s)$ 的两个方框,按图 2 - 13(a)形式连接,则称为反馈连接。"+"号为正反馈,表示输入信号与反馈信号相加;"-"号为负反馈,表示输入信号与反馈信号相减。

由图 2 - 13(a)有

$$C(s) = G(s)E(s), \quad B(s) = H(s)C(s), \quad E(s) = R(s) \pm B(s)$$

消去 $E(s)$ 和 $B(s)$ 可得

$$C(s) = G(s)[R(s) \pm H(s)C(s)]$$

则有

$$C(s) = \frac{G(s)}{1 \mp G(s)H(s)}R(s) = \phi(s)R(s)$$

其中

$$\phi(s) = \frac{G(s)}{1 \mp G(s)H(s)} \qquad\qquad (2 - 38)$$

称为闭环传递函数,为方框反馈连接的等效传递函数,式中负号对应正反馈连接,正号对应负反馈连接,式(2 - 38)可用图 2 - 13(b)的方框表示。

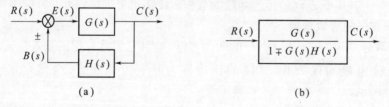

图 2 - 13   反馈连接及其简化

4. 引出点和比较点的移动

在系统方框图简化过程中,有时为了便于进行方框的串联、并联或反馈连接的运算,需要移动比较点或引出点的位置。这时应注意在移动前后必须保持信号的等效性,而且比较点和引出点之间一般不宜交换其位置。此外,"-"号可以在信号线上越过方框移动,但不能越过比较点和引出点。表 2 - 2 汇集了一些典型方框图等效变换的基本规则。

26

表 2 - 2 方框图等效变换规则

原方框图	等效方框图	等效运算关系
$R(s)$ → $G_1(s)$ → $G_2(s)$ → $C(s)$	$R(s)$ → $G_1(s)G_2(s)$ → $C(s)$	(1) 串联等效 $C(s) = G_1(s)G_2(s)R(s)$
$R(s)$ → $G_1(s)$, $G_2(s)$ → ⊗ $\pm$ → $C(s)$	$R(s)$ → $G_1(s) \pm G_2(s)$ → $C(s)$	(2) 并联等效 $C(s) = [G_1(s) \pm G_2(s)]R(s)$
$R(s)$ → ⊗ $\pm$ → $G_1(s)$ → $C(s)$, $G_2(s)$	$R(s)$ → $\dfrac{G_1(s)}{1 \mp G_1(s)G_2(s)}$ → $C(s)$	(3) 反馈等效 $C(s) = \dfrac{G_1(s)R(s)}{1 \mp G_1(s)G_2(s)}$
$R(s)$ → ⊗ $-$ → $G_1(s)$ → $C(s)$, $G_2(s)$	$R(s)$ → $\dfrac{1}{G_2(s)}$ → ⊗ $-$ → $G_2(s)$ → $G_1(s)$ → $C(s)$	(4) 等效单位反馈 $\dfrac{C(s)}{R(s)} = \dfrac{1}{G_2(s)} \dfrac{G_1(s)G_2(s)}{1 + G_1(s)G_2(s)}$
$R(s)$ → $G(s)$ → ⊗ $\pm$ → $C(s)$, $Q(s)$	$R(s)$ → ⊗ $\pm$ → $G(s)$ → $C(s)$, $\dfrac{1}{G(s)}$ ← $Q(s)$	(5) 比较点前移 $C(s) = R(s)G(s) \pm Q(s)$ $= \left[R(s)G(s) \pm \dfrac{Q(s)}{G(s)}\right]G(s)$
$R(s)$ → ⊗ $\pm$ → $G(s)$ → $C(s)$, $Q(s)$	$R(s)$ → $G(s)$ → ⊗ $\pm$ → $C(s)$, $Q(s)$ → $G(s)$	(6) 比较点后移 $C(s) = [R(s) \pm Q(s)]G(s)$ $= R(s)G(s) \pm Q(s)G(s)$
$R(s)$ → $G(s)$ → $C(s)$, $C(s)$	$R(s)$ → $G(s)$ → $C(s)$, $G(s)$ → $C(s)$	(7) 引出点前移 $C(s) = R(s)G(s)$
$R(s)$ → $G(s)$ → $C(s)$, $R(s)$	$R(s)$ → $G(s)$ → $C(s)$, $\dfrac{1}{G(s)}$ → $R(s)$	(8) 引出点后移 $R(s) = R(s)G(s)\dfrac{1}{G(s)}$ $C(s) = R(s)G(s)$
$R_1(s)$ → ⊗ $\pm$ $E(s)$ → ⊗ $\pm$ → $C(s)$, $R_2(s)$, $R_3(s)$	$R_1(s)$ → ⊗ $\pm$ → ⊗ $\pm$ → $C(s)$, $R_3(s)$, $R_2(s)$ = $R_1(s)$ → ⊗ $\pm$ → ⊗ $\pm$ → $C(s)$, $R_3(s)$, $R_2(s)$	(9) 交换或合并比较点 $C(s) = E(s) \pm R_3(s)$ $= R_1(s) \pm R_2(s) \pm R_3(s)$ $= R_1(s) \pm R_3(s) \pm R_2(s)$

（续）

原方框图	等效方框图	等效运算关系
		(10) 交换比较点或引出点 $C(s) = R_1(s) - R_2(s)$
		(11) 负号在支路上移动 $E(s) = R(s) - G_2(s)C(s)$ $= R(s) + G_2(s) \times (-1)C(s)$

例2-8　试用方框图等效变换,求例2-7两级 RC 滤波网络的传递函数。

解:简化方框图的步骤如图2-14所示,最后可得系统传递函数为

$$\frac{U_c(s)}{U_r(s)} = \frac{1}{(R_1C_1s+1)(R_2C_2s+1)+R_1C_2s}$$

$$= \frac{1}{R_1R_2C_1C_2s^2 + (R_1C_1 + R_2C_2 + R_1C_2)s + 1}$$

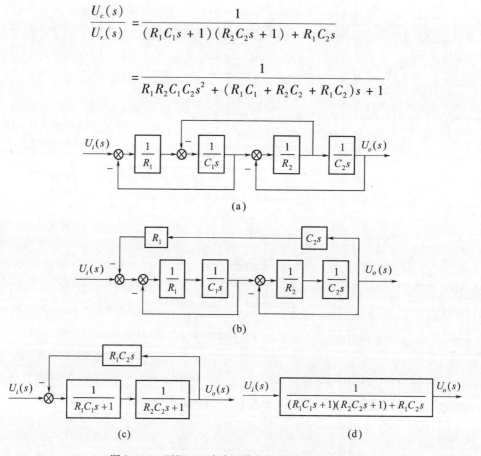

图2-14　两级 RC 滤波网络方框图等效变换过程

28

例2-9 试简化图2-15所示系统方框图,并求传递函数$\dfrac{C(s)}{R(s)}$。

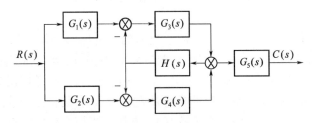

图2-15 例2-9系统方框图

解:简化方框图的步骤如图2-16所示,最后可得系统传递函数为

$$\frac{C(s)}{R(s)} = [G_1(s)G_3(s) + G_2(s)G_4(s)] \frac{G_5(s)}{1 + G_3(s)H(s) + G_4(s)H(s)}$$

$$= \frac{G_1(s)G_3(s)G_5(s) + G_2(s)G_4(s)G_5(s)}{1 + G_3(s)H(s) + G_4(s)H(s)}$$

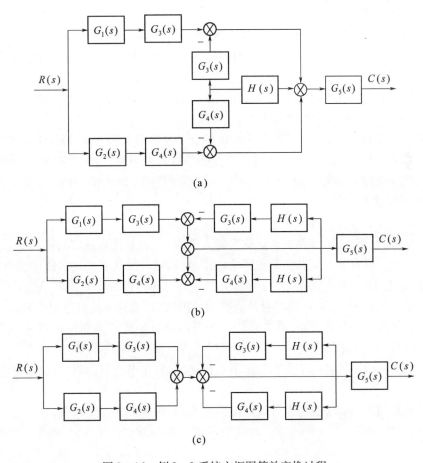

图2-16 例2-9系统方框图等效变换过程

2.5　信号流图及梅森公式

信号流图和方框图一样,也是系统数学模型的一种图形表示方法。信号流图起源于梅森利用图示法来描述一个或一组线性代数方程式,它是由节点和支路组成的一种信号传递网络。图中节点代表方程式中的变量,以小圆圈表示;支路是连接两个节点的定向线段,用支路增益表示方程式中两个变量的因果关系,因此支路相当于乘法器。

采用信号流图,可以不需要进行等效变换,直接利用梅森公式求出系统中任何两个变量之间的传递函数。对于复杂系统的传递函数求解,这种方法比较方便。

2.5.1　信号流图的符号及术语

1. 信号流图的符号

信号流图采用三种基本图形符号:

(1) 节点:系统中的一个变量(信号)称为节点,用小圆圈"。"表示。一般,节点自左向右顺序设置,每个节点标志的变量是所有流向该节点的信号之代数和,而从同一节点流向各支路的信号均用该节点的变量表示。对于给定的系统,节点变量的设置是任意的,因此信号流图不是唯一的。

(2) 支路:连接两节点的线段称为支路,用"→"表示,其中的箭头方向表示信号的传递方向。信号在支路上只能沿箭头单向传递,即只有前因后果的因果关系。支路相当于乘法器,信号流经支路时,被乘以支路增益而变换为另一信号。

(3) 增益:标注在支路旁的两个变量之间的数学关系,称为支路的增益。增益可以是常数,也可以是复函数。当增益为 1 时,可以省略。

与方框图比较可知,信号流图中的增益相当于方框图中的方框,而其节点相当于方框图中引出点和比较点的组合。由于进入节点的信号只能求和,因此要实现信号相减时,只能在进入的支路增益前置一负号。

2. 信号流图的术语

信号流图中常用如下术语:

输入节点:只有输出支路的节点称为输入节点,它一般代表系统的输入变量。

输出节点:只有输入支路的节点称为输出节点,它一般代表系统的输出变量。

混合节点:既有输入支路,又有输出支路的节点称为混合节点。若从混合节点引出一条具有单位增益的支路,可将混合节点变为输出节点,成为系统的输出变量。

通道:凡从某一节点开始,沿支路的箭头方向穿过相连支路而终止在另一节点或同一节点的路径,称为通道。

前向通道:信号从输入节点到输出节点传递时,每个节点只通过一次的通道,称为前向通道。

前向通道增益:前向通道上各支路增益之乘积,称为前向通道增益。

回路:起点和终点在同一节点,而且信号通过每一节点不多于一次的闭合通道称为回路。

回路增益:回路中所有支路增益之乘积称为回路增益。

不接触回路:回路之间没有公共节点时,这种回路称为不接触回路。

2.5.2 信号流图的绘制

信号流图可以根据微分方程绘制,也可以从系统方框图按照对应关系得到。

1. 由系统微分方程绘制信号流图

任何线性方程都可以用信号流图表示,但含有微分或积分的线性方程,一般应通过拉氏变换,将微分方程或积分方程变换为 s 的代数方程后再画信号流图。绘制信号流图时,首先要对系统的每个变量指定一个节点,并按照系统中变量的因果关系,从左向右顺序排列;然后,用标明支路增益的支路,根据数学方程式将各节点变量正确连接,便可得到系统的信号流图。

例 2 – 10 试绘制图 2 – 17(a)所示的 RC 无源网络的信号流图。图中,$u_i(t)$ 为输入量,$u_o(t)$ 为输出量,设电容的初始电压为 $u_1(0)$。

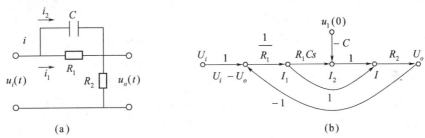

图 2 – 17 RC 无源网络及其信号流图

解:由电路原理,写出系统的微分方程如下

$$u_i(t) = i_1(t)R_1 + u_o(t)$$

$$u_o(t) = i(t)R_2$$

$$\frac{1}{C}\int i_2(t)\,\mathrm{d}t = i_1(t)R_1 = u_1(t)$$

$$i(t) = i_1(t) + i_2(t)$$

其中,$u_i(t)$ 为输入电压;$u_o(t)$ 为输出电压;$u_1(t)$ 为电容器两端电压。

令 $U_i(s) = L[u_i(t)]$,$U_o(s) = L[u_o(t)]$,$I(s) = L[i(t)]$,$I_1(s) = L[i_1(t)]$,$I_2(s) = L[i_2(t)]$,对上述各微分方程进行拉氏变换,并考虑电容初始电压 $u_1(0)$,可得

$$U_i(s) = I_1(s)R_1 + U_o(s)$$

$$U_o(s) = I(s)R_2$$

$$\frac{1}{Cs}I_2(s) + \frac{u_1(0)}{s} = I_1(s)R_1$$

$$I(s) = I_1(s) + I_2(s)$$

按照因果关系,将各变量重新整理得

31

$$I_1(s) = \frac{U_i(s) - U_o(s)}{R_1}$$

$$U_o(s) = I(s)R_2$$

$$I_2(s) = sR_1CI_1(s) - Cu_1(0)$$

$$I(s) = I_1(s) + I_2(s)$$

对变量 $U_i(s)$, $U_i(s) - U_o(s)$, $I_1(s)$, $I_2(s)$, $I(s)$, $U_o(s)$ 和 $u_1(0)$ 分别设置 7 个节点, 并自左向右顺序排列, 再按照数学方程式中各变量的因果关系, 用相应增益的支路将各节点连接起来, 便得到信号流图, 如图 2 - 17(b) 所示。

本例中, 有两个源节点, 即表示输入电压 $U_i(s)$ 和初始电压 $u_1(0)$ 的节点, 它们都可视为无源网络的输入变量。由此可见, 在信号流图上, 变量的初始值可以作为输入变量表示出来, 这是在方框图上所没有的。

2. 由系统方框图绘制信号流图

在方框图中, 由于传递的信号标记在信号线上, 方框则是对变量进行变换或运算的算子。因此, 从系统方框图绘制信号流图时, 只需在方框图的信号线上用小圆圈标志出传递的信号, 便得到节点; 用标有传递函数的线段代替方框图中的方框, 便得到支路, 于是, 方框图也就变换为相应的信号流图了。一般来说, 从系统方框图绘制信号流图时应尽量精简节点的数目。

例 2 - 11 试绘制例 2 - 9 系统方框图对应的信号流图。

解: 首先, 在系统方框图的信号线上用小圆圈标注各变量对应的节点, 如图 2 - 18(a) 所示。其次, 将各节点按原来顺序自左向右排列, 连接各节点的支路与方框图中的方框相对应, 即将方框图中的方框用具有相应增益的支路代替, 并连接有关的节点, 便得到系统的信号流图, 如图 2 - 18(b) 所示。

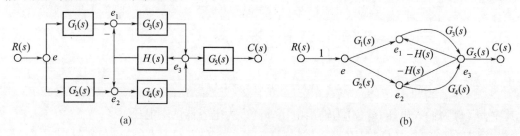

图 2 - 18 信号流图

2.5.3 信号流图的等效变换规则

信号流图的等效变换规则与方框图等效变换规则相似, 归纳如下:

（1）串联支路的总增益等于各串联支路增益之积。

（2）并联支路的总增益等于各并联支路增益之和。

（3）混合节点可以用移动支路的方法消除。

（4）回路可以用方框图中反馈连接等效变换的规则来消除。

上述等效规则可归纳成如表 2 - 3 所列。

表 2 – 3　信号流图的等效变换规则

等效变换	原信号流图	变换后的信号流图
串联支路的合并	x_1　a　x_2　b　x_3	x_1　ab　x_3
并联支路的合并	x_1　a／b　x_2	x_1　$a+b$　x_2
混合节点的消除	x_1　a，x_2　b，x_3　c　x_4	x_1　ac，x_2　bc　x_4
	x_1　a　d，b　x_2，c　x_3，x_4	x_1，ad　x_4　bd，ac　x_3　bc　x_2
回路的消除	x_1　a　x_2　b　x_3　$\pm c$	x_1　$\dfrac{ab}{1 \mp bc}$　x_3
	x_1　a　x_2　$\pm b$	x_1　$\dfrac{a}{1 \mp b}$　x_2

2.5.4　梅森公式及其应用

针对复杂的控制系统,可以采用方框图或信号流图化简的方法求取传递函数,但这个过程毕竟还是比较麻烦的。如果采用梅森(Mason)公式,则可以不作任何结构变换,直接由信号流图或方框图写出系统的传递函数。针对复杂的信号流图或方框图,梅森公式可用于求取任意输入节点与任意输出节点之间的传递函数(增益)。

梅森公式的一般形式为

$$G(s) = \frac{\sum\limits_{k=1}^{n} P_k \Delta_k}{\Delta} \tag{2-39}$$

式中,$G(s)$ 为待求的从输入节点到输出节点之间的传递函数(增益);n 为从输入节点到输出节点的前向通道总数;P_k 为从输入节点到输出节点的第 k 条前向通道增益;Δ 为特征式,其计算公式为

$$\Delta = 1 - \sum L_a + \sum L_b L_c - \sum L_d L_e L_f + \cdots$$

其中,$\sum L_a$ 为所有单独回路增益之和;$\sum L_b L_c$ 为所有互不接触的单独回路中,每次取其

33

中两个回路的回路增益的乘积之和；$\sum L_d L_e L_f$ 为所有互不接触的单独回路中，每次取其中三个回路的回路增益的乘积之和；Δ_k 为第 k 条前向通道的余子式，它等于从特征式 Δ 中除去与第 k 条前向通道相接触的回路增益项（包括回路增益的乘积项）以后的余项式。

下面结合例题说明梅森公式的应用。

例 2 - 12 试用梅森公式求例 2 - 9 系统的传递函数。

解：根据图 2 - 18(b) 所示系统的信号流图可知，系统有 2 条前向通道，其增益分别为

$$P_1 = G_1(s) G_3(s) G_5(s), \quad P_2 = G_2(s) G_4(s) G_5(s)$$

有 2 个单独回路：

$$L_1 = -G_3(s) H(s), \quad L_2 = -G_4(s) H(s)$$

无互不接触回路，故特征式为

$$\Delta = 1 - (L_1 + L_2) = 1 + G_3(s) H(s) + G_4(s) H(s)$$

由于两个回路与两个前向通道都有接触，所以

$$\Delta_1 = 1, \quad \Delta_2 = 1$$

代入梅森公式可得系统的传递函数为

$$\frac{C(s)}{R(s)} = \frac{P_1 \Delta_1 + P_2 \Delta_2}{\Delta} = \frac{G_1(s) G_3(s) G_5(s) + G_2(s) G_4(s) G_5(s)}{1 + G_3(s) H(s) + G_4(s) H(s)}$$

由结果可见，与例 2 - 9 中采用方框图化简方法求传递函数的结果相同。

例 2 - 13 试求图 2 - 19 所示信号流图的传递函数 $\dfrac{C(s)}{R(s)}$。

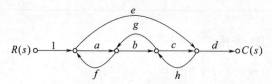

图 2 - 19 信号流图

解：根据图 2 - 19 所示系统的信号流图可知，系统有 2 条前向通道，其增益分别为

$$P_1 = abcd, \quad P_2 = ed$$

有 4 个单独回路：

$$L_1 = af, \quad L_2 = bg, \quad L_3 = ch, \quad L_4 = ehgf$$

互不接触回路为 L_1、L_3，故特征式为

$$\Delta = 1 - (L_1 + L_2 + L_3 + L_4) + L_1 L_3$$

$$= 1 - af - bg - ch - ehgf + afch$$

由于 4 个回路都与第 1 条前向通道接触，所以，$\Delta_1 = 1$。

由于只有回路 L_2 不与第 2 条前向通道接触，其余回路均接触，所以

$$\Delta_2 = 1 - L_2 = 1 - bg$$

代入梅森公式可得系统的传递函数为

$$\frac{C(s)}{R(s)} = \frac{P_1\Delta_1 + P_2\Delta_2}{\Delta} = \frac{abcd + ed(1 - bg)}{1 - af - bg - ch - ehgf + afch}$$

2.6　状态空间模型

经典线性系统理论对于单输入－单输出线性定常系统的分析和综合是比较有效的,但其显著的缺点是只能揭示输入－输出间的外部特性,难以揭示系统内部的结构特性,也难以有效处理多输入－多输出系统。自20世纪60年代,卡尔曼系统地将状态空间概念引入到控制理论中,现代控制理论才逐步发展起来。

现代控制理论中的线性系统理论运用状态空间法描述输入－状态－输出诸变量间的因果关系,不但反映了系统的输入－输出外部特性,而且揭示了系统内部的结构特性,是一种既适用于单输入－单输出系统又适用于多输入－多输出系统,既可用于线性定常系统又可用于线性时变系统的有效分析和综合方法。

2.6.1　状态空间模型的基本概念

如图2－20所示,图中方块以外的部分为系统环境,环境对系统的作用为系统输入,系统对环境的作用为系统的输出,二者分别用矢量 $\boldsymbol{u} = [u_1, u_2, \cdots, u_p]^T$ 和 $\boldsymbol{y} = [y_1, y_2, \cdots, y_q]^T$ 表示,它们均为系统的外部变量。描述系统内部每个时刻所处状况的变量为系统的内部变量,也称状态变量,以矢量 $\boldsymbol{x} = [x_1, x_2, \cdots, x_n]^T$ 表示。

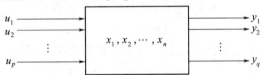

图2－20　系统的方块图表示

状态空间模型是基于系统内部结构分析的一类数学模型,通常由两个数学方程组成。一个是反映系统状态变量 $\boldsymbol{x} = [x_1, x_2, \cdots, x_n]^T$ 和输入变量 $\boldsymbol{u} = [u_1, u_2, \cdots, u_p]^T$ 间因果关系的数学表达式,常具有微分方程的形式,称为状态方程。另一个是表征系统状态变量 $\boldsymbol{x} = [x_1, x_2, \cdots, x_n]^T$、输入变量 $\boldsymbol{u} = [u_1, u_2, \cdots, u_p]^T$ 和输出变量 $\boldsymbol{y} = [y_1, y_2, \cdots, y_q]^T$ 间转换关系的数学表达式,具有代数方程的形式,称为输出方程。

2.6.2　状态空间模型的建立

建立状态空间模型的方法主要有两种:一是直接根据系统的机理建立相应的微分方程,继而选择有关的物理量作为状态变量,从而导出其状态空间模型;二是由已知的系统其他数学模型经过转化而得到状态空间表达式。在这里只讨论根据系统的机理建立状态空间模型的方法。下面结合例题来说明。

例2－14　考虑图2－1所示弹簧－质量－阻尼器机械位移系统,假设系统是线性的。其中,弹簧系数为 k,阻尼器的阻尼系数为 b,质量块的质量为 m,外作用力 $u(t)$ 为输入量,位移 $y(t)$ 为输出量,试建立系统的状态空间模型。

解:该系统是一个单输入单输出系统。由图 2-1 可以得到系统方程:

$$m\ddot{y} + b\dot{y} + ky = u \qquad (2-40)$$

显然这是一个二阶系统,意味着该系统包括两个积分器。不妨定义状态变量 $x_1(t)$ 和 $x_2(t)$ 为

$$\begin{cases} x_1(t) = y(t) \\ x_2(t) = \dot{y}(t) \end{cases}$$

于是得到

$$\begin{cases} \dot{x}_1 = x_2 \\ \dot{x}_2 = -\dfrac{k}{m}x_1 - \dfrac{b}{m}x_2 + \dfrac{1}{m}u \end{cases}$$

输出方程为

$$y = x_1$$

若采用矢量矩阵表示,则可以写成

$$\begin{cases} \dot{x} = Ax + Bu \\ y = Cx + Du \end{cases} \qquad (2-41)$$

式中,$x = \begin{bmatrix} x_1 \\ x_2 \end{bmatrix}$,$A = \begin{bmatrix} 0 & 1 \\ -\dfrac{k}{m} & -\dfrac{b}{m} \end{bmatrix}$,$B = \begin{bmatrix} 0 \\ \dfrac{1}{m} \end{bmatrix}$,$C = \begin{bmatrix} 1 & 0 \end{bmatrix}$,$D = 0$。

图 2-21 是该系统的方框图,注意,积分器的输出为状态变量。

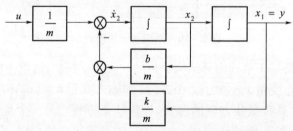

图 2-21 图 2-1 所示弹簧-质量-阻尼器机械位移系统的方框图

例 2-15 考虑图 2-2 所示 RLC 串联电路,试选择几组状态变量建立相应的状态空间模型。

解:根据电路定律可得

$$\begin{cases} Ri + L\dfrac{\mathrm{d}i}{\mathrm{d}t} + \dfrac{1}{C}\int i\mathrm{d}t = u_i \\ y = u_o = \dfrac{1}{C}\int i\mathrm{d}t \end{cases}$$

（1）定义状态变量 $x_1 = i, x_2 = \dfrac{1}{C}\int i\mathrm{d}t$，则状态空间模型为

$$
\begin{cases}
\begin{bmatrix} \dot{x}_1 \\ \dot{x}_2 \end{bmatrix} = \begin{bmatrix} -\dfrac{R}{L} & -\dfrac{1}{L} \\ \dfrac{1}{C} & 0 \end{bmatrix} \begin{bmatrix} x_1 \\ x_2 \end{bmatrix} + \begin{bmatrix} \dfrac{1}{L} \\ 0 \end{bmatrix} u_i \\[4mm]
y = \begin{bmatrix} 0 & 1 \end{bmatrix} \begin{bmatrix} x_1 \\ x_2 \end{bmatrix}
\end{cases}
$$

（2）若定义状态变量 $x_1 = i, x_2 = \int i\mathrm{d}t$，则状态空间模型为

$$
\begin{cases}
\begin{bmatrix} \dot{x}_1 \\ \dot{x}_2 \end{bmatrix} = \begin{bmatrix} -\dfrac{R}{L} & -\dfrac{1}{LC} \\ 1 & 0 \end{bmatrix} \begin{bmatrix} x_1 \\ x_2 \end{bmatrix} + \begin{bmatrix} \dfrac{1}{L} \\ 0 \end{bmatrix} u_i \\[4mm]
y = \begin{bmatrix} 0 & \dfrac{1}{C} \end{bmatrix} \begin{bmatrix} x_1 \\ x_2 \end{bmatrix}
\end{cases}
$$

（3）若定义状态变量 $x_1 = \dfrac{1}{C}\int i\mathrm{d}t + Ri, x_2 = \dfrac{1}{C}\int i\mathrm{d}t$，则状态空间模型为

$$
\begin{cases}
\begin{bmatrix} \dot{x}_1 \\ \dot{x}_2 \end{bmatrix} = \begin{bmatrix} -\dfrac{1}{RC} - \dfrac{R}{L} & -\dfrac{1}{RC} \\ \dfrac{1}{RC} & -\dfrac{1}{RC} \end{bmatrix} \begin{bmatrix} x_1 \\ x_2 \end{bmatrix} + \begin{bmatrix} \dfrac{R}{L} \\ 0 \end{bmatrix} u_i \\[4mm]
y = \begin{bmatrix} 0 & 1 \end{bmatrix} \begin{bmatrix} x_1 \\ x_2 \end{bmatrix}
\end{cases}
$$

由上可见，系统的状态空间模型不唯一。定义不同的状态变量，便会有不同的状态空间模型，但都是描述同一个系统。

2.6.3　传递函数和状态空间模型间的关系

下面推导从状态空间模型导出单输入单输出系统的传递函数。

设系统的传递函数为

$$
\frac{Y(s)}{U(s)} = G(s) \tag{2-42}
$$

该系统的状态空间模型为

$$
\dot{x} = Ax + Bu \tag{2-43}
$$

$$
y = Cx + Du \tag{2-44}
$$

式中，x 为状态矢量；u 为输入量；y 为输出量。

方程(2-43)和方程(2-44)经过拉氏变换，并代入零初始条件可得

$$sX(s) = AX(s) + BU(s) \qquad (2-45)$$

$$Y(s) = CX(s) + DU(s) \qquad (2-46)$$

由方程(2-45)可得

$$(sI - A)X(s) = BU(s) \qquad (2-47)$$

用 $(sI - A)^{-1}$ 前乘方程(2-47)两边,可得

$$X(s) = (sI - A)^{-1}BU(s) \qquad (2-48)$$

把方程(2-48)代入方程(2-46),可得

$$Y(s) = [C(sI - A)^{-1}B + D]U(s) \qquad (2-49)$$

将方程(2-49)与方程(2-42)进行比较,可以得出

$$G(s) = C(sI - A)^{-1}B + D \qquad (2-50)$$

这就是以 A、B、C 和 D 形式表示的系统的传递函数表达式。

应当指出,方程(2-50)的右边包含 $(sI - A)^{-1}$,因此 $G(s)$ 可以写成

$$G(s) = \frac{Q(s)}{|sI - A|} \qquad (2-51)$$

式中,$Q(s)$ 是一个以 s 为变量的多项式。注意,$|sI - A|$ 等于 $G(s)$ 的特征多项式,换句话说,A 的特征值与 $G(s)$ 的极点是相同的。

例 2-16 考虑图 2-1 所示弹簧-质量-阻尼器机械位移系统,该系统的状态空间模型已由方程(2-40)给出。试根据状态空间模型求出系统的传递函数。

解:由方程

$$G(s) = C(sI - A)^{-1}B + D$$

$$= \begin{bmatrix} 0 & 1 \end{bmatrix} \left\{ \begin{bmatrix} s & 0 \\ 0 & s \end{bmatrix} - \begin{bmatrix} 0 & 1 \\ -\dfrac{k}{m} & -\dfrac{b}{m} \end{bmatrix} \right\}^{-1} \begin{bmatrix} 0 \\ \dfrac{1}{m} \end{bmatrix} + 0$$

$$= \begin{bmatrix} 0 & 1 \end{bmatrix} \begin{bmatrix} s & -1 \\ \dfrac{k}{m} & s + \dfrac{b}{m} \end{bmatrix}^{-1} \begin{bmatrix} 0 \\ \dfrac{1}{m} \end{bmatrix}$$

$$= \begin{bmatrix} 0 & 1 \end{bmatrix} \frac{1}{s^2 + \dfrac{b}{m}s + \dfrac{k}{m}} \begin{bmatrix} s + \dfrac{b}{m} & 1 \\ -\dfrac{k}{m} & s \end{bmatrix} \begin{bmatrix} 0 \\ \dfrac{1}{m} \end{bmatrix}$$

$$= \frac{1}{ms^2 + bs + k}$$

这就是该系统的传递函数。当然,该传递函数也可由微分方程(2-40)两边同时拉氏变换,并代入零初始条件,再由传递函数的定义得到。

38

习 题

2-1 试建立图2-22所示各系统的微分方程。图中,位移 x_i 和电压 u_i 为输入量,位移 x_o 和电压 u_o 为输出量。

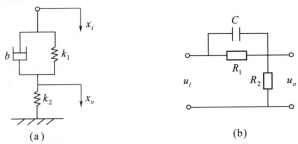

(a)　　　　　　　　　(b)

图2-22 机械系统与电网络

2-2 试证明图2-23(a)的电网络与(b)的机械系统有相同的数学模型。图中,电压 u_i 和位移 x_i 为输入量,电压 u_o 和位移 x_o 为输出量。

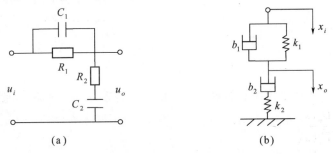

(a)　　　　　　　　　(b)

图2-23 电网络与机械系统

2-3 用拉氏变换法求下列微分方程。其中,$r(t)$ 为输入量,$c(t)$ 输出量。

(1) $\ddot{c}(t) + 2\dot{c}(t) + c(t) = r(t)$,$r(t) = 1$,$c(0) = 0$,$\dot{c}(0) = 0$

(2) $2\ddot{c}(t) + 7\dot{c}(t) + 5c(t) = r(t)$,$r(t) = 2$,$c(0) = 0$,$\dot{c}(0) = 0$

2-4 设系统传递函数为

$$\frac{C(s)}{R(s)} = \frac{2}{s^2 + 3s + 2}$$

且初始条件 $c(0) = -1$,$\dot{c}(0) = 0$。试求输入 $r(t) = 1$ 时,系统的输出响应 $c(t)$。

2-5 在图2-24中,已知 $G(s)$ 和 $H(s)$ 两方框相对应的微分方程分别为

$$6\dot{c}(t) + 10c(t) = 20e(t)$$

$$20\dot{b}(t) + 5b(t) = 10c(t)$$

且初始条件均为零,试求传递函数 $\dfrac{C(s)}{R(s)}$ 和 $\dfrac{E(s)}{R(s)}$。

2-6 求图2-25所示无源电网络的传递函数 $\dfrac{U_o(s)}{U_i(s)}$。

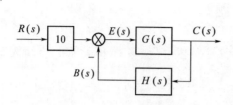

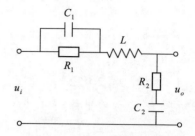

图 2 - 24 习题 2 - 5 系统结构图   图 2 - 25 无源电网络

2 - 7 求图 2 - 26 所示各系统的传递函数。图 2 - 26(a) 中,电压 $u_i(t)$ 为输入,电压 $u_o(t)$ 为输出;图 2 - 26(b) 中,位移 $x(t)$ 为输入,位移 $y(t)$ 为输出,弹簧的弹性系数为 k,阻尼器的阻尼系数分别为 b_1 和 b_2,质量块的质量为 m。

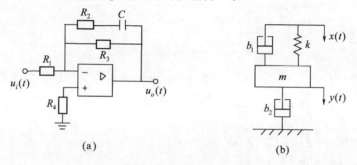

图 2 - 26 电网络与机械系统

2 - 8 图 2 - 27 所示为由运算放大器组成的控制系统模拟电路,试绘制其方框图,并求闭环传递函数 $\dfrac{U_o(s)}{U_i(s)}$。

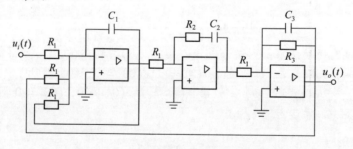

图 2 - 27 习题 2 - 8 控制系统模拟电路

2 - 9 设微分方程为

$$x_1(t) = r(t) - c(t) + K_n n(t)$$

$$x_2(t) = K_1 x_1(t)$$

$$x_3(t) = x_2(t) - n(t) - \tau \dot{c}(t)$$

$$T \ddot{x}_4(t) = x_3(t)$$

$$\dot{c}(t) = x_4(t) - c(t)$$

其中,$r(t)$ 为输入量;$c(t)$ 为输出量;$n(t)$ 为扰动量;K_1、K_n、T、τ 均为常数。

(1) 试画出系统的方框图；

(2) 求系统传递函数$\dfrac{C(s)}{R(s)}$和$\dfrac{C(s)}{N(s)}$；

(3) 试确定系统输出量不受扰动影响的K_n值。

2-10 试用方框图化简的方法求图2-28所示系统的闭环传递函数$\dfrac{C(s)}{R(s)}$。

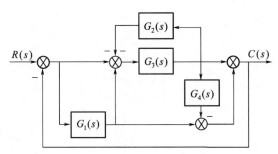

图2-28 习题2-10 系统结构图

2-11 某控制系统的结构图如图2-29所示。

(1) 试画出系统的信号流图；

(2) 试用梅森公式求其闭环传递函数$\dfrac{C(s)}{R(s)}$。

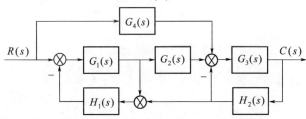

图2-29 习题2-11 系统结构图

2-12 试用梅森公式求图2-30中各系统信号流图的传递函数$\dfrac{C(s)}{R(s)}$。

2-13 已知机械位移系统如图2-31所示。其中,弹簧系数为k,阻尼器的阻尼系数为b,质量块的质量为m,外作用力$u(t)$为输入量,位移$y(t)$为输出量。如果将位移$y(t)$及速度$\dot{y}(t)$定义为系统的状态变量,试建立系统的状态空间模型。

2-14 某系统的状态空间模型为

$$\begin{cases} \begin{bmatrix} \dot{x}_1 \\ \dot{x}_2 \end{bmatrix} = \begin{bmatrix} -5 & -1 \\ 3 & -1 \end{bmatrix} \begin{bmatrix} x_1 \\ x_2 \end{bmatrix} + \begin{bmatrix} 2 \\ 5 \end{bmatrix} u \\ \\ y = \begin{bmatrix} 1 & 2 \end{bmatrix} \begin{bmatrix} x_1 \\ x_2 \end{bmatrix} \end{cases}$$

试求该系统的传递函数。

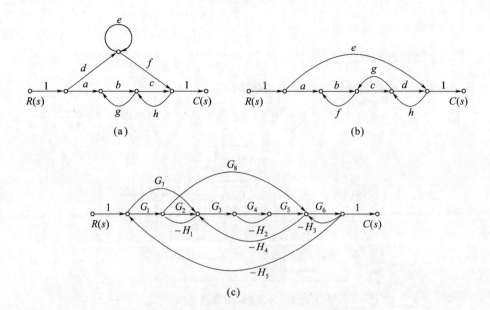

图 2 – 30　习题 2 – 12 系统信号流图

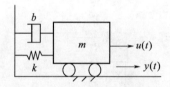

图 2 – 31　机械位移系统

2 – 15　某系统的状态空间模型为

$$
\begin{cases}
\begin{bmatrix} \dot{x}_1 \\ \dot{x}_2 \\ \dot{x}_3 \end{bmatrix} = \begin{bmatrix} -1 & -1 & 0 \\ 0 & -1 & 1 \\ 0 & 0 & -2 \end{bmatrix} \begin{bmatrix} x_1 \\ x_2 \\ x_3 \end{bmatrix} + \begin{bmatrix} 0 \\ 0 \\ 1 \end{bmatrix} u \\
\\
y = \begin{bmatrix} 1 & 0 & 0 \end{bmatrix} \begin{bmatrix} x_1 \\ x_2 \\ x_3 \end{bmatrix}
\end{cases}
$$

试求该系统的传递函数。

第3章　时域分析法

在建立控制系统的数学模型后,就可以运用适当的方法对系统的控制性能进行全面的分析和计算。对于线性定常系统,经典的方法有时域分析法、根轨迹法或频域分析法。本章主要讨论时域分析法。

所谓时域分析法就是根据系统的微分方程,直接求出系统的时间响应,来分析系统的控制性能,并找出系统结构、参数与控制性能之间的关系。时域分析法的主要特点为,它是一种直接在时间域中对系统进行分析的方法,具有直观、准确的优点,并且可以提供系统时间响应的全部信息。

3.1　时域分析基础

一个系统的时间响应不仅取决于该系统本身的结构、参数,而且还与系统的初始状态以及加在系统上的输入信号有关。一般来说,各种控制系统的初始状态和加在系统上的输入信号是不同的,为了便于分析和比较控制系统性能的优劣,通常对初始状态和输入信号做一些典型化处理。

3.1.1　典型初始状态

一般规定控制系统的初始状态均为零状态,即所谓的零初始状态。零初始状态就是在外作用加于系统的瞬时之前,系统是相对静止的,被控量及其各阶导数相对于平衡工作点的增量为零。即当 $t = 0^-$ 时,系统输入量 $r(t)$ 和输出量 $c(t)$ 满足

$$r(0^-) = \dot{r}(0^-) = \ddot{r}(0^-) = \cdots = 0$$

$$c(0^-) = \dot{c}(0^-) = \ddot{c}(0^-) = \cdots = 0$$

3.1.2　典型输入信号

一般来说,控制系统实际输入信号是众多和复杂的,很多情况下,输入信号以无法预测的方式变化,这给分析和设计控制系统带来了困难。因此,有必要对输入信号进行近似并抽象为统一的典型函数形式,称为典型输入信号。控制系统中常用的典型输入信号有单位阶跃函数、单位斜坡(速度)函数、单位抛物线(加速度)函数、单位脉冲函数和正弦函数(图3-1)。这些函数都是简单的时间函数,便于数学分析,同时也容易通过实验装置产生,便于实验研究。

1. 阶跃函数

定义为

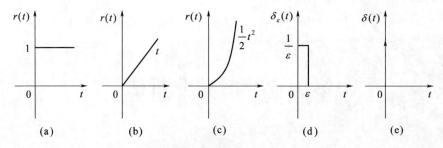

图 3-1 典型输入信号

$$r(t) = \begin{cases} 0, & t < 0 \\ A, & t \geqslant 0 \end{cases} \tag{3-1}$$

其拉氏变换式

$$R(s) = L[r(t)] = \frac{A}{s} \tag{3-2}$$

$A = 1$ 时称为单位阶跃函数,记作 $1(t)$,如图 3-1(a) 所示。

2. 斜坡函数

定义为

$$r(t) = \begin{cases} 0, & t < 0 \\ At, & t \geqslant 0 \end{cases} \tag{3-3}$$

其拉氏变换式

$$R(s) = L[r(t)] = \frac{A}{s^2} \tag{3-4}$$

$A = 1$ 时称为单位斜坡函数,记作 $t \cdot 1(t)$,如图 3-1(b) 所示。

斜坡函数也称速度函数,它等于阶跃函数对时间的积分,而它对时间的导数就是阶跃函数。

3. 抛物线函数

定义为

$$r(t) = \begin{cases} 0, & t < 0 \\ \dfrac{1}{2}At^2, & t \geqslant 0 \end{cases} \tag{3-5}$$

其拉氏变换式

$$R(s) = L[r(t)] = \frac{A}{s^2} \tag{3-6}$$

$A = 1$ 时称为单位抛物线函数,记作 $\dfrac{1}{2}t^2 \cdot 1(t)$,如图 3-1(c) 所示。

抛物线函数也称加速度函数,它等于斜坡函数对时间的积分,而它对时间的导数就是斜坡函数。

44

4. 脉冲函数

定义为

$$r(t) = \begin{cases} 0, & t < 0, t > \varepsilon \\ \dfrac{A}{\varepsilon}, & 0 \leqslant t \leqslant \varepsilon \end{cases} \qquad (3-7)$$

$A = 1$ 时,记作 $\delta_\varepsilon(t)$,如图 $3-1(d)$ 所示。令 $\varepsilon \to 0$,则称为单位脉冲函数,记作 $\delta(t)$,如图 $3-1(e)$ 所示。

单位脉冲函数的拉氏变换式

$$R(s) = L[r(t)] = 1 \qquad (3-8)$$

单位脉冲函数是单位阶跃函数对时间的导数,而单位阶跃函数则是单位脉冲函数对时间的积分。

5. 正弦函数

正弦函数表达式为

$$r(t) = \begin{cases} 0, & t < 0 \\ A\sin\omega t, & t \geqslant 0 \end{cases} \qquad (3-9)$$

其拉氏变换式为

$$R(s) = L[r(t)] = \frac{A\omega}{s^2 + \omega^2} \qquad (3-10)$$

其中,A 为振幅;ω 为角频率。

以上典型信号在时域分析中经常采用。对实际系统进行分析时,应根据实际系统的具体情况选择合适的典型输入信号。在所有可能的输入信号中,往往选取最不利的信号作为系统的典型输入信号。当系统工作状态突然改变或突然受到恒定输入作用时,可以采用阶跃函数作为典型输入信号,如开关的转换、负载的突变、电源的突然接通等;当控制系统的输入信号随时间逐渐变化时,斜坡函数是比较合适的典型输入,如跟踪通信卫星的天线控制系统;对于宇宙飞船控制这类系统,可以考虑加速度函数作为典型输入;当控制系统的输入信号是冲击输入量时,采用脉冲函数最为合适;当系统的输入作用具有周期性的变化时,可选择正弦函数作为典型输入,如电源的波动、机械的振动、海浪对舰艇的扰动力等。

同一系统中,不同形式的输入信号所对应的输出响应是不同的,但对于线性控制系统来说,它们所表征的系统性能是一致的。通常以单位阶跃函数作为典型输入作用,则可在一个统一的基础上对各种控制系统的特性进行比较和研究。

3.1.3 阶跃响应性能指标

对于已经建立传递函数模型的控制系统,一般采用拉氏变换法求解系统的时间响应。

$$C(s) = \phi(s)R(s) \qquad (3-11)$$

$$c(t) = L^{-1}[\phi(s)R(s)] \qquad (3-12)$$

在零初始条件下,如果确定了输入函数,则可通过上面方法求出系统的时间响应。由此可见,系统的时间响应不仅与系统的数学模型有关,也与输入函数密切相关。

在典型输入信号作用下,任何一个控制系统的时间响应都由动态过程和稳态过程两部分组成。动态过程又称过渡过程或瞬态过程,指系统在典型输入信号作用下,系统输出量从初始状态到最终状态的响应过程。根据系统结构和参数选择情况,动态过程表现为衰减、发散或等幅振荡形式。一个可以实际运行的控制系统,其动态过程必须是衰减的,也就是说系统必须是稳定的。稳态过程指系统在典型输入信号作用下,当时间趋于无穷时,系统的输出状态。稳态过程又称稳态响应,表征系统输出量最终复现输入量的程度,提供系统有关稳态误差的信息。

为了研究系统的时间响应,必须定义一些能够体现系统动态过程和稳态过程的特点以及性能的物理量作为系统的性能指标。一般认为,阶跃输入对系统来说是最严峻的工作状态。如果系统在阶跃函数作用下的动态性能满足要求,那么系统在其他形式的函数作用下,其动态性能也是令人满意的。故通常以阶跃响应来衡量系统控制性能的优劣,并通过定义阶跃响应曲线的一些特征值作为系统的时域性能指标,这些指标通常称为阶跃响应性能指标。系统的阶跃响应性能指标如下所述,如图3-2所示。

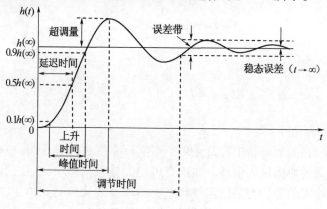

图3-2 单位阶跃响应

(1)延迟时间t_d:指单位阶跃响应曲线第一次达到其稳态值的一半所需要的时间。

(2)上升时间t_r:指单位阶跃响应曲线,从稳态值的10%上升到90%所需要的时间。对于有振荡的系统,也可定义为单位阶跃响应曲线从零第一次上升到稳态值所需要的时间。

(3)峰值时间t_p:指单位阶跃响应曲线超过其稳态值而达到第一个峰值所需要的时间。

(4)超调量σ_p:指在响应过程中,超出稳态值的最大偏离量与稳态值之比,即

$$\sigma_p = \frac{h(t_p) - h(\infty)}{h(\infty)} \times 100\% \qquad (3-13)$$

式中,$h(t_p)$为单位阶跃响应的峰值;$h(\infty)$为单位阶跃响应的稳态值。若$h(t_p) < h(\infty)$,则响应无超调。超调量也称为最大超调量,或百分比超调量。

(5)调节时间t_s:在单位阶跃响应曲线的稳态值附近,取±50%(有时也取±2%)作为误差带,响应曲线达到并不再超出该误差带的最小时间,称为调节时间。

46

(6)稳态误差 e_{ss}：当时间趋于无穷大时，系统单位阶跃响应的实际值（即稳态值）与期望值（一般为输入量）之差，定义为稳态误差。对于单位反馈系统，有

$$e_{ss} = \lim_{t \to \infty} [\, r(t) - c(t) \,] \qquad (3-14)$$

以上性能指标中，延迟时间、上升时间和峰值时间，均反映了系统响应初始段的快慢；调节时间表示系统过渡过程持续的时间，是系统快速性的一个指标；超调量反映系统响应过程的平稳性；稳态误差则反映系统复现输入信号的最终（稳态）精度。一般以超调量、调节时间和稳态误差这三项指标来分别评价系统单位阶跃响应的平稳性、快速性和稳态精度。

3.2　一阶系统时域分析

由一阶微分方程描述的系统，称为一阶系统。在工程实践中，一些控制元部件及简单系统如 RC 网络、直流电动机控制电压和转矩的关系等都可用一阶系统来描述。有些高阶系统的特性，常可用一阶系统的特性来近似表征。

3.2.1　一阶系统数学模型

分析图 3-3 所示 RC 电路，其运动微分方程为

$$T\dot{c}(t) + c(t) = r(t) \qquad (3-15)$$

其中，$c(t)$ 为电路输出电压；$r(t)$ 为电路输入电压；$T = RC$，为时间常数。当该电路的初始条件为零时，其传递函数为

$$\phi(s) = \frac{C(s)}{R(s)} = \frac{1}{Ts+1} \qquad (3-16)$$

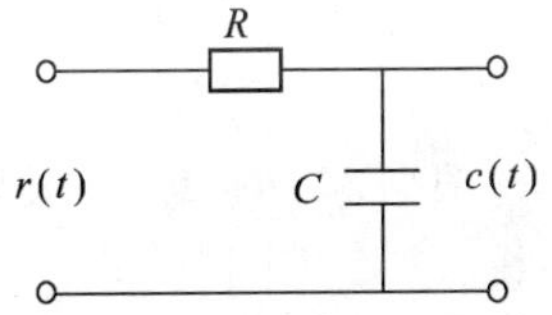

图 3-3　一阶控制系统

式(3-15)和式(3-16)称为一阶系统的数学模型。时间常数 T 是表征系统惯性的一个主要参数，故一阶系统也称为惯性环节。不同的系统，时间常数 T 具有不同的物理意义。

3.2.2　一阶系统的单位阶跃响应

因为单位阶跃输入的拉氏变换为

$$R(s) = \frac{1}{s}$$

由式(3-16)可得

$$C(s) = \frac{1}{(Ts+1)s}$$

则一阶系统的单位阶跃响应为

$$h(t) = L^{-1} \left[\frac{1}{(Ts+1)s} \right] = L^{-1} \left[\frac{1}{s} + \frac{1}{s + \dfrac{1}{T}} \right]$$

47

则

$$h(t) = 1 - e^{-\frac{t}{T}}, \quad t \geqslant 0 \tag{3-17}$$

由式(3-17)可见,一阶系统的单位阶跃响应是一条初始值为零,以指数规律上升到终值 $h_{ss} = 1$ 的曲线。如图3-4所示。响应曲线具有非振荡特征,故又称为非周期响应。

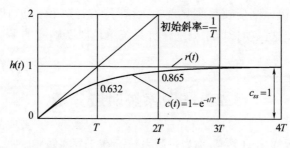

图3-4 一阶系统的单位阶跃响应

时间常数 T 是表征响应特性的惟一参数,它与输出值有确定的对应关系:

$$t = T, \quad h(T) = 0.632$$

$$t = 2T, \quad h(2T) = 0.865$$

$$t = 3T, \quad h(3T) = 0.950$$

$$t = 4T, \quad h(4T) = 0.982$$

根据这一特点,可用实验方法测定一阶系统的时间常数,或判定所测系统是否为一阶系统。

响应曲线的初始斜率

$$\left.\frac{dh(t)}{dt}\right|_{t=0} = \left.\frac{1}{T}e^{-\frac{t}{T}}\right|_{t=0} = \frac{1}{T} \tag{3-18}$$

式(3-18)表明,一阶系统的单位阶跃响应如果以初始速度等速上升至稳态值1,所需要的时间恰好为 T。

显然,一阶系统没有峰值时间和超调量,所以其性能指标主要是调节时间 t_s,它表征系统动态过程的快慢。由于 $t = 3T$ 时,输出响应可达稳态值的 95% ; $t = 4T$ 时,输出响应可达稳态值的 98%,故调节时间一般取

$$t_s = 3T \quad 误差带 \Delta = 5\% \tag{3-19}$$

$$t_s = 4T \quad 误差带 \Delta = 2\% \tag{3-20}$$

显然,系统的时间常数 T 越小,调节时间 t_s 越小,响应曲线很快就能接近稳态值。

由式(3-14)可计算稳态误差为

$$e_{ss} = 1 - h(\infty) = 0$$

也即一阶系统的单位阶跃响应的稳态误差为零。

同样方法可求出一阶系统的单位脉冲响应、单位斜坡响应和单位抛物线响应,将这些典型信号的响应归纳于表 3-1 中。由表 3-1 可见,脉冲、阶跃、斜坡和抛物线四种输入信号之间,存在着如下的导数关系:

$$\delta(t) = \frac{d}{dt}[1(t)] = \frac{d^2}{dt^2}[t] = \frac{d^3}{dt^3}\left[\frac{1}{2}t^2\right]$$

表 3-1 一阶系统对典型输入信号的输出响应

输入信号	输出响应
$\delta(t)$	$\frac{1}{T}e^{-t/T}, \quad t \geq 0$
$1(t)$	$1 - e^{-t/T}, \quad t \geq 0$
t	$t - T + Te^{-t/T}, \quad t \geq 0$
$\frac{1}{2}t^2$	$\frac{1}{2}t^2 - Tt + T^2(1 - e^{-t/T}), \quad t \geq 0$

一阶系统对应的输出响应之间也存在着同样的导数关系:

$$\left[c(t)\mid_{r(t)=\delta(t)}\right] = \frac{d}{dt}\left[c(t)\mid_{r(t)=1(t)}\right] = \frac{d^2}{dt^2}\left[c(t)\mid_{r(t)=t}\right] = \frac{d^3}{dt^3}\left[c(t)\mid_{r(t)=\frac{1}{2}t^2}\right]$$

上述对应关系说明,系统对输入信号导数的响应,就等于系统对该信号响应的导数;或者说,系统对输入信号积分的响应,就等于系统对该输入信号响应的积分,而积分常数由零输出初始条件确定。这是线性定常系统的一个重要特性,适用于任何阶线性定常系统,但不适用于线性时变系统和非线性系统。因此,在研究线性定常系统的时间响应时,只要对其中一种典型输入信号的响应进行研究即可,而不必对每种输入信号形式进行研究。

例 3-1 一阶系统的结构如图 3-5 所示。试求该系统单位阶跃响应和调节时间 t_s。如果要求 $t_s \leq 0.3$,试确定系统的反馈系数 K_t 的取值范围(注:误差带 $\Delta = 5\%$)。

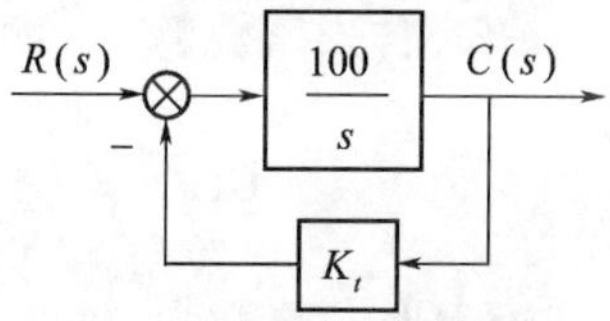

解:根据系统结构图可以得

$$G(s) = \frac{100}{s}, \quad H(s) = K_t$$

图 3-5 一阶系统结构图

则系统闭环传递函数为

$$\phi(s) = \frac{G(s)}{1 + G(s)H(s)} = \frac{\frac{100}{s}}{1 + \frac{100}{s}K_t} = \frac{\frac{1}{K_t}}{\frac{1}{100K_t}s + 1}$$

则一阶系统的时间常数为

$$T = \frac{1}{100K_t}$$

单位阶跃响应为

$$h(t) = \frac{1}{K_t}(1 - e^{-100K_t t})$$

调节时间为

$$t_s = 3T = \frac{0.03}{K_t}$$

题中要求 $t_s \leqslant 0.3$，则

$$t_s = \frac{0.03}{K_t} \leqslant 0.3$$

所以

$$K_t \geqslant 0.1$$

3.3　二阶系统时域分析

凡用二阶微分方程描述的系统，称为二阶系统。实际系统中有许多都是二阶系统，例如 RLC 网络,弹簧 – 质量 – 阻尼器系统等。尤其值得注意的是,许多高阶系统,在一定的条件下忽略一些次要因数,常降阶为二阶系统来研究。所以,详细讨论和分析二阶系统的时间响应及其性能指标与参数的关系,有着十分重要的实际意义。

3.3.1　二阶系统数学模型

典型的二阶系统结构框图如图 3 – 6 所示。其微分方程为

$$\ddot{c}(t) + 2\zeta\omega_n \dot{c}(t) + \omega_n^2 c(t) = \omega_n^2 r(t) \qquad (3-21)$$

式中, $r(t)$ 和 $c(t)$ 分别为系统的输入量和输出量; ω_n 称为无阻尼自然频率或固有频率; ζ 称为阻尼比。

开环传递函数为

$$G(s) = \frac{\omega_n^2}{s(s + 2\zeta\omega_n)} \qquad (3-22)$$

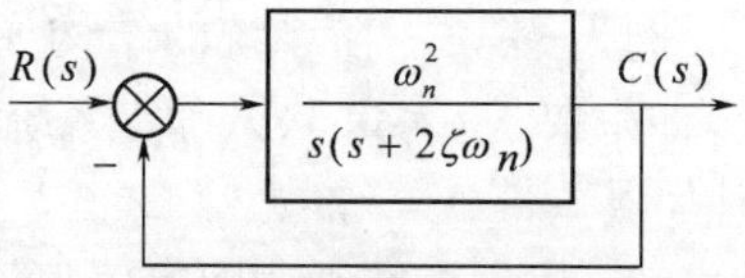

图 3 – 6　二阶系统结构图

闭环传递函数为

$$\phi(s) = \frac{\omega_n^2}{s^2 + 2\zeta\omega_n s + \omega_n^2} \qquad (3-23)$$

二阶系统的特征方程为

$$s^2 + 2\zeta\omega_n s + \omega_n^2 = 0 \qquad (3-24)$$

方程的特征根,即闭环系统的极点为

$$s_{1,2} = -\zeta\omega_n \pm \omega_n\sqrt{\zeta^2 - 1}$$

当输入信号是阶跃信号时,微分方程(3 – 21)的右端为常值,则该微分方程解的形式为

$$c(t) = A_0 + A_1 e^{s_1 t} + A_2 e^{s_2 t} \tag{3-25}$$

其中, A_0、A_1、A_2 为由输入和初始条件确定的待定系数。由式(3-24)可知:

(1) 当 $\zeta < 0$ 时,特征方程有两个正实部的根,称为负阻尼状态。由式(3-25)可见,$c(t)$ 是发散的,表明 $\zeta < 0$ 的系统是不稳定的。

(2) 当 $\zeta = 0$ 时,特征方程有一对纯虚根,称为零阻尼状态。系统时间响应为持续的等幅振荡。

(3) 当 $0 < \zeta < 1$ 时,特征方程有一对实部为负的共轭复根,系统时间响应具有振荡特性,称为欠阻尼状态。

(4) 当 $\zeta = 1$ 时,特征方程有两个相等的负实根,称为临界阻尼状态。

(5) 当 $\zeta > 1$ 时,特征方程有两个不相等的负实根,称为过阻尼状态。对于临界阻尼和过阻尼状态,系统的时间响应均无振荡。

ζ 取值不同,二阶系统闭环极点(即特征方程根)在 s 平面上的分布亦不相同,如图3-7所示。

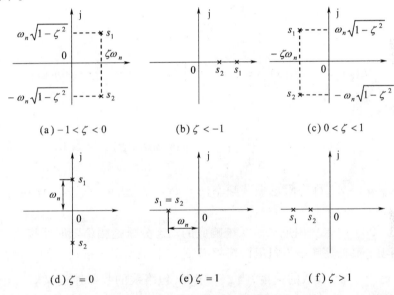

图3-7　二阶系统的闭环极点分布

由上分析可知,二阶系统的时间响应取决于 ζ 和 ω_n 这两个参数。对于结构和功能不同的二阶系统,ζ 和 ω_n 的物理含义是不同的。

3.3.2　二阶系统单位阶跃响应

下面研究稳定的二阶系统(即 $\zeta > 0$)的单位阶跃响应,同时也讨论零阻尼 $\zeta = 0$ 情况。

二阶系统单位阶跃响应的拉氏变换式为

$$C(s) = \frac{\omega_n^2}{s^2 + 2\zeta\omega_n s + \omega_n^2} \frac{1}{s} \tag{3-26}$$

对上式求拉氏反变换,则可求出典型二阶系统的单位阶跃响应 $h(t)$。当阻尼比 ζ 为不同值时,系统特征方程的根各不相同,单位阶跃响应也将呈现不同的形式。下面分情况讨论。

1. $\zeta = 0$,零阻尼情况

由式(3-26)得

$$C(s) = \frac{\omega_n^2}{s^2 + \omega_n^2} \frac{1}{s} = \frac{1}{s} - \frac{s}{s^2 + \omega_n^2}$$

$$h(t) = L^{-1}[C(s)] = 1 - \cos\omega_n t, \quad t \geqslant 0 \tag{3-27}$$

这是一条平均值为1的正弦、余弦形式的等幅振荡,其振荡频率为ω_n,故可称为无阻尼振荡频率,也常称为自然振荡频率。此时,系统不能稳定工作。

2. $0 < \zeta < 1$,欠阻尼情况

由式(3-26)得

$$C(s) = \frac{\omega_n^2}{s^2 + 2\zeta\omega_n s + \omega_n^2} \frac{1}{s}$$

$$= \frac{1}{s} - \frac{s + \zeta\omega_n}{(s + \zeta\omega_n)^2 + \omega_d^2} - \frac{\zeta\omega_n}{(s + \zeta\omega_n)^2 + \omega_d^2}$$

$$h(t) = L^{-1}[C(s)] = 1 - e^{-\zeta\omega_n t}\left[\cos\omega_d t + \frac{\zeta}{\sqrt{1-\zeta^2}}\sin\omega_d t\right]$$

于是可得

$$h(t) = 1 - \frac{1}{\sqrt{1-\zeta^2}}e^{-\zeta\omega_n t}\sin(\omega_d t + \beta), \quad t \geqslant 0 \tag{3-28}$$

其中,$\omega_d = \omega_n\sqrt{1-\zeta^2}$,称为阻尼振荡频率;$\beta = \arctan(\sqrt{1-\zeta^2}/\zeta) = \arccos\zeta$,$\beta$ 也称为阻尼角。

由式(3-28)可知,欠阻尼二阶系统响应的动态分量是幅值随时间按指数规律衰减的正弦振荡项。其振荡频率为阻尼振荡频率ω_d。由于动态分量衰减的快慢程度取决于包络线$1 \pm e^{-\zeta\omega_n t/\sqrt{1-\zeta^2}}$收敛的速度,当$\zeta$一定时,包络线的收敛速度又取决于指数函数$e^{-\zeta\omega_n t}$的幂,所以$\sigma = \zeta\omega_n$称为衰减系数。

3. $\zeta = 1$,临界阻尼情况

由式(3-25)得

$$C(s) = \frac{\omega_n^2}{s^2 + 2\zeta\omega_n s + \omega_n^2} \frac{1}{s} = \frac{1}{s} - \frac{1}{s + \omega_n} - \frac{\omega_n}{(s + \omega_n)^2}$$

$$h(t) = L^{-1}[C(s)] = 1 - e^{-\zeta\omega_n t}(1 + \omega_n t), \quad t \geqslant 0 \tag{3-29}$$

上式表明,临界阻尼二阶系统的单位阶跃响应为单调上升、无振荡及超调的曲线。

4. $\zeta > 1$,过阻尼情况

令

$$T_1 = \frac{1}{\omega_n(\zeta - \sqrt{\zeta^2 - 1})}, \quad T_2 = \frac{1}{\omega_n(\zeta + \sqrt{\zeta^2 - 1})}$$

由式(3-25)得

$$C(s) = \frac{\omega_n^2}{s(s + 1/T_1)(s + 1/T_2)} = \frac{1}{s} + \frac{1}{T_2/T_1 - 1} \cdot \frac{1}{s + 1/T_1} +$$

$$\frac{1}{T_1/T_2 - 1} \cdot \frac{1}{s + 1/T_1}$$

其中，T_1 和 T_2 称为过阻尼二阶系统的时间常数，且有 $T_1 > T_2$，则

$$h(t) = 1 + \frac{1}{T_2/T_1 - 1}e^{-t/T_1} + \frac{1}{T_1/T_2 - 1}e^{-t/T_2} \qquad (3-30)$$

可见，过阻尼二阶系统可以看成两个时间常数不同的惯性环节的串联，响应的动态分量是两个单调衰减的指数项，响应曲线与临界阻尼时一样，是无振荡单调上升的，但调节时间更长。

由以上分析可知，不同阻尼情况是，系统具有不同的单位阶跃响应曲线。图3-8给出了不同阻尼比的单位阶跃响应曲线，其横坐标为无因次时间 $\omega_n t$，这样，曲线的参变量仅是阻尼比 ζ。

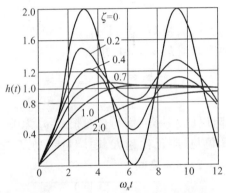

图3-8 二阶系统单位阶跃响应曲线

3.3.3 二阶系统性能指标计算

1. 衰减振荡的动态过程

在欠阻尼的情况下，系统响应为衰减的振荡曲线，其性能指标计算如下：

(1) 上升时间 t_r。

式(3-28)中，令 $h(t_0) = 1$，可得

$$\frac{1}{\sqrt{1 - \zeta^2}}e^{-\zeta\omega_n t_r}\sin(\omega_d t_r + \beta) = 0$$

由于 $e^{-\zeta\omega_n t_r} \neq 0$，所以有

$$t_r = \frac{\pi - \beta}{\omega_d} = \frac{\pi - \arccos\zeta}{\omega_n \sqrt{1 - \zeta^2}} \qquad (3-31)$$

可见，当阻尼比 ζ 一定时，阻尼角 β 不变，系统的响应速度与 ω_n 成正比，而当阻尼振

荡频率 ω_d 一定时,阻尼比越小,上升时间越短。

（2）峰值时间 t_p。

将式(3-28)对时间求导,并令其等于零。

$$\frac{\mathrm{d}h(t)}{\mathrm{d}t}\bigg|_{t=t_p} = \frac{\omega_n}{\sqrt{1-\zeta^2}}\mathrm{e}^{-\zeta\omega_n t_p}\sin\omega_d t_p = 0$$

由于 $\mathrm{e}^{-\zeta\omega_n t_r} \neq 0$,当满足 $\sin\omega_d t_p = 0$,即应有 $\omega_d t_p = \pi$,则有

$$t_p = \frac{\pi}{\omega_d} = \frac{\pi}{\omega_n\sqrt{1-\zeta^2}} \qquad (3-32)$$

上式表明,峰值时间等于阻尼振荡周期的一半。或者说,峰值时间与闭环极点的虚部数值成反比。当阻尼比一定时,闭环极点离负实轴的距离越远,系统的峰值时间越短。

（3）超调量 σ_p。

将 t_p 代入式(3-28),可得输出响应的最大值

$$h(t_p) = 1 - \frac{1}{\sqrt{1-\zeta^2}}\mathrm{e}^{-\pi\zeta/\sqrt{1-\zeta^2}}\sin(\pi+\beta)$$

由于 $\sin(\pi+\beta) = -\sqrt{1-\zeta^2}$,则 $h(t_p) = 1 + \mathrm{e}^{-\pi\zeta/\sqrt{1-\zeta^2}}$。

根据超调量的定义,并注意到 $h(\infty) = 1$,求得

$$\sigma_p = \frac{h(t_p) - h(\infty)}{h(\infty)} = \mathrm{e}^{-\pi\zeta/\sqrt{1-\zeta^2}} \times 100\% \qquad (3-33)$$

可见,超调量 σ_p 仅由阻尼比 ζ 决定,而与自然频率 ω_n 无关。超调量与阻尼比的关系曲线如图3-9所示。由图可见,阻尼比越大,超调量越小,反之亦然。一般当选取 $\zeta = 0.4 \sim 0.8$ 时,σ_p 介于 1.5% ~25.4% 之间。

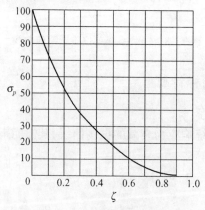

图3-9　σ_p 与 ζ 的关系曲线

（4）调节时间 t_s。

由调节时间的定义,当 $t \geq t_s$ 时,应有

$$h(t) - h(\infty) \leq h(\infty) \times \Delta$$

其中,Δ 为允许的误差带,通常取2%或5%。由式(3-28)可得

$$\left| \frac{1}{\sqrt{1-\zeta^2}} \mathrm{e}^{-\zeta\omega_n t_s} \sin(\omega_d t_s + \beta) \right| \leqslant \Delta$$

为简便起见,一般忽略正弦函数的影响,则有

$$\frac{1}{\sqrt{1-\zeta^2}} \mathrm{e}^{-\zeta\omega_n t_s} \leqslant \Delta$$

可以解得

$$t_s = \frac{1}{\zeta\omega_n} \ln\left(\frac{1}{\Delta\sqrt{1-\zeta^2}} \right) \qquad (3-34)$$

工程上,当阻尼比 ζ 很小时 $(\zeta < 0.8)$,可取 $\sqrt{1-\zeta^2} = 1$,常用下面近似计算调节时间

$$\begin{cases} t_s = \dfrac{3}{\zeta\omega_n}, & \Delta = 5\% \\[2mm] t_s = \dfrac{4}{\zeta\omega_n}, & \Delta = 2\% \end{cases} \qquad (3-35)$$

(5)稳态误差 e_{ss}。

二阶系统单位阶跃响应的稳态值 $h(\infty) = 1$,所以有

$$e_{ss} = 1 - h(\infty) = 0 \qquad (3-36)$$

2. 单调上升的动态过程

当阻尼比 $\zeta \geqslant 1$ 时,系统响应为单调上升的动态过程,无超调。因此,其主要的性能指标就是调节时间和稳态误差,而稳态误差的计算和上面的衰减振荡的动态过程一样。

由式(3-30)可知,当阻尼比较大时,s_2 在复平面离虚轴较远,含 $1/T_2$ 的动态分量衰减较快,对系统的动态过程影响较小,一般可以忽略其作用。则式(3-30)可近似为

$$h(t) = 1 - \mathrm{e}^{-t/T_1}$$

这时可将系统看成由 s_1 决定的一阶系统来近似计算调节时间

$$\begin{cases} t_s \approx 3T_1, & \Delta = 5\% \\[2mm] t_s \approx 4T_1, & \Delta = 2\% \end{cases} \qquad (3-37)$$

由于 $\zeta \geqslant 1$,系统响应较慢,因此一般系统都不设计成过阻尼情况,只有一些要求不允许出现超调的控制系统才应用过阻尼的情况。

通过以上讨论,二阶系统的性能分析总结如下:

(1)平稳性:二阶系统的平稳性主要取决于阻尼比 ζ,ζ 越大,超调量 σ_p 越小,系统平稳性越好;而 ζ 越小,σ_p 越大,平稳性越差;当 ζ 为零时,系统不能稳定工作。

(2)快速性:无阻尼振荡频率 ω_n 一定时,ζ 较小时,调节时间 t_s 与 $\zeta\omega_n$ 成反比,ζ 越小 t_s 越大,快速性越差;而当 $\zeta > 0.7$ 之后,ζ 增大,t_s 会变大,快速性变差。

(3)稳态精度:和一阶系统一样,二阶系统单位阶跃响应的稳态值 $h(\infty) = 1$,对应稳态误差 $e_{ss} = 0$。

实际上,ζ 值通常是根据对最大超调量的要求来确定。ζ 一经确定,ω_n 越大,t_s 越小,

快速性越好。因此,要使系统响应快速性好,阻尼比 ζ 不宜太大,ω_n 应尽量选大些。通常为了限制超调量,并使调节时间较短,阻尼比一般取 $0.4 \sim 0.8$ 之间,这时超调量 σ_p 在 $25\% \sim 1.5\%$ 之间,而调节时间比较短。工程上常取 $\zeta = 0.707$ 作为设计依据,称为二阶工程最佳。此时,超调量为 4.3%,而 $t_s(\Delta = 5\%)$ 最小。

例3-2 某控制系统结构图如图 $3-10$ 所示,若要求系统性能指标满足:$\sigma_p = 20\%$,$t_p = 1\mathrm{s}$,试确定系统参数 K 和 τ,并计算单位阶跃响应的特征量 t_r 和 $t_s(\Delta = 5\%)$。

解:由结构图可得系统的闭环传递函数为

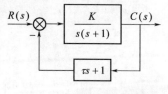

图 $3-10$ 控制系统结构图

$$\frac{C(s)}{R(s)} = \frac{K}{s^2 + (1 + K\tau)s + K}$$

与二阶系统的标准形式对照,可得

$$\omega_n = \sqrt{K}, \quad \zeta = \frac{1 + K\tau}{2\sqrt{K}}$$

则由超调量的计算式可得

$$\zeta = \frac{\ln(1/\sigma_p)}{\sqrt{\pi^2 + \left(\ln\frac{1}{\sigma_p}\right)^2}} = 0.46$$

再由 t_p 的计算式可得

$$\omega_n = \frac{\pi}{t_p\sqrt{1 - \zeta^2}} = 3.53(\mathrm{rad/s})$$

从而可得

$$K = \omega_n^2 = 12.46(\mathrm{rad/s})^2$$

$$\tau = \frac{2\zeta\omega_n - 1}{K} = 0.18(\mathrm{s})$$

则由上升时间和调节时间的计算式可得

$$t_r = \frac{\pi - \arccos\zeta}{\omega_n\sqrt{1 - \zeta^2}} = 0.65$$

$$t_s = \frac{3}{\zeta\omega_n} = 1.85$$

例3-3 某单位负反馈二阶系统的单位阶跃响应如图 $3-11$ 所示,试确定系统的开环传递函数。

解:由图 $3-11$ 可知,该系统为欠阻尼二阶系统,且有

$$\sigma_p = 30\%, \quad t_p = 0.1$$

由二阶系统峰值时间和超调量计算式可得

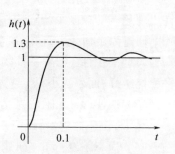

图 $3-11$ 例题 $3-3$ 系统
单位阶跃响应

$$t_p = \frac{\pi}{\omega_n \sqrt{1 - \zeta^2}} = 0.1$$

$$\sigma_p = e^{-\zeta\pi/\sqrt{1-\zeta^2}} = 0.3$$

解得

$$\zeta = \sqrt{\frac{(\ln\sigma_p)^2}{\pi^2 + (\ln\sigma_p)^2}} = 0.358$$

$$\omega_n = \frac{\pi}{t_p \sqrt{1 - \zeta^2}} = 33.63$$

所以

$$G(s) = \frac{\omega_n^2}{s(s + 2\zeta\omega_n)} = \frac{1131}{s(s + 24.1)}$$

3.4 高阶系统的时域分析

3.4.1 高阶系统的动态响应分析

三阶以上的系统一般称为高阶系统,其传递函数的一般形式为

$$\phi(s) = \frac{C(s)}{R(s)} = \frac{b_0 s^m + b_1 s^{m-1} + \cdots + b_{m-1}s + b_m}{a_0 s^n + a_1 s^{n-1} + \cdots + a_{n-1}s + a_n}, \quad m \leqslant n \tag{3-38}$$

为了便于求出高阶系统的单位阶跃响应,上式可以表示为零、极点形式

$$\phi(s) = \frac{K \prod\limits_{i=1}^{m}(s - z_i)}{\prod\limits_{j=1}^{q}(s - p_j)\prod\limits_{k=1}^{r}(s^2 + 2\zeta_k\omega_{nk}s + \omega_{nk}^2)} \tag{3-39}$$

其中,$q + 2r = n$;q 为实数极点的个数;r 为共轭复数极点的对数。

设系统没有重极点,且 $0 < \zeta_k < 1$,可得系统单位阶跃响应的拉氏变换式为

$$C(s) = \frac{A_0}{s} + \sum_{j=1}^{q}\frac{A_j}{s - p_j} + \sum_{k=1}^{r}\frac{B_k s + C_k}{s^2 + 2\zeta_k\omega_{nk}s + \omega_{nk}^2} \tag{3-40}$$

其中,A_0 为由输入引起的稳态分量;其他各项为动态分量。

对上式进行拉氏反变换,并设初始条件全部为零,可得单位阶跃响应为

$$h(t) = A_0 + \sum_{j=1}^{q}A_j e^{p_j t} + \sum_{k=1}^{r}B_k e^{-\zeta_k\omega_{nk}t}\cos(\omega_{nk}\sqrt{1 - \zeta_k^2})t +$$

$$\sum_{k=1}^{r}\frac{C_k - B_k\zeta_k\omega_{nk}}{\omega_{nk}\sqrt{1 - \zeta_k^2}}e^{-\zeta_k\omega_{nk}t}\sin(\omega_{nk}\sqrt{1 - \zeta_k^2})t, \quad t \geqslant 0 \tag{3-41}$$

由式(3-41)可知,高阶系统单位阶跃响应的动态分量是一些惯性环节和二阶振荡

环节的响应之和。系统响应的动态分量不仅与 p_j、$-\zeta_k\omega_{nk}$ 有关,而且还与各分量的系数 A_j、B_k、C_k 的大小有关。也即不仅与闭环极点或极点的实部有关,且还与零、极点的分布位置有关。所以,了解零、极点的分布情况,就可以对系统性能进行定性分析。

如果所有闭环极点都具有负实部,则随着时间的增大,动态分量均衰减趋于零,则系统是稳定的。各动态分量衰减的快慢,取决于对应极点离虚轴的距离。极点离虚轴越远,该极点对应的动态分量衰减越快;反之,离虚轴越近,则衰减越慢,它在整个动态分量中起主导作用。

动态分量的系数 A_j、B_k、C_k 不仅与极点位置有关,而且与零点位置也有关。如果某一极点远离原点,则相应的系数很小;而某一极点靠近原点又远离零点,则相应的系数比较大;若一对零、极点相邻很近,几乎重合时,则该极点所对应的系数很小,对动态响应几乎没有影响。系数大而且衰减慢的那些动态分量,将在系统动态过程中起主导作用。

3.4.2   闭环主导极点

对于稳定的高阶系统,其闭环极点和零点在左半 s 开平面上虽有各种分布模式,但就距虚轴的距离来说,却只有远近之别。如果在所有的闭环极点中,距虚轴最近的极点周围没有闭环零点,而其他闭环极点又远离虚轴,那么距虚轴最近的闭环极点所对应的响应分量,随时间的推移衰减缓慢,在系统的时间响应过程中起主导作用,这样的闭环极点就称为闭环主导极点。闭环主导极点可以是实数极点,也可以是复数极点,或者是它们的组合。除闭环主导极点外,所有其他闭环极点由于其对应的响应分量随时间的推移迅速衰减,对系统的时间响应过程影响甚微,因而统称为非主导极点。

在控制工程实践中,通常要求控制系统既具有较快的响应速度,又具有一定的阻尼程度,此外,还要求减少死区、间隙和库仑摩擦等非线性因素对系统性能的影响,因此高阶系统的增益常常调整到使系统具有一对闭环共轭主导极点。这时,可以用二阶系统的动态性能指标来估算高阶系统的动态性能。例如,若某高阶系统具有一对共轭复数闭环主导极点为

$$s_{1,2} = -\zeta\omega_n \pm \mathrm{j}\omega_d, \quad 0 < \zeta < 1$$

则该系统的单位阶跃响应可近似为

$$h(t) \approx A_0 + A_1 e^{-\zeta\omega_n t}\sin(\omega_d t + \beta_1), \quad t \geqslant 0$$

则可应用二阶系统性能指标计算公式估算该高阶系统的性能指标。

3.5   控制系统的稳定性分析

如果一个控制系统,在受到外界或内部扰动(如负载、能源的波动)而偏离原来的工作状态,且越偏越远,当扰动消失后,也不能恢复到原来的平衡状态,则这种系统就是不稳定的系统。显然,一个不稳定的系统是无法工作的。因此,分析系统的稳定性,并提出保证系统稳定的条件,是设计控制系统的基本任务之一。

3.5.1   稳定性概念

在介绍稳定性概念之前,先举一个例子。图 3 - 12(a)表示小球在一个光滑凹面里,

原来平衡位置为 A_0。当小球受到外力作用后偏离 A_0，外力取消后，在重力和空气阻尼力的作用下，小球经过几次来回振荡，最终可以回到原平衡位置 A_0。具有这种特性的平衡就是稳定的。反之，如图 3–12(b) 所示，则是不稳定的。

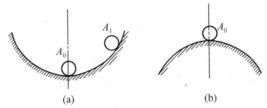

图 3–12　稳定平衡和不稳定平衡

将上述小球的稳定概念推广到控制系统。如果系统受到扰动，偏离了原来的平衡状态，产生偏差，而当扰动消失之后，系统又能够逐渐恢复到原来的平衡状态，则称系统是稳定的，或具有稳定性。若扰动消失后，系统不能恢复原来的平衡状态，甚至偏差越来越大，则称系统是不稳定的，或不具有稳定性。稳定性是当扰动消失以后，系统自身的一种恢复能力，是系统的一种固有特性。对于线性定常系统，这种固有的稳定性只取决于系统的结构、参数，而与初始条件及外作用无关。

3.5.2　稳定的数学条件

线性系统的稳定性仅取决于系统自身的固有特性，而与外界条件无关。因此，设线性系统在零初始条件下，作用一个理想单位脉冲 $\delta(t)$，这时系统的输出增量为脉冲响应 $c(t)$。这相当于系统在扰动信号作用下，输出信号偏离原平衡工作点的问题。如果 $t \to \infty$ 时，脉冲响应

$$\lim_{t \to \infty} c(t) = 0 \qquad (3-42)$$

即输出增量收敛于原平衡工作点，则线性系统是稳定的。

设闭环传递函数如式下所示

$$\phi(s) = \frac{M(s)}{D(s)} = \frac{b_0 s^m + b_1 s^{m-1} + \cdots + b_{m-1} s + b_m}{a_0 s^n + a_1 s^{n-1} + \cdots + a_{n-1} s + a_n}, \quad m \leq n \qquad (3-43)$$

设 $p_i(i = 1, 2, \cdots, n)$ 为特征方程 $D(s) = 0$ 的彼此不相等的根。

因为 $L[\delta(t)] = 1$，则系统脉冲响应的拉氏变换式为

$$C(s) = \frac{M(s)}{D(s)} = \sum_{i=1}^{n} \frac{A_i}{s - p_i} = \frac{K \prod_{i=1}^{m} (s - z_i)}{\prod_{j=1}^{q} (s - p_j) \prod_{k=1}^{r} (s^2 + 2\zeta_k \omega_{nk} s + \omega_{nk}^2)} \qquad (3-44)$$

其中，$q + 2r = n$。于是系统的脉冲响应为

$$c(t) = \sum_{j=1}^{q} A_j e^{p_j t} + \sum_{k=1}^{r} B_k e^{-\zeta_k \omega_{nk} t} \cos(\omega_{nk} \sqrt{1 - \zeta_k^2}) t +$$

$$\sum_{k=1}^{r} \frac{C_k - B_k \zeta_k \omega_{nk}}{\omega_{nk} \sqrt{1 - \zeta_k^2}} e^{-\zeta_k \omega_{nk} t} \sin(\omega_{nk} \sqrt{1 - \zeta_k^2}) t, \quad t \geq 0 \qquad (3-45)$$

式(3-45)表明,当且仅当系统的特征根全部具有负实部时,才有$\lim_{t \to \infty} c(t) = 0$,则系统是稳定的;若特征根中有一个或一个以上正实部根,则$\lim_{t \to \infty} c(t) \to \infty$,表明系统不稳定;若特征根中具有一个或一个以上零实部根,而其余的特征根均具有负实部,则脉冲响应 $c(t)$ 趋于常数,或趋于等幅正弦振荡,此时系统处于稳定和不稳定的临界状态,称为临界稳定系统。

由此可见,线性系统稳定的充分必要条件是:闭环系统特征方程的所有根均具有负实部;或者说,闭环传递函数的极点都位于 s 平面的左半部。

3.5.3 劳斯-赫尔维茨稳定判据

根据稳定的数学条件判别系统的稳定性,必须求出系统所有特征根。若能求出全部特征根,则立即可以断定系统是否稳定。然而,对于高阶系统,求特征根的难度是相当大的。因此,常常希望使用一种不必解出特征根,而判断出根是否位于 s 平面左半部的方法。劳斯和赫尔维茨分别于1877年和1895年独立提出了判断系统稳定性的代数判据,称为劳斯-赫尔维茨稳定判据。该判据就是根据特征方程的各项系数,间接判断系统的所有特征根是否都位于 s 平面的左半部,即是否所有根都具有负实部。

1. 赫尔维茨稳定判据

系统特征方程的一般形式为

$$D(s) = a_0 s^n + a_1 s^{n-1} + \cdots + a_{n-1} s + a_n = 0, \quad a_0 > 0 \qquad (3-46)$$

系统稳定的充分必要条件为特征方程的各项系数所构成的主行列式

$$\Delta_n = \begin{vmatrix} a_1 & a_3 & a_5 & \cdots & 0 & 0 \\ a_0 & a_2 & a_4 & \cdots & 0 & 0 \\ 0 & a_1 & a_3 & \cdots & 0 & 0 \\ 0 & a_0 & a_2 & \cdots & 0 & 0 \\ 0 & 0 & a_1 & \cdots & 0 & 0 \\ 0 & 0 & a_0 & \cdots & 0 & 0 \\ \vdots & \vdots & \vdots & & \vdots & \vdots \\ 0 & 0 & 0 & \cdots & a_n & 0 \\ 0 & 0 & 0 & \cdots & a_{n-1} & 0 \\ 0 & 0 & 0 & \cdots & a_{n-2} & a_n \end{vmatrix}$$

及其顺序主子式 $\Delta_i (i = 1, 2, 3, \cdots, n-1)$ 全部为正,即

$$\Delta_1 = a_1 > 0, \quad \Delta_2 = \begin{vmatrix} a_1 & a_3 \\ a_0 & a_2 \end{vmatrix} > 0, \quad \Delta_3 = \begin{vmatrix} a_1 & a_3 & a_5 \\ a_0 & a_2 & a_4 \\ 0 & a_1 & a_3 \end{vmatrix} > 0, \quad \cdots, \quad \Delta_n > 0$$

对于 $n \leq 4$ 的线性系统,其稳定的充分必要条件还可以表示为如下简单形式:

$n = 2$：特征方程的各项系数为正。

$n = 3$：特征方程的各项系数为正，且 $a_1 a_2 - a_0 a_3 > 0$。

$n = 4$：特征方程的各项系数为正，且 $\Delta_2 = a_1 a_2 - a_0 a_3 > 0$，以及 $\Delta_2 > a_1^2 a_4 / a_3$。

当系统特征方程的次数较高时，应用赫尔维茨判据的计算工作量较大。这时可以考虑采用赫尔维茨判据的推广形式，即所谓的李纳德 - 戚帕特稳定判据：在特征方程的所有系数为正的条件下，若所有奇次顺序赫尔维茨行列式为正，则所有偶次顺序赫尔维茨行列式亦必为正；反之亦然。

例 3 - 4 系统的特征方程为

$$s^4 + 2s^3 + 8s^2 + 4s + 2 = 0$$

试用赫尔维茨稳定判据判断系统的稳定性。

解：$\Delta_1 = 2 > 0, \Delta_2 = \begin{vmatrix} 2 & 4 \\ 1 & 8 \end{vmatrix} = 12 > 0$

$$\Delta_3 = \begin{vmatrix} 2 & 4 & 0 \\ 1 & 8 & 2 \\ 0 & 2 & 4 \end{vmatrix} = 40 > 0, \quad \Delta_4 = \begin{vmatrix} 2 & 4 & 0 & 0 \\ 1 & 8 & 2 & 0 \\ 0 & 2 & 4 & 0 \\ 0 & 1 & 8 & 2 \end{vmatrix} = 24 > 0$$

由赫尔维茨稳定判据可知，系统稳定。

例 3 - 5 单位负反馈系统的开环传递函数为

$$G(s) = \frac{K}{s(0.1s + 1)(0.25s + 1)}$$

试求增益 K 的稳定域。

解：系统的闭环传递函数为

$$\phi(s) = \frac{G(s)}{1 + G(s)} = \frac{K}{s(0.1s + 1)(0.25s + 1)}$$

系统的闭环特征方程为

$$0.025s^3 + 0.35s^2 + s + K = 0$$

特征方程各项系数为

$$a_0 = 0.025, \quad a_1 = 0.35, \quad a_2 = 1, \quad a_3 = K$$

由赫尔维茨判据的简单形式，$n = 3$ 时，特征方程的各项系数为正，且 $a_1 a_2 - a_0 a_3 > 0$。即

$$K > 0, \quad a_1 a_2 - a_0 a_3 = 0.35 \times 1 - 0.025K > 0$$

可得

$$0 < K < 14$$

2. 劳斯稳定判据

系统特征方程阶次越高,应用赫尔维茨稳定判据时,计算行列式的工作量越大。尽管采用李纳德－戚帕特稳定判据可以减小一半计算工作量,但仍然不方便。这时可以考虑采用劳斯稳定判据来判断系统的稳定性。

针对式(3-46)所示的特征方程,将其系数组成如表3-2所列的劳斯表。

表3-2 劳斯表

s^n	a_0	a_2	a_4	a_6	⋯
s^{n-1}	a_1	a_3	a_5	a_7	⋯
s^{n-2}	$c_{13}=\dfrac{a_1a_2-a_0a_3}{a_1}$	$c_{23}=\dfrac{a_1a_4-a_0a_5}{a_1}$	$c_{33}=\dfrac{a_1a_6-a_0a_7}{a_1}$	c_{43}	⋯
s^{n-3}	$c_{14}=\dfrac{c_{13}a_3-a_1c_{23}}{c_{13}}$	$c_{24}=\dfrac{c_{13}a_5-a_1c_{33}}{c_{13}}$	$c_{34}=\dfrac{c_{13}a_7-a_1c_{43}}{c_{13}}$	c_{44}	⋯
s^{n-4}	$c_{15}=\dfrac{c_{14}c_{23}-c_{13}c_{24}}{c_{14}}$	$c_{25}=\dfrac{c_{14}c_{33}-c_{13}c_{34}}{c_{14}}$	$c_{35}=\dfrac{c_{14}c_{43}-c_{13}c_{44}}{c_{14}}$	c_{45}	⋯
⋮	⋮	⋮	⋮		
s^2	$c_{1,n-1}$	$c_{2,n-1}$			
s^1	$c_{1,n}$				
s^0	$c_{1,n+1}=a_n$				

劳斯表共有 $n+1$ 行,它的前两行由特征方程的系数直接构成。劳斯表中的第一行,由特征方程的第一,三,五,…项系数组成;第二行,由第二,四,六,…项系数组成。从第三行开始各行的数值都是根据其前两行的数值按照同样的计算方法逐行计算,凡在运算过程中出现的空位,均置以零,一直进行到第 n 行为止,第 $n+1$ 行仅第一列有值,且正好等于特征方程最后一项系数 a_n。表中系数排列呈上三角形。为了简化数据运算,可以用一个正数去除或乘某一行的各项,这时并不改变稳定性的结论。

劳斯稳定判据:特征方程(3-46)中,实部为正的根的个数等于劳斯表第一列元素符号改变的次数。因此,线性系统稳定的充分必要条件是:特征方程全部系数都大于零,同时劳斯表第一列元素都大于零。

根据劳斯表中零元素出现的不同情况,在列劳斯表时,可以分成四种情形:① 首列中不存在零元素;② 首列中有一个元素为零,但零元素所在行中存在非零元素;③ 首列中有一个元素为零,且零元素所在行中,其他元素均为零;④其他条件同③,同时在虚轴 $j\omega$ 上有重根。

情形1:首列中不存在零元素。

这种情况下,可以直接列出劳斯表。

例3-6 系统特征方程为 $s^4+2s^3+3s^2+4s+5=0$,试采用劳斯稳定判据判断该系统的稳定性。

解：列劳斯表如下：

$$s^4 \qquad\quad 1 \qquad\qquad 3 \quad 5$$

$$s^3 \qquad\quad 2 \qquad\qquad 4 \quad 0$$

$$s^2 \quad \frac{(2\times3)-(1\times4)}{2}=1 \quad 5$$

$$s^1 \quad \frac{(1\times4)-(2\times5)}{1}=-6$$

$$s^0 \qquad\quad 5$$

由于劳斯表的第一列元素有两次变号，故该系统不稳定，且有两个正实部根。

情形 2：首列中出现零元素，且零元素所在的行中存在非零元素。

在这种情况下，计算劳斯表下一行的第一个元素时，将出现无穷大，这样就不能完成劳斯表，从而使劳斯稳定判据运用失效。此时，可用一个很小的正数 ε 来代替零元素参与计算，完成计算之后，再令 ε 趋于零，就可完成劳斯表。

例 3 - 7 某控制系统的特征方程为 $s^5+s^4+2s^3+2s^2+3s+5=0$，试采用劳斯稳定判据判断该系统的稳定性。

解：列劳斯表如下：

$$s^5 \qquad\qquad 1 \qquad\qquad 2 \quad 3$$

$$s^4 \qquad\qquad 1 \qquad\qquad 2 \quad 5$$

$$s^3 \qquad\quad 0(\approx\varepsilon) \qquad\quad -2$$

$$s^2 \qquad\quad \frac{2\varepsilon+2}{\varepsilon}>0 \qquad\quad 5$$

$$s^1 \quad \frac{-4\varepsilon-4-5\varepsilon^2}{2\varepsilon+2}\rightarrow-2$$

$$s^0 \qquad\qquad 5$$

由于劳斯表的第一列元素有两次变号，故该系统不稳定，且有两个正实部根。

情形 3：首列中有零元素，且零元素所在的行的其他元素均为零。

这种情况表明特征方程中存在一些绝对值相同但符号相异的特征根。例如，两个大小相等但符号相反的实根和（或）一对共轭纯虚根，或者是对称于实轴的两对共轭复根。

当劳斯表中出现全零行时，可用全零行上面一行的系数构造一个辅助方程 $F(s)=0$，并将辅助方程对复变量 s 求导，用所得导数方程的系数取代全零行的元素，便可按劳斯稳定判据的要求继续运算下去，直到得出完整的劳斯计算表。辅助方程的次数通常为偶数，它表明数值相同但符号相反的根数。所有那些数值相同但符号相异的根，均可由辅助方程求得。

例 3 - 8 已知系统特征方程为 $D(s)=s^6+2s^5+8s^4+12s^3+20s^2+16s+16=0$，试采用劳斯稳定判据分析该系统的稳定性。

解：列劳斯表如下

$$
\begin{array}{llll}
s^6 & 1 & 8 & 20 \quad 16 \\
s^5 & 2 & 12 & 16 \\
s^4 & 1 & 6 & 8 \quad (辅助方程 F(s)=0 的系数) \\
s^3 & 0 & 0 & 0
\end{array}
$$

由于出现全零行,故用 s^4 行系数构造如下辅助方程:

$$F(s) = s^4 + 6s^2 + 8 = 0$$

取辅助方程对变量 s 的导数,得导数方程

$$\frac{\mathrm{d}F(s)}{\mathrm{d}s} = 4s^3 + 12s = 0$$

用导数方程的系数取代全零行的元素,便可按劳斯表的计算规则运算下去,可得

$$
\begin{array}{llll}
s^6 & 1 & 8 & 20 \quad 16 \\
s^5 & 2 & 12 & 16 \\
s^4 & 1 & 6 & 8 \\
s^3 & 4 & 12 & \\
s^2 & 3 & 8 & \\
s^1 & \dfrac{4}{3} & & \\
s^0 & 8 & &
\end{array}
$$

劳斯表第一列数值没有变号,故无正实部根。但 s^3 行系数全为零,表示有对称于原点的根,解辅助方程求对称根

$$F(s) = s^4 + 6s^2 + 8 = (s^2 + 4)(s^2 + 2) = 0$$

$$s_{1,2} = \pm \mathrm{j}2, \quad s_{3,4} = \pm \mathrm{j}\sqrt{2}$$

辅助多项式 $F(s)$ 其实是特征多项式 $D(s)$ 的因式,为了确定系统特征方程其他根的位置,用特征多项式 $D(s)$ 除以辅助多项式 $F(s)$,得

$$\frac{D(s)}{F(s)} = s^2 + 2s + 2$$

则特征多项式 $D(s)$ 可因式分解为

$$D(s) = (s^2 + 2s + 2)(s^2 + 4)(s^2 + 2)$$

可见,另外两根为

$$s_{5,6} = -1 \pm \mathrm{j}1$$

故系统有两对纯虚根,临界稳定。

情形4:特征方程在虚轴 $\mathrm{j}\omega$ 上有重根。

如果特征方程在虚轴上仅有单根,则系统的响应是持续的正弦振荡,此时系统既不是稳定的,也不是不稳定的,而是临界稳定的。如果在虚轴 $\mathrm{j}\omega$ 上有重根,则系统响应具有 $t\sin(\omega t + \theta)$ 的形式,因此系统是不稳定的。劳斯 - 赫尔维茨稳定判据不能发现这种形式

的不稳定。

例如某系统的特征方程为

$$D(s) = (s+1)(s+j)(s-j)(s+j)(s-j) = s^5 + s^4 + 2s^3 + 2s^2 + s + 1 = 0$$

列劳斯表如下:

$$
\begin{array}{c|ccc}
s^5 & 1 & 2 & 1 \\
s^4 & 1 & 2 & 1 \\
s^3 & \varepsilon & \varepsilon & \\
s^2 & 1 & 1 & \\
s^1 & \varepsilon & & \\
s^0 & 1 & &
\end{array}
$$

其中 $\varepsilon \to 0$,注意到劳斯表第一列元素的符号没有发生变化,这样很容易造成错误判断,认为系统是临界稳定的。而实际上,系统的脉冲响应 $t\sin(\omega t + \theta)$ 将随时间增大。与 s^2 行对应的辅助多项为 $s^2 + 1$,与 s^4 行对应的辅助多项式为 $s^4 + 2s^2 + 1 = (s^2 + 1)^2$,这说明特征方程在虚轴 $j\omega$ 上有重根。

3.5.4 劳斯稳定判据的应用

在线性控制系统中,劳斯稳定判据主要用于判断系统是否稳定和确定系统参数的允许范围。

例3-9 当前,汽车制造厂广泛采用了大型焊接机器人。焊接头要在车身的不同部位之间移动,需要做出快速精确的响应。焊接头定位控制系统的结构图如图3-13所示,其中,$\tau > 0$,$K > 0$。试确定系统稳定时的参数条件。

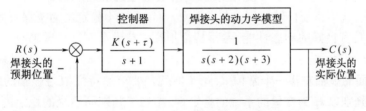

图3-13 焊接头定位控制系统

解:系统的开环传递函数为

$$G(s) = \frac{K(s+\tau)}{s(s+1)(s+2)(s+3)}$$

则系统的闭环传递函数为

$$\phi(s) = \frac{G(s)}{1+G(s)} = \frac{K(s+\tau)}{s^4 + 6s^3 + 11s^2 + (K+6)s + K\tau}$$

得到特征方程为

$$D(s) = s^4 + 6s^3 + 11s^2 + (K+6)s + K\tau = 0$$

列劳斯表如下：

$$
\begin{array}{llll}
s^4 & 1 & 11 & K\tau \\
s^3 & 6 & K+6 & \\
s^2 & b_3 & K\tau & \\
s^1 & c_3 & & \\
s^0 & K\tau & &
\end{array}
$$

其中，$b_3 = \dfrac{60 - K}{6}$，$c_3 = \dfrac{b_3(K+6) - 6K\tau}{b_3}$。

系统稳定条件为

$$K\tau > 0, \quad b_3 > 0, \quad c_3 > 0$$

由 $b_3 > 0$ 可得

$$K < 60$$

再由 $c_3 > 0$ 可得

$$(K - 60)(K + 6) + 36K\tau < 0$$

因此系统需满足的参数条件为

$$K < 60, \quad \tau < \frac{(60 - K)(K + 6)}{36K}$$

虽然劳斯判据能够判断系统是否稳定，但却不能给出系统稳定的程度，即不能表明特征根距虚轴的远近。如果一个系统负实部的特征根紧靠虚轴，尽管是在左半面，满足稳定条件，但动态过程将具有过于缓慢的响应，有时出现过大的超调，甚至会由于系统内部参数的微小变化，就使特征根转移到 s 右半平面，导致系统不稳定。为了保证系统有一定的稳定裕度，且具有良好的动态性能，希望特征根在 s 左半平面且与虚轴有一定的距离，通常称为稳定度。为了能够运用上述判据，可用新的变量 $s_1 = s + a$ 代入原系统的特征方程，即将 s 平面的虚轴左移一个常值 a，此 a 值就是要求的特征根与虚轴的距离（即稳定度）。因此，判别以 s_1 为变量的系统的稳定性，相当于判别原系统的稳定度，如果这时满足稳定条件，就说明原系统不但稳定，而且所有特征根均位于 $-a$ 的左侧。

例 3 - 10 设比例 - 积分（PI）控制系统如图 3 - 14 所示。其中 K 为与积分器时间常数有关的待定参数。已知参数 $\zeta = 0.2$，$\omega_n = 86.6$，试采用劳斯稳定判据确定使闭环系统稳定的 K 取值范围。如果要求闭环系统的特征根全部位于垂线 $s = -1$ 的左侧，即稳定度为 1，则 K 取值范围又是多少？

解：由图 3 - 14 可写出系统闭环传递函数

$$\phi(s) = \frac{\omega_n^2(s + K)}{s^3 + 2\zeta\omega_n s^2 + \omega_n^2 s + K\omega_n^2}$$

则闭环特征方程为

$$D(s) = s^3 + 2\zeta\omega_n s^2 + \omega_n^2 s + K\omega_n^2 = 0$$

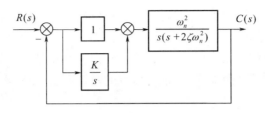

图 3 - 14 比例 - 积分控制系统

将 $\zeta = 0.2, \omega_n = 86.6$ 代入得

$$D(s) = s^3 + 34.6s^2 + 7500s + 7500K = 0$$

列劳斯表如下：

$$
\begin{array}{ccc}
s^3 & 1 & 7500 \\
s^2 & 34.6 & 7500K \\
s^1 & \dfrac{34.6 \times 7500 - 7500K}{34.6} & \\
s^0 & 7500K &
\end{array}
$$

由劳斯稳定判据

$$7500K > 0, \qquad \frac{34.6 \times 7500 - 7500K}{34.6} > 0$$

可得 K 的取值范围为

$$0 < K < 34.6$$

当要求闭环系统的特征根全部位于垂线 $s = -1$ 的左侧时，可令 $s = s_1 - 1$，代入原特征方程，得到新特征方程为

$$(s_1 - 1)^3 + 34.6(s_1 - 1)^2 + 7500(s_1 - 1) + 7500K = 0$$

整理得

$$s_1^3 + 31.6s_1^2 + 433.8s_1 + (7500K - 7466.4) = 0$$

相应劳斯表为

$$
\begin{array}{ccc}
s^3 & 1 & 7433.8 \\
s^2 & 34.6 & 7500K - 7466.4 \\
s^1 & \dfrac{31.6 \times 7433.8 - (7500K - 7466.4)}{31.6} & \\
s^0 & 7500K - 7466.4 &
\end{array}
$$

令劳斯表第一列各元素为正，则可得 K 的取值范围为 $1 < K < 32.3$。

显然，比系统原来的稳定域 $0 < K < 34.6$ 要小。

3.6 控制系统的稳态误差计算

控制系统的稳态误差，是系统控制精度的一种度量，通常称为稳态性能。在控制系统设计中,稳态误差是一项重要的技术指标。一般来说,一个实际的控制系统,由于系统结构、输入作用的类型、输入函数的形式不同,稳态误差是不可避免的。控制系统设计的任务之一,是尽量减小系统的稳态误差,或者使稳态误差小于某一容许值。显然,只有当系统稳定时,研究稳态误差才有意义;对于不稳定的系统而言,根本不存在研究稳态误差的可能性。

3.6.1 误差与稳态误差

系统的误差 $e(t)$ 一般定义为期望值与实际值之差,即

$$e(t) = 期望值 - 实际值$$

对于图 3-15 所示典型控制系统结构图,其误差的定义有两种。

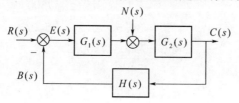

图 3-15 典型控制系统结构图

(1) 从输出端定义:

$$e(t) = r(t) - c(t) \tag{3-47}$$

式中,$r(t)$ 为期望值;$c(t)$ 为实际值。这种方法定义的误差在系统性能指标的提法中经常用到,但在实际系统中有时无法测量,一般只有数学意义。

(2)

$$e(t) = r(t) - b(t) \tag{3-48}$$

式中,$r(t)$ 为期望值;$b(t)$ 为反馈量实际值;$H(s)$ 通常为测量装置的传递函数。这种方法定义的误差在实际系统中是可以测量的,具有一定的物理意义,在工程上应用较多。此时的误差 $e(t)$ 就是输入信号 $r(t)$ 与测量装置的输出 $b(t)$ 之差。当单位反馈,即 $H(s) = 1$ 时,上述两种定义统一为式(3-47)。$e(t)$ 也常称为系统的误差响应,它反映了系统跟踪输入信号 $r(t)$ 和抑止扰动信号 $n(t)$ 的能力和精度。本书以下叙述中,未加特别说明时,均采用从系统输入端定义的误差 $e(t)$。

求解误差响应 $e(t)$ 与求系统输出 $c(t)$ 一样,对于高阶系统是相当困难的。然而,如果只是关注系统控制过程平稳下来以后的误差,也就是系统误差响应的动态分量消失以后的稳态误差,问题就比较简单了。稳态误差是衡量系统最终控制精度的重要的性能指标。

稳态误差定义:稳定系统误差的终值称为稳态误差。当时间 t 趋于无穷时,$e(t)$ 的极限存在,则稳态误差为

$$e_{ss} = \lim_{t \to \infty} e(t) \tag{3-49}$$

一般来说,通过求解系统的误差响应 $e(t)$,再求极限的方法求解稳态误差 e_{ss} 比较困难,尤其是对高阶系统。但是,如果采用拉氏变换的终值定理来计算稳态误差 e_{ss},则要简单得多。

3.6.2 稳态误差的计算

设 $E(s) = L[r(t)]$，且 $\lim\limits_{t \to \infty} e(t)$、$\lim\limits_{s \to 0} E(s)$ 存在，则有

$$e_{ss} = \lim_{t \to \infty} e(t) = \lim_{s \to 0} sE(s) \qquad (3-50)$$

当 $E(s)$ 是有理分式函数，即 $E(s)$ 的分子和分母都是 s 的有限次多项式时，应用终值定理的条件可以写为：$sE(s)$ 的所有极点均具有负实部。

从式 $(3-50)$ 可以看出，利用终值定理求稳态误差 e_{ss}，实质问题归结为求误差 $e(t)$ 的拉氏变换式 $E(s)$。下面求解图 $3-15$ 所示系统的误差 $e(t)$ 的拉氏变换式 $E(s)$。

1. $R(s)$ 作用下的误差传递函数

当只研究给定输入 $R(s)$ 作用时，令 $N(s) = 0$，图 $3-15$ 可等效为图 $3-16$。

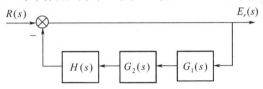

图 $3-16$　$R(s)$ 作用下的误差输出结构图

则可得在 $R(s)$ 作用下闭环系统的误差传递函数为

$$\phi_{er}(s) = \frac{E_r(s)}{R(s)} = \frac{1}{1 + G_1(s)G_2(s)H(s)} \qquad (3-51)$$

则 $R(s)$ 作用下的误差为

$$E_r(s) = \frac{1}{1 + G_1(s)G_2(s)H(s)} R(s) \qquad (3-52)$$

2. $N(s)$ 作用下的误差传递函数

当只研究 $N(s)$ 作用时，令 $R(s) = 0$，图 $3-15$ 可等效为图 $3-17$。

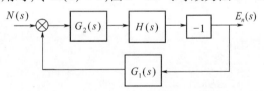

图 $3-17$　$N(s)$ 作用下的误差输出结构图

则可得在 $N(s)$ 作用下闭环系统的误差传递函数为

$$\phi_{en}(s) = \frac{E_n(s)}{N(s)} = -\frac{G_2(s)H(s)}{1 + G_1(s)G_2(s)H(s)} \qquad (3-53)$$

则 $N(s)$ 作用下的误差为

$$E_n(s) = -\frac{G_2(s)H(s)}{1 + G_1(s)G_2(s)H(s)} N(s) \qquad (3-54)$$

根据线性系统的叠加原理，可求出给定输入 $R(s)$ 和扰动输入 $N(s)$ 同时作用下闭环

系统的总的偏差 $E(s)$ 为

$$E(s) = E_r(s) + E_n(s) \qquad (3-55)$$

如果具备应用终值定理条件,则

$$e_{ss} = \lim_{s \to 0} sE(s) = \lim_{s \to 0} sE_r(s) + \lim_{s \to 0} sE_n(s) \qquad (3-56)$$

例 3-11 设 $\phi_{er}(s) = \dfrac{1}{s+1}$, $n(t) = 0$, $r(t)$ 分别为 $1(t)$、t、e^t 和 $\sin t$ 时,试求系统的稳态误差 e_{ss}。

解:因为 $n(t) = 0$,所以 $E(s) = \phi_{er}(s)R(s)$

(1) 当 $r(t) = 1(t)$ 时,则 $R(s) = 1/s$。

$$E(s) = \phi_{er}(s)R(s) = \frac{1}{s+1}\frac{1}{s} = \frac{1}{s} - \frac{1}{s+1}$$

$$e(t) = L^{-1}[E(s)] = 1 - \mathrm{e}^{-t}$$

$$e_{ss} = \lim_{t \to \infty} e(t) = 1$$

下面利用终值定理计算稳态误差 e_{ss}。因为 $sE(s) = 1/(s+1)$,其极点在 s 左半平面,所以

$$e_{ss} = \lim_{s \to 0} sE(s) = \lim_{s \to 0} \frac{1}{s+1}\frac{1}{s} = 1$$

此例说明,虽然 $E(s)$ 中有一个极点(这个极点是由输入产生的)在 s 平面坐标原点,但 $sE(s)$ 的极点全在 s 左半平面,满足应用终值定理条件,所以可以采用终值定理求出稳态误差。

(2) 当 $r(t) = t$ 时,则 $R(s) = 1/s^2$。

$$E(s) = \phi_{er}(s)R(s) = \frac{1}{s+1}\frac{1}{s^2} = \frac{1}{s^2} - \frac{1}{s} + \frac{1}{s+1}$$

$$e(t) = L^{-1}[E(s)] = t - 1 + \mathrm{e}^{-t}$$

可见极限 $\lim_{t \to \infty} e(t)$ 不存在。

$$sE(s) = s\frac{1}{s+1}\frac{1}{s^2} = \frac{1}{s(s+1)}$$

极限 $\lim_{s \to 0} sE(s)$ 也不存在。这是因为 $sE(s)$ 中有一个极点在坐标原点上,不具备应用终值定理的条件。需要指出的是,在这种情况下,把 $\lim_{t \to \infty} e(t) \to \infty$ 和 $\lim_{s \to 0} sE(s) \to \infty$ 等同起来的做法是不适当的,因为实数 ∞ 和复数 ∞ 是应当区分而不能简单等同的。

(3) 当 $r(t) = \mathrm{e}^t$ 时,则 $R(s) = 1/(s-1)$

$$E(s) = \phi_{er}(s)R(s) = \frac{1}{s+1}\frac{1}{s-1} = \frac{1}{2}\left(\frac{1}{s-1} - \frac{1}{s+1}\right)$$

$$e(t) = L^{-1}[E(s)] = \frac{1}{2}(\mathrm{e}^t - \mathrm{e}^{-t})$$

很明显,极限$\lim\limits_{t\to\infty}e(t)$不存在,虽然此时

$$\lim_{s\to0}sE(s) = \lim_{s\to0}s\frac{1}{s+1}\frac{1}{s-1} = 0$$

但它并不是稳态误差。此例说明$sE(s)$在s右半平面有极点,不具备应用终值定理的条件,不能用终值定理计算稳态误差。

(4)当$r(t) = \sin t$时,则$R(s) = 1/(s^2+1)$

$$E(s) = \phi_{er}(s)R(s) = \frac{1}{s+1}\frac{1}{s^2+1} = \frac{1}{2}\left(\frac{1}{s+1} - \frac{s}{s^2+1} + \frac{1}{s^2+1}\right)$$

$$e(t) = L^{-1}\left[E(s)\right] = \frac{1}{2}(e^{-t} - \cos t + \sin t)$$

可以看出,极限$\lim\limits_{t\to\infty}e(t)$不存在,虽有

$$\lim_{s\to0}sE(s) = \lim_{s\to0}s\frac{1}{s+1}\frac{1}{s^2+1} = 0$$

但也不是稳态误差。可见,当$sE(s)$有极点在虚轴上时,也不能用终值定理求稳态误差。

综合本例,用终值定理求稳态误差,必须保证$sE(s)$的极点均具有负实部,否则结果将是错误的。

例3－12 系统结构如图3－18所示,其中$K_1>0$、$K_2>0$。当输入信号$r(t)=1(t)$、干扰$n(t)=1(t)$时,求系统总的稳态误差e_{ss}。

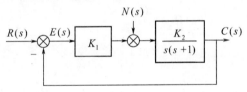

图3－18 例3－14结构图

解:(1)先判断系统稳定性。

由图3－18,并结合式(3－51)和式(3－53),求得

$$\phi_{er}(s) = \frac{E_r(s)}{R(s)} = \frac{1}{1+G_1(s)G_2(s)H(s)} = \frac{s(s+1)}{s^2+s+K_1K_2}$$

$$\phi_{en}(s) = \frac{E_n(s)}{N(s)} = \frac{G_2(s)H(s)}{1+G_1(s)G_2(s)H(s)} = \frac{K_2}{s^2+s+K_1K_2}$$

特征方程为

$$D(s) = s^2 + s + K_1K_2$$

列劳斯表如下:

$$
\begin{array}{lll}
s^2 & 1 & K_1 K_2 \\
s^1 & 1 & \\
s^0 & K_1 K_2 &
\end{array}
$$

显然, $K_1 > 0$、$K_2 > 0$ 时, $K_1 K_2 > 0$,系统是稳定的。

(2) 由于 $r(t) = 1(t)$、$n(t) = 1(t)$,则

$$
R(s) = L[r(t)] = \frac{1}{s}, \quad N(s) = L[n(t)] = \frac{1}{s}
$$

则
$$
E(s) = E_r(s) + E_n(s) = \frac{s(s+1)}{s^2 + s + K_1 K_2}\frac{1}{s} + \frac{K_2}{s^2 + s + K_1 K_2}\frac{1}{s}
$$

(3) 应用终值定理计算稳态误差 e_{ss}。

$$
e_{ss} = \lim_{s \to 0} sE(s) = \lim_{s \to 0} \left(\frac{s(s+1)}{s^2 + s + K_1 K_2}\frac{1}{s} + \frac{K_2}{s^2 + s + K_1 K_2}\frac{1}{s} \right) = \frac{1}{K_1}
$$

以上两例说明,稳态误差不仅与系统本身的结构、参数有关,而且与外作用有关。

3.6.3 典型信号作用下的稳态误差

图 3-15 所示典型系统,若不计扰动作用,即 $N(s) = 0$,并令 $G(s) = G_1(s)G_2(s)$,则图 3-15 所示系统的结构图可以改成图 3-19 的形式。

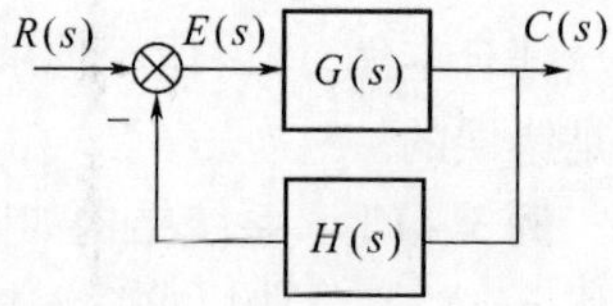

由图 3-19,并结合式(3-55) 可得

$$
E(s) = E_r(s) = \frac{1}{1 + G(s)H(s)}R(s) \qquad (3-57)
$$

图 3-19　典型控制系统结构图

所以

$$
e_{ss} = \lim_{s \to 0} sE(s) = \lim_{s \to 0} \frac{sR(s)}{1 + G(s)H(s)} \qquad (3-58)
$$

很明显,系统的稳态误差与系统的开环传递函数 $G(s)H(s)$ 及输入信号 $R(s)$ 有关,当输入信号确定下来,系统的稳态误差就完全取决于由开环传递函数描述的系统结构。

下面讨论典型信号作用下的稳态误差的普遍规律。设闭环系统的开环传递函数为

$$
G(s)H(s) = \frac{K \prod\limits_{i=1}^{m}(\tau_i s + 1)}{s^v \prod\limits_{j=1}^{n-v}(T_j s + 1)} \qquad (3-59)
$$

式中, K 为系统的开环放大系数,或开环增益; v 为串联积分环节的数目,或称为系统的无差度。

工程上常以 v 的不同对控制系统进行分类,当 $v = 0, 1, 2, \cdots$ 时,分别称系统为 0 型、Ⅰ 型、Ⅱ 型、…系统。当 $v > 2$ 时,除复合控制系统外,使系统稳定是非常困难的。一般除航天控制系统外,Ⅲ 型及以上系统几乎不采用。在此,对Ⅲ 型及以上系统不作讨论。

1. 阶跃函数信号输入

$r(t) = A, R(s) = \dfrac{A}{s}$，由式（3-58）得

$$e_{ss} = \lim_{s \to 0} 1 + \frac{s}{G(s)H(s)} \frac{A}{s} = \frac{A}{1 + K_p} \qquad (3-60)$$

式中，$K_p = \lim_{s \to 0} G(s)H(s)$，称为系统的静态位置误差系数。

则有

$v = 0$ 时 $\qquad\qquad K_p = K, e_{ss} = \dfrac{A}{1+K}$

$v \geqslant 1$ 时 $\qquad\qquad K_p = \infty, e_{ss} = 0$

可见，0 型系统对阶跃输入信号的稳态误差是有限值，且稳态误差随开环放大系数的增大而减小，常称为有差系统。如果要使系统在阶跃信号作用下稳态误差为零，则系统至少要有一个积分环节。

2. 斜坡函数信号输入

$r(t) = Bt, R(s) = \dfrac{B}{s^2}$，由式（3-58）得

$$e_{ss} = \lim_{s \to 0} \frac{s}{1 + G(s)H(s)} \frac{B}{s^2} = \frac{B}{K_v} \qquad (3-61)$$

式中，$K_v = \lim_{s \to 0} s G(s)H(s)$，称为系统的静态速度误差系数。

则有

$v = 0$ 时 $\qquad\qquad K_v = 0, e_{ss} = \infty$

$v = 1$ 时 $\qquad\qquad K_v = K, e_{ss} = \dfrac{B}{K}$

$v \geqslant 2$ 时 $\qquad\qquad K_v = \infty, e_{ss} = 0$

可见，0 型系统不能跟踪斜坡信号。Ⅰ型系统可以跟踪斜坡信号，且其稳态误差随 K 增大而减小。Ⅱ型及以上系统能够很好地跟踪斜坡信号，无稳态误差。

3. 抛物线函数信号输入

$r(t) = \dfrac{1}{2}Ct, R(s) = \dfrac{C}{s^3}$，由式（3-58）得

$$e_{ss} = \lim_{s \to 0} \frac{s}{1 + G(s)H(s)} \frac{C}{s^3} = \frac{C}{K_a} \qquad (3-62)$$

式中，$K_a = \lim_{s \to 0} s^2 G(s)H(s)$，称为系统的静态加速度误差系数。

则有

$v \leqslant 1$ 时 $\qquad\qquad K_a = 0, e_{ss} = \infty$

$v = 2$ 时 $\qquad\qquad K_a = K, e_{ss} = \dfrac{C}{K}$

$v \geqslant 3$ 时 $\qquad K_v = \infty , e_{ss} = 0$

可见,小于 I 型系统都不能跟踪抛物线信号,II 型系统可以跟踪抛物线信号,且其稳态误差随 K 增大而减小。当 $v \geqslant 3$ 时;稳态误差为零。

图 3 - 19 所示典型反馈控制系统的型别、静态误差系数和输入信号形式之间的关系,统一归纳在表 3 - 3 中。

表 3 - 3　典型输入信号作用下的稳态误差

系统类别	误差系数			$r(t) = A$	$r(t) = Bt$	$r(t) = \dfrac{1}{2}Ct^2$
0 型	K_p	K_v	K_a	$\dfrac{A}{1+K_p}$	$\dfrac{B}{K_v}$	$\dfrac{C}{K_a}$
I 型	K	0	0	$\dfrac{A}{1+K}$	∞	∞
II 型	∞	K	0	0	$\dfrac{B}{K}$	∞
III 型	∞	∞	K	0	0	$\dfrac{C}{K}$

如果系统的输入信号是多种典型函数信号的组合,则可以根据线性叠加原理,将每一个输入分量单独作用于系统,求出各自的稳态误差,再将各稳态误差分量叠加起来即可。

如果输入信号为

$$r(t) = A + Bt + \frac{1}{2}Ct^2 \qquad (3 - 63)$$

则稳态误差为

$$e_{ss} = \frac{A}{1 + K_p} + \frac{B}{K_v} + \frac{C}{K_a} \qquad (3 - 64)$$

例 3 - 13　已知某单位负反馈控制系统的开环传递函数为

$$G(s) = \frac{100(3s + 10)}{s(s + 10)(s + 20)}$$

试求:(1) 系统的静态误差系数 K_p、K_v 和 K_a。

(2) 当输入信号为 $r(t) = 1 + 3t$ 时,系统的稳态误差。

解:先判断系统的稳定性。

系统的特征方程为

$$s^3 + 30s^2 + 500s + 1000 = 0$$

列劳斯表如下:

$$
\begin{array}{lll}
s^3 & 1 & 500 \\
s^2 & 30 & 1000 \\
s^1 & \dfrac{1400}{3} & \\
s^0 & 1000 &
\end{array}
$$

74

由劳斯稳定判据可以确定系统是稳定的。

(1) 系统的静态误差系数为

$$K_p = \lim_{s \to 0} G(s)H(s) = \lim_{s \to 0} \frac{100(3s+10)}{s(s+10)(s+20)} = \infty$$

$$K_v = \lim_{s \to 0} sG(s)H(s) = \lim_{s \to 0} s \frac{100(3s+10)}{s(s+10)(s+20)} = 5$$

$$K_a = \lim_{s \to 0} s^2 G(s)H(s) = \lim_{s \to 0} s^2 \frac{100(3s+10)}{s(s+10)(s+20)} = 0$$

(2) $R(s) = L[r(t)] = \dfrac{1}{s} + \dfrac{3}{s^2}$,根据叠加原理,系统的稳态误差为

$$e_{ss} = \frac{1}{1+K_p} + \frac{3}{K_v} = 0 + \frac{3}{5} = 0.6$$

应该指出,系统的静态误差系数法,只能用于上述三种典型输入信号作用下稳态误差的计算,且不能表示稳态误差随时间的变化情况。此外,当输入信号为其他形式函数时,静态误差系数法也无法应用。

习　题

3-1　设系统的微分方程为

(1) $0.2\dot{c}(t) = 2r(t)$

(2) $0.04\ddot{c}(t) + 0.24\dot{c}(t) + c(t) = r(t)$

试求系统的单位阶跃响应 $k(t)$ 和单位阶跃响应 $h(t)$。已知全部初始条件为零。

3-2　已知各系统的脉冲响应,求系统闭环传递函数 $\phi(s)$。

(1) $k(t) = 0.0125 e^{-1.25t}$

(2) $k(t) = 5t + 10\sin(4t + 45°)$

(3) $k(t) = 0.1(1 - e^{-t/3})$

3-3　已知系统的单位阶跃响应为 $h(t) = 1 - 1.8e^{-4t} + 0.8e^{-9t}$,试求:

(1) 系统的闭环传递函数和脉冲响应。

(2) 系统的阻尼比 ζ 和无阻尼自然振荡频率 ω_n。

3-4　图 3-20 是简化的飞行控制系统结构图,其中

$$G_c(s) = K_1, \quad G(s) = \frac{25}{s(s+0.8)}, \quad H(s) = K_2 s$$

试选择参数 K_1 和 K_2,使系统的 $\omega_n = 6, \zeta = 1$。

3-5　已知二阶系统的阶跃响应曲线如图 3-21 所示,试确定系统的闭环传递函数。

3-6　图 3-22(a) 所示的控制系统在单位阶跃信号 $r(t) = 1(t)$ 作用下,系统的输出 $h(t)$ 如图 3-22(b) 所示,其中 $t_s = 4s$(按 $\Delta = 2\%$ 计算),求 K_1, K_2 和 a。

3-7　已知单位反馈控制系统的开环传递函数为 $G(s) = \dfrac{K}{s(Ts+1)}$,试求下列条件下

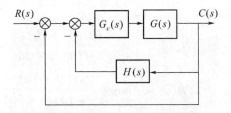

图 3-20　习题 3-4 飞行控制系统

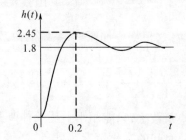

图 3-21　习题 3-5 系统阶跃响应

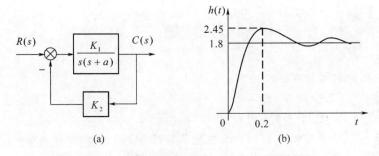

图 3-22　习题 3-6 控制系统及其单位阶跃响应

系统单位阶跃响应超调量 σ_p 和调节时间 t_s。

(1) $K = 4.5, T = 1\text{s}$

(2) $K = 1, T = 1\text{s}$

(3) $K = 0.16, T = 1\text{s}$

3-8　已知单位反馈控制系统的开环传递函数 $G(s) = \dfrac{K}{s(Ts+1)}$，若要求超调量 $\sigma_p \leqslant$ 15% 和调节时间 $t_s = 4\text{s}(\Delta = 5\%)$ 时，试确定 K、T 值。

3-9　已知系统特征方程为

(1) $s^3 + 20s^2 + 9s + 100 = 0$

(2) $3s^4 + 10s^3 + 5s^2 + s + 2 = 0$

(3) $s^4 + 2s^3 + 8s^2 + 4s + 5 = 0$

(4) $s^5 + s^4 + 3s^3 + 9s^2 + 16s + 10 = 0$

(5) $s^5 + 12s^4 + 44s^3 + 48s^2 + 5s + 1 = 0$

(6) $s^6 + 3s^5 + 5s^4 + 9s^3 + 8s^2 + 6s + 4 = 0$

试用劳斯稳定判据和赫尔维茨稳定判据确定系统的稳定性。

3-10 已知单位反馈系统的开环传递函数为

$$G(s) = \frac{K(0.5s + 1)}{s(s + 1)(0.5s^2 + s + 1)}$$

试确定系统稳定时的 K 值范围。

3-11 控制系统结构图如图 3-23 所示,试确定系统稳定时 τ 的取值范围。

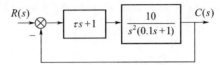

图 3-23 习题 3-11 控制系统

3-12 已知控制系统结构图如图 3-24 所示,其中

$$G_c(s) = 1 + \frac{1}{s}, \quad G(s) = \frac{10}{s(s + 1)}, \quad H(s) = \tau s$$

试用劳斯稳定判据确定能使系统稳定的参数 τ 的取值范围。

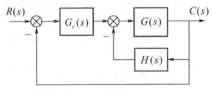

图 3-24 习题 3-12 控制系统

3-13 已知单位反馈系统的开环传递函数为

$$G(s) = \frac{4}{2s^3 + 10s^2 + 8s + 1}$$

试用劳斯判据判断系统是否有 $a = 1$ 的稳定度。

3-14 已知单位反馈系统的开环传递函数为

(1) $G(s) = \dfrac{100}{(0.1s + 1)(s + 5)}$

(2) $G(s) = \dfrac{50}{s(0.1s + 1)(s + 5)}$

(3) $G(s) = \dfrac{10(2s + 1)}{s^2(s^2 + 6s + 100)}$

试求输入分别为 $r(t) = 2t$ 和 $r(t) = 2 + 2t + t^2$ 时,系统的稳态误差。

3-15 已知单位反馈系统的开环传递函数为

(1) $G(s) = \dfrac{50}{(0.1s + 1)(2s + 1)}$

(2) $G(s) = \dfrac{K}{s(s^2 + 4s + 200)}$

(3) $G(s) = \dfrac{10(2s+1)(4s+1)}{s^2(s^2+2s+10)}$

试求位置误差系数 K_p, 速度误差系数 K_v, 加速度误差系数 K_a。

3-16 已知单位反馈系统的开环传递函数为

$$G(s) = \frac{K}{s(0.01s+1)(s+1)}$$

当 $r(t) = 1+2t$ 时, 要求系统的稳态误差 $e_{ss} < 0.05$, 试确定 K 值条件。

3-17 已知单位负反馈系统的闭环传递函数为

$$\phi(s) = \frac{a_2 s + a_1}{s^3 + a_3 s^2 + a_2 s + a_1}$$

其中, a_1、a_2、a_3 均为不为零的系数。

(1) 证明该系统对阶跃输入和斜坡输入时系统的稳态误差为零。

(2) 求该系统在输入 $r(t) = \dfrac{1}{2}t^2$ 作用下, 系统的稳态误差。

3-18 控制系统结构图如图3-25所示, 其中

$$G_c(s) = \frac{as^2 + bs}{T_1 s + 1}, \quad G_1(s) = K_1, \quad G_2(s) = \frac{K_2}{s(T_2 s + 1)}$$

当输入为 $r(t) = \dfrac{1}{2}t^2$ 时, 要求系统的稳态误差为零, 试确定参数 a、b。

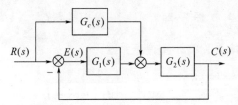

图3-25 习题3-18控制系统

3-19 控制系统结构图如图3-26所示, 其中

$$G_1(s) = K_1, \quad G_2(s) = \frac{K_2}{s(Ts+1)}, \quad H(s) = 1$$

若 $r(t) = 2+2t, n(t) = -1(t)$:

(1) 求系统的稳态误差。

(2) 要想减小扰动稳态误差, 应提高哪一部分的放大系数? 为什么?

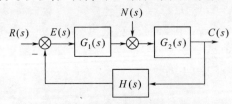

图3-26 习题3-19控制系统

3 – 20 控制系统如图 3 – 27 所示,其中

$$G_c(s) = K_1 + \frac{K_2}{s}, \quad G(s) = \frac{1}{Js}, \quad H(s) = 1$$

输入 $r(t)$ 以及扰动 $n_1(t)$ 和 $n_2(t)$ 均为单位阶跃函数,试求:

(1) 在 $r(t)$ 作用下系统的稳态误差。

(2) 在 $n_1(t)$ 作用下系统的稳态误差。

(3) 在 $n_1(t)$ 和 $n_2(t)$ 同时作用下系统的稳态误差。

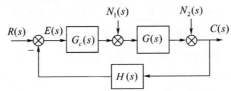

图 3 – 27 习题 3 – 20 控制系统

第4章 根轨迹法

时域分析法的数学基础是微分方程,对于三阶以上的高阶方程,求取解析解是比较困难的。为了便于对高阶系统进行分析,需要寻求其他方法。根轨迹法是分析和设计线性定常控制系统的图解方法,使用比较简便,比较适合高阶系统的分析。本章主要介绍根轨迹的基本概念、根轨迹方程、绘制根轨迹的法则以及用根轨迹分析系统的方法。

4.1 根轨迹法的基本概念

当闭环系统没有零点与极点相消时,闭环特征方程的根就是闭环传递函数的极点,常简称为闭环极点。闭环控制系统的稳定性和性能指标主要由闭环极点在 s 平面的位置决定,为此,分析或设计系统时确定出闭环极点位置是非常有意义的。因此,从已知的开环零、极点位置及某一变化的参数来求取闭环极点的分布,实际上就是解决闭环特征方程的求根问题。当特征方程的阶数高于四阶时,求根过程是比较复杂的,除非借助计算机。而且,如果要研究系统参数变化对闭环特征方程根的影响,就需要进行大量的反复计算,同时还不能直观看出影响趋势。为了解决这个问题,人们在寻求如何不用求解特征方程,就能确定出在某个参数变化时闭环极点位置的方法。1948 年,伊文思(W. R. Evans)提出了根轨迹法,这种方法是根据反馈控制系统的开、闭环传递函数之间的关系,根据一些法则,直接由开环传递函数零、极点以及某一参数变化时求出闭环极点(闭环特征根)在 s 平面上移动轨迹(根轨迹图)的图解方法。因为系统的稳定性由系统闭环极点唯一确定,而系统的稳态性能和动态性能又与闭环零、极点在 s 平面上的位置密切相关,所以根轨迹图不仅可以直接给出闭环系统时间响应的全部信息,而且可以指明开环零、极点应该怎样变化才能满足给定的闭环系统的性能指标要求。这给系统的分析与设计带来了极大方便,因此,这种方法在工程上得到了广泛应用。

4.1.1 根轨迹

所谓根轨迹是开环系统某一(或多个)参数从零变到无穷大时,闭环系统特征方程的根在 s 平面上移动的轨迹。一般情况下,变化的参数为开环增益,所对应的根轨迹称为常规根轨迹。

为了具体说明根轨迹的概念,下面举例说明。

设某一控制系统如图 4 - 1 所示,要求设计控制器参数 K,使得系统稳定并具有较好的控制性能。

由图 4 - 1 可知,系统的开环传递函数为

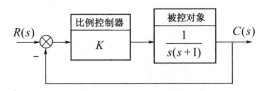

图 4 - 1 控制系统

$$G(s) = \frac{K}{s(s+1)}$$

显然,在该控制系统中,控制器参数 K 就是该系统的开环增益,因此,本例中设计控制器参数 K 也就是要设计系统的开环增益 K。下面用图解法讨论参数 K 从零变化到无穷大时系统的性能情况,从而可以根据要求的性能反过来确定参数 K。

系统的闭环传递函数为

$$\phi(s) = \frac{C(s)}{R(s)} = \frac{K}{s^2 + s + K}$$

闭环特征方程为

$$s^2 + s + K = 0$$

可得特征根为

$$s_1 = \frac{-1 + \sqrt{1 - 4K}}{2}, \quad s_2 = \frac{-1 - \sqrt{1 - 4K}}{2}$$

显然,每个特征根都是参数 K 的函数,将随 K 变化而变化。可以从零到无穷大之间从小到大依次取不同的 K 值,便可得到一系列不同的特征根,如下:

$K = 0$,	$s_1 = 0$	$s_2 = -1$
$K = 0.25$	$s_1 = -0.5$	$s_2 = -0.5$
$K = 0.5$	$s_1 = -0.5 + 0.5j$	$s_2 = -0.5 - 0.5j$
$K = 1.25$	$s_1 = -0.5 + j$	$s_2 = -0.5 - j$
$K = +\infty$	$s_1 = -0.5 + j\infty$	$s_2 = -0.5 - j\infty$

如果把上述不同 K 值时的闭环特征根绘制在 s 平面上,并连成线,则可形成图 4 - 2 所示的根轨迹。图中,"×"表示开环传递函数的极点,箭头的指向表示 K 增大时根的移动方向。

由图 4 - 2 可以很直观地看出参数 K 变化时,闭环特征根所发生的变化,该根轨迹图完全描述了 K 从零变到无穷大时闭环特征根在 s 平面的变化规律。这种规律就能反映出关于系统性能的各种信息,下面分别加以说明。

(1)稳定性。从图 4 - 2 可知,只要 $K > 0$,则根轨迹一直在 s 平面的左半平面,因此,系统是稳定的。

(2)稳态性能。由图 4 - 2 可知,有一个开环极点在坐标原点处,所以该系统是 I 型系统,则 K 为静态速度误差系数。如果给定系统的稳态误差要求,则由根轨迹图可以确

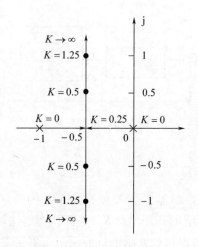

图 4 - 2 根轨迹

定闭环极点位置的容许范围。

（3）动态性能。由图 4 - 2 可知,当 $0 < K < 0.25$ 时,两个闭环极点均位于实轴上,系统为过阻尼系统,单位阶跃响应应为非周期过程。

$K = 0.25$ 时,两个闭环极点均位于实轴上,且重合,系统为临界阻尼系统,单位阶跃响应仍为非周期过程,但响应速度比过阻尼时快。

$K > 0.25$ 时,两个闭环极点为一对共轭复数极点,系统为欠阻尼系统,单位阶跃响应为阻尼振荡过程。由于一对共轭复数极点具有相同的实部,则系统超调量随 K 值的增大而加大,但调节时间基本不变。

上述分析表明,根轨迹与系统性能之间有着比较密切的联系,有了系统的根轨迹,就可了解系统性能随参数变化的情况。因此,可以用根轨迹法根据系统要求的性能反过来确定参数 K。

由上述可见,本例采用图解法设计参数 K 的关键就是要先绘制系统根轨迹图。但是,对于高阶系统,用上述根据参数变化——求解闭环特征方程根的方法绘制系统的根轨迹图,将非常困难。为此,希望能有简便的图解方法,可以根据已知的开环传递函数迅速绘出闭环系统的根轨迹。所以,需要研究闭环零、极点与开环零、极点之间的关系。

4.1.2 闭环零极点与开环零极点之间的关系

由于开环零极点是已知的,因此建立开环零极点与闭环零极点之间的关系,有助于闭环系统系统根轨迹的绘制,并由此导出根轨迹方程。

设控制系统如图 4 - 3 所示,其闭环传递函数为

$$\phi(s) = \frac{G(s)}{1 + G(s)H(s)} \qquad (4-1)$$

式中,$G(s)H(s)$ 为开环传递函数;$G(s)$ 为前向通道传递函数;$H(s)$ 为反馈通道传递函数,并将它们分别表示为

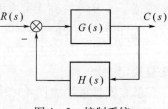

图 4 - 3 控制系统

82

$$G(s) = \frac{K_G(\tau_1 s + 1)(\tau_2^2 s^2 + 2\zeta_1 \tau_2 s + 1)\cdots}{s^v(T_1 s + 1)(T_2^2 s^2 + 2\zeta_2 T_2 s + 1)\cdots}$$

$$= K_G^* \frac{\prod\limits_{i=1}^{f}(s - z_i)}{\prod\limits_{i=1}^{q}(s - p_i)} \qquad (4-2)$$

式中,K_G 为前向通道增益;K_G^* 为前向通道根轨迹增益,它们之间有如下关系:

$$K_G^* = K_G \frac{\tau_1 \tau_2^2 \cdots}{T_1 T_2^2 \cdots} \qquad (4-3)$$

还有

$$H(s) = K_H^* \frac{\prod\limits_{j=1}^{l}(s - z_j)}{\prod\limits_{j=1}^{h}(s - p_j)} \qquad (4-4)$$

式中,K_H^* 为反馈通道根轨迹增益。于是,图 4-3 所示系统的开环传递函数可以表示为

$$G(s)H(s) = K^* \frac{\prod\limits_{i=1}^{f}(s - z_i) \prod\limits_{j=1}^{l}(s - z_j)}{\prod\limits_{i=1}^{q}(s - p_i) \prod\limits_{j=1}^{h}(s - p_j)} \qquad (4-5)$$

式中,$K^* = K_G^* K_H^*$,称为开环系统根轨迹增益;z_i、z_j 分别为前向通道和反馈通道传递函数的零点;p_i、p_j 分别为前向通道和反馈通道传递函数的极点。如果开环传递函数有 m 个零点和 n 个极点,且 $m \leqslant n$,则有关系式

$$\begin{cases} f + l = m \\ q + h = n \end{cases} \qquad (4-6)$$

把式(4-2)和式(4-5)代入式(4-1)中,可得图 4-3 所示系统的闭环传递函数为

$$\phi(s) = \frac{K_G^* \prod\limits_{i=1}^{f}(s - z_i) \prod\limits_{j=1}^{h}(s - p_j)}{\prod\limits_{i=1}^{q}(s - p_i) \prod\limits_{j=1}^{h}(s - p_j) + K^* \prod\limits_{i=1}^{f}(s - z_i) \prod\limits_{j=1}^{l}(s - z_j)}$$

$$= \frac{K_G^* \prod\limits_{i=1}^{f}(s - z_i) \prod\limits_{j=1}^{h}(s - p_j)}{\prod\limits_{i=1}^{n}(s - p_i) + K^* \prod\limits_{j=1}^{m}(s - z_j)} \qquad (4-7)$$

比较式(4-5)和式(4-7)可得如下结论:

(1)闭环系统的根轨迹增益等于系统前向通道的根轨迹增益,对于 $H(s) = 1$ 的单位反馈系统,闭环系统根轨迹增益就等于开环系统根轨迹增益。

（2）闭环系统的零点由前向通道传递函数的零点和反馈通道传递函数的极点组成，对于 $H(s)=1$ 的单位反馈系统，闭环系统的零点就是开环系统的零点。

（3）闭环系统的极点与开环系统的零、极点以及开环根轨迹增益 K^* 均有关。

根轨迹法的基本任务就是：已知开环零、极点分布和开环根轨迹增益的情况下，如何通过图解法求出闭环极点。一旦闭环极点确定了，再通过式（4 - 7）可以直接得到闭环零点，于是很容易得出闭环传递函数。在已知闭环传递函数的情况下，就可以通过拉氏反变换求出闭环系统的时间响应。

4.1.3 根轨迹方程

根轨迹是系统所有闭环极点的集合。为了用图解法确定所有闭环极点，由图 4 - 3 所示闭环系统的传递函数式（4 - 1）可得闭环特征方程为

$$1 + G(s)H(s) = 0 \tag{4-8}$$

也即

$$G(s)H(s) = -1 \tag{4-9}$$

闭环极点就是闭环特征方程的解，也称为特征根。若要求开环传递函数中某个参数从零变到无穷大时所有闭环极点，则需要求解特征方程（4 - 9）。通常称特征方程（4 - 9）为根轨迹方程。

由式（4 - 7）可知，当系统有 m 个开环零点和 n 个开环极点时，式（4 - 9）可以等价为

$$G(s)H(s) = K^* \frac{\displaystyle\prod_{j=1}^{m}(s - z_j)}{\displaystyle\prod_{i=1}^{n}(s - p_i)} = -1 \tag{4-10}$$

式中，K^* 为开环根轨迹增益；z_j、p_i 分别为开环零点、开环极点；$G(s)H(s)$ 为系统的开环传递函数，该式已明确展示出开环传递函数与闭环极点的关系。

根据式（4 - 10），可以画出当 K^* 从零变到无穷大时，系统的连续根轨迹。只要闭环特征方程可以转化成式（4 - 10）的形式，都可以绘制根轨迹，其中变化的参数也可以是系统其他变化的参数，并不限定为 K^*。如果绘制一个以上参数变化时的根轨迹图，则结果不再是简单的根轨迹，而是根轨迹簇。

很明显，式（4 - 10）是关于 s 的复数方程，因此，可将它分解为幅值方程和相角方程。
幅值方程为

$$\left| \frac{K^* \displaystyle\prod_{j=1}^{m}(s - z_j)}{\displaystyle\prod_{i=1}^{n}(s - p_i)} \right| = 1 \tag{4-11}$$

可见，幅值方程不但与开环零、极点有关，还与开环根轨迹增益有关。幅值方程是决定系统闭环根轨迹的必要条件。即：如果复平面上的一点 s 是根轨迹上的点，式（4 - 11）成立，并能求出对应的开环根轨迹增益 K^* 值；反之，如果复平面上任一点 s 满足模值方

程,该点却不一定是根轨迹上的点。

相角方程为

$$\sum_{j=1}^{m} \angle (s - z_j) - \sum_{i=1}^{n} \angle (s - p_i) = (2k + 1)\pi \qquad (4 - 12)$$

式中,$k = 0, \pm 1, \pm 2, \cdots$

可见,相角方程只与开环零、极点有关。相角方程是决定系统闭环根轨迹的充分必要条件。即:如果复平面上的一点 s 是根轨迹上的点,则式(4 - 12)就成立;反之,如果任找一点 s 使式(4 - 12)成立,则该点就一定在根轨迹上。这说明,绘制根轨迹时,只需要使用相角方程即可。在实际应用中一般是采用相角方程来绘制根轨迹,而用幅值方程来确定已知根轨迹上某一点的 K^* 值。

4.2 绘制根轨迹的基本法则

本节主要讨论手工绘制根轨迹概略图的基本法则。当需要精确的根轨迹时,可以采用计算机绘制根轨迹。下面讨论中,所研究的变化参数是开环根轨迹增益 K^*,当变化参数为其他参数时,只要进行适当变换,这些法则仍然适用。

1. 根轨迹的分支数

法则 1:根轨迹的分支数与开环传递函数的零点数 m 和极点数 n 中的大者相等。

由式(4 - 7)可得图 4 - 3 所示系统的闭环特征方程为

$$\prod_{i=1}^{n} (s - p_i) + K^* \prod_{j=1}^{m} (s - z_j) = 0 \qquad (4 - 13)$$

由根轨迹的定义可知,根轨迹是开环系统某一参数从零变到无穷时,闭环特征方程的根在 s 平面上的移动轨迹。因此,根轨迹的分支数一定与闭环特征方程的根的数目相等。由特征方程(4 - 13)可见,闭环特征方程根的数目就等于 m 和 n 中的大者,所以根轨迹的分支数一定与开环系统零、极点数中的大者相等。

2. 根轨迹的对称性和连续性

法则 2:根轨迹是对称于实轴且连续的曲线。

因为特征方程的根只有实根和共轭复根两种,而根轨迹是根的集合,所以根轨迹必对称于实轴。又因为特征方程(4 - 13)的根在开环零、极点已定的情况下,各根分别是 K^* 的连续函数,所以根轨迹是连续曲线。

3. 根轨迹的起点和终点

法则 3:根轨迹起于开环传递函数的极点(或起于无穷远),终于开环传递函数的零点(或终于无穷远)。

(1)起点。

根轨迹起于开环传递函数的极点。

根轨迹的起点是指根轨迹增益 $K^* = 0$ 时的根轨迹点。由式(4 - 13)可得,当 $K^* = 0$ 时,有

$$s = p_i, \quad i = 1, 2, \cdots, n$$

这说明 $K^* = 0$ 时,闭环特征方程的根就是开环传递函数的极点,所以根轨迹起于开环传递函数的极点。

(2) 终点。

根轨迹终于开环传递函数的零点。

根轨迹的终点是指根轨迹增益 $K^* \to \infty$ 时的根轨迹点。闭环特征方程(4-13)两边同时除以 K^*,可得如下形式

$$\frac{1}{K^*} \prod_{i=1}^{n} (s - p_i) + \prod_{j=1}^{m} (s - z_j) = 0, \quad K^* \neq 0$$

当 $K^* \to \infty$ 时,由上式可得

$$s = z_j, \quad j = 1, 2, \cdots, m$$

这说明 $K^* \to \infty$ 时,闭环特征方程的根就是开环传递函数的零点,所以根轨迹终于开环传递函数的零点。

(3) $n > m$ 时。

如果 $n > m$,当 $K^* \to \infty$ 时,则有 $n - m$ 条根轨迹的终点在无穷远处。

很明显,当 $s \to \infty$ 时,由式(4-13)的幅值关系可得

$$K^* = \lim_{s \to \infty} \frac{\prod_{i=1}^{n} |s - p_i|}{\prod_{j=1}^{m} |s - z_j|} = \lim_{s \to \infty} |s|^{n-m} \to \infty$$

(4) $n < m$ 时。

如果 $n < m$,当 $K^* = 0$ 时,则有 $m - n$ 条根轨迹的起点在无穷远处。

很明显,当 $s \to \infty$ 时,由式(4-13)的幅值关系可得

$$\frac{1}{K^*} = \lim_{s \to \infty} \frac{\prod_{j=1}^{m} |s - z_j|}{\prod_{i=1}^{n} |s - p_i|} = \lim_{s \to \infty} |s|^{m-n} \to \infty$$

4. 实轴上的根轨迹

法则4:实轴上的零、极点把实轴分成若干段,如果某段在其右边的开环零、极点个数之和为奇数,则该段必为根轨迹。

设某系统的开环零、极点分布如图4-4所示,图中,"×"表示系统开环极点,"。"表示系统开环零点。若实轴上某一点是根轨迹上的点,则它必满足相角方程(4-12)。

我们可以在实轴上任取一点 s_0 来验证相角方程,图中 $\varphi_j(j = 1, 2, 3)$ 为各开环零点到 s_0 点矢量的相角,$\theta_i(i = 1, 2, 3, 4)$ 为各开环极点到 s_0 点矢量的相角。

由相角方程(4-12)的左边等于

$$\sum_{j=1}^{3} \angle (s_0 - z_j) - \sum_{i=1}^{4} \angle (s_0 - p_i)$$

$$= \angle (s_0 - z_1) + \angle (s_0 - z_2) + \angle (s_0 - z_3) -$$

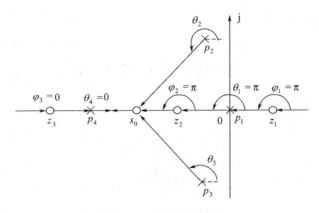

图 4-4　实轴上根轨迹

$$\angle(s_0 - p_1) - \angle(s_0 - p_2) - \angle(s_0 - p_3) - \angle(s_0 - p_4)$$

$$= [-\angle(s_0 - p_2) - \angle(s_0 - p_3)] + [\angle(s_0 - z_3) - \angle(s_0 - p_4)] +$$

$$[\angle(s_0 - z_1) + \angle(s_0 - z_2) - \angle(s_0 - p_1)]$$

下面分三种情况讨论：

（1）由图 4-4 可见，相角方程中，实轴以外复平面上的共轭复数极点（或零点）到 s_0 点矢量的相角代数和为零，即

$$-\angle(s_0 - p_2) - \angle(s_0 - p_3) = -\theta_2 - \theta_3 = 0$$

（2）由图 4-4 可见，相角方程中，点 s_0 左侧实轴上的开环零、极点到 s_0 点矢量的相角代数和为零，即

$$\angle(s_0 - z_3) - \angle(s_0 - p_4) = \varphi_3 - \theta_4 = 0$$

（3）由图 4-4 可见，相角方程中，点 s_0 右侧实轴上开环零、极点到 s_0 点矢量的相角代数和为

$$\angle(s_0 - z_1) + \angle(s_0 - z_2) - \angle(s_0 - p_1)$$

$$= \varphi_1 + \varphi_2 - \theta_1 = \pi + \pi - \pi = \pi$$

综上可得

$$\sum_{j=1}^{3} \angle(s_0 - z_j) - \sum_{i=1}^{4} \angle(s_0 - p_i) = \pi = (2k+1)\pi \quad (k = 0)$$

满足相角方程，则 s_0 点为根轨迹上的点。很明显，只要点 s_0 右侧实轴上开环零、极点的个数之和为奇数，就满足相角方程。

一般情况，设点 s_0 右侧有 l 个开环零点，h 个开环极点，则有关系式

$$\sum_{i=1}^{l} \angle(s_1 - z_i) - \sum_{i=1}^{h} \angle(s_1 - p_i) = (l - h)\pi$$

若满足相角条件必有关系式

$$(l - h)\pi = (2k+1)\pi$$

所以，$l - h$ 必为奇数，显然 $l + h$ 也为奇数。

5. 根轨迹的渐近线

法则 5：如果系统的开环极点数 n 大于开环零点数 m，则当开环根轨迹增益 K^* 从零变到无穷时，将有 $n-m$ 条根轨迹沿着与实轴交角为 φ_a、交点为 σ_a 的一组渐近线趋向无穷远处，且有

$$\varphi_a = \frac{(2k+1)\pi}{n-m}, \quad k = 0,1,2,\cdots,n-m-1 \tag{4-14}$$

$$\sigma_a = \frac{\sum_{i=1}^{n} p_i - \sum_{j=1}^{m} z_j}{n-m} \tag{4-15}$$

渐近线就是 s 值很大时的根轨迹，因此渐近线也一定对称于实轴。若知道趋向无穷远处各条根轨迹（渐近线），有助于绘制根轨迹的大致形状。将开环传递函数写成多项式的形式为

$$G(s)H(s) = \frac{K^* \prod_{j=1}^{m}(s-z_j)}{\prod_{i=1}^{n}(s-p_i)} = K^* \frac{s^m + b_1 s^{m-1} + \cdots + b_{m-1}s + b_m}{s^n + a_1 s^{n-1} + \cdots + a_{n-1}s + a_n} \tag{4-16}$$

又可转换为

$$G(s)H(s) = K^* \frac{s^m}{s^n} \frac{1 + b_1 s^{-1} + \cdots + b_{m-1}s^{-m+1} + b_m s^{-m}}{1 + a_1 s^{-1} + \cdots + a_{n-1}s^{-n+1} + a_n s^{-n}} \tag{4-17}$$

由根轨迹方程 (4-9) 可得

$$s^{n-m} \frac{1 + a_1 s^{-1} + \cdots + a_{n-1}s^{-n+1} + a_n s^{-n}}{1 + b_1 s^{-1} + \cdots + b_{m-1}s^{-m+1} + b_m s^{-m}} = -K^* \tag{4-18}$$

为方便求解，设 $x = \dfrac{1}{s}$，代入式 (4-18)，并两边开 $n-m$ 次方可得

$$\frac{1}{x}\left(\frac{1 + a_1 x + \cdots + a_{n-1}x^{n+1} + a_n x^n}{1 + b_1 x + \cdots + b_{m-1}x^{m-1} + b_m x^m}\right)^{\frac{1}{n-m}} = (-K^*)^{\frac{1}{n-m}} \tag{4-19}$$

将上式左边的第二个因子在 $x=0$ 处（即 $s \to \infty$）泰勒级数展开，并取前两项，可得

$$\left(\frac{1 + a_1 x + \cdots + a_{n-1}x^{n-1} + a_n x^n}{1 + b_1 x + \cdots + b_{m-1}x^{m-1} + b_m x^m}\right)^{\frac{1}{n-m}} = 1 + \frac{a_1 - b_1}{n-m}x \tag{4-20}$$

式中，$a_1 = -\sum_{i=1}^{n} p_i, b_1 = -\sum_{j=1}^{m} z_j$。

将式 (4-20) 代入式 (4-19)，并将式 (4-19) 写成模与相角形式，得

$$\frac{1}{x}\left(1 + \frac{a_1 - b_1}{n-m}x\right) = (-K^*)^{\frac{1}{n-m}} = (K^*)^{\frac{1}{n-m}}\mathrm{e}^{j\frac{2k+1}{n-m}\pi}, \quad k = 0,1,2,3,\cdots \tag{4-21}$$

上式又可转换为

$$\frac{1}{x} = -\frac{a_1 - b_1}{n - m} + (K^*)^{\frac{1}{n-m}} e^{j\frac{2k+1}{n-m}\pi} \qquad (4-22)$$

将 $\dfrac{1}{x} = s, a_1 = -\sum\limits_{i=1}^{n} p_i, b_1 = -\sum\limits_{j=1}^{m} z_j$ 代入上式可得

$$s = \frac{\sum\limits_{i=1}^{n} p_i - \sum\limits_{j=1}^{m} z_j}{n - m} + (K^*)^{\frac{1}{n-m}} e^{j\frac{2k+1}{n-m}\pi} \qquad (4-23)$$

若令

$$\varphi_a = \frac{(2k+1)\pi}{n-m}, \qquad \sigma_a = \frac{\sum\limits_{i=1}^{n} p_i - \sum\limits_{j=1}^{m} z_j}{n - m}$$

则式(4-23)可写成

$$s = \sigma_a + (K^*)^{\frac{1}{n-m}} e^{j\varphi_a} \qquad (4-24)$$

显然,上式就是根轨迹的渐近线方程。

6. 根轨迹的分离点和分离角

法则 6:l 条根轨迹分支相遇,其分离点坐标由 $\sum\limits_{j=1}^{m} \dfrac{1}{d - z_j} = \sum\limits_{i=1}^{n} \dfrac{1}{d - p_i}$ 确定,分离角等

于 $\dfrac{(2k+1)\pi}{l}$。

(1)分离点。

两条或两条以上根轨迹在 s 平面上相遇又立即分离的点称为根轨迹的分离点(或会合点)。分离点的坐标 d 可由下面方程求解

$$\sum_{j=1}^{m} \frac{1}{d - z_j} = \sum_{i=1}^{n} \frac{1}{d - p_i} \qquad (4-25)$$

式中,z_j 为各开环零点的数值;p_i 为各开环极点的数值。

如果开环系统无零点,则在分离方程(4-25)中,应取

$$\sum_{j=1}^{m} \frac{1}{d - z_j} = 0$$

此外,利用分离点方程(4-25),不仅可确定实轴上的分离点坐标 d,而且还可以确定复平面上的分离点坐标。

实质上,根轨迹的分离点坐标就是 K^* 为某一待定值时,闭环系统特征方程的实数等根或复数等根的数值。

因为根轨迹是对称的,所以根轨迹的分离点或位于实轴上,或以共轭形式成对出现在复平面中。

由根轨迹方程有

$$1 + K^* \frac{\prod\limits_{j=1}^{m} (s - z_j)}{\prod\limits_{i=1}^{n} (s - p_i)} = 0 \tag{4-26}$$

则闭环特征方程为

$$D(s) = \prod_{i=1}^{n} (s - p_i) + K^* \prod_{j=1}^{m} (s - z_j) = 0 \tag{4-27}$$

根轨迹在 s 平面上相遇,说明闭环系统特征方程有重根,设重根为 d,根据代数中重根条件可得

$$D(s) = \prod_{i=1}^{n} (s - p_i) + K^* \prod_{j=1}^{m} (s - z_j) = 0 \tag{4-28}$$

$$\dot{D}(s) = \frac{\mathrm{d}}{\mathrm{d}s} \Big[\prod_{i=1}^{n} (s - p_i) + K^* \prod_{j=1}^{m} (s - z_j) \Big] = 0 \tag{4-29}$$

即

$$\prod_{i=1}^{n} (s - p_i) = -K^* \prod_{j=1}^{m} (s - z_j) \tag{4-30}$$

$$\frac{\mathrm{d}}{\mathrm{d}s} \prod_{i=1}^{n} (s - p_i) = -K^* \frac{\mathrm{d}}{\mathrm{d}s} \prod_{j=1}^{m} (s - z_j) \tag{4-31}$$

将式(4-31)除以式(4-30)可得

$$\frac{\dfrac{\mathrm{d}}{\mathrm{d}s} \prod\limits_{i=1}^{n} (s - p_i)}{\prod\limits_{i=1}^{n} (s - p_i)} = \frac{\dfrac{\mathrm{d}}{\mathrm{d}s} \prod\limits_{j=1}^{m} (s - z_j)}{\prod\limits_{j=1}^{m} (s - z_j)} \tag{4-32}$$

根据求导公式,$(\ln y)' = \dfrac{y'}{y}$,上式可转换为

$$\frac{\mathrm{d} \ln \prod\limits_{i=1}^{n} (s - p_i)}{\mathrm{d}s} = \frac{\mathrm{d} \ln \prod\limits_{j=1}^{m} (s - z_j)}{\mathrm{d}s} \tag{4-33}$$

又因为

$$\ln \prod_{i=1}^{n} (s - p_i) = \sum_{i=1}^{n} \ln(s - p_i) \tag{4-34}$$

$$\ln \prod_{j=1}^{m} (s - z_j) = \sum_{j=1}^{m} \ln(s - z_j) \tag{4-35}$$

将式(4-34)和式(4-35)代入式(4-33)得

$$\sum_{i=1}^{n} \frac{\mathrm{d} \ln(s - p_i)}{\mathrm{d}s} = \sum_{j=1}^{m} \frac{\mathrm{d} \ln(s - z_j)}{\mathrm{d}s} \tag{4-36}$$

再根据求导公式,$(\ln y)' = \dfrac{y'}{y}$,上式可转换为

$$\sum_{i=1}^{n} \frac{1}{s-p_i} = \sum_{j=1}^{m} \frac{1}{s-z_j} \qquad (4-37)$$

从上式中求出 s,即为分离点 d。

(2)分离角。

分离角为根轨迹进入分离点的切线方向与离开分离点的切线方向之间的夹角。当 l 条根轨迹分支进入并立即离开分离点时,分离角可由下式求出

$$\frac{(2k+1)\pi}{l} \qquad (4-38)$$

其中,$k = 0, 1, \cdots, l-1$。显然,$l = 2$ 时,分离角必为直角。

7. 根轨迹的起始角和终止角

法则 7:根轨迹离开开环复数极点处的切线与正实轴的夹角,称为起始角,以 θ_{p_i} 表示;根轨迹进入开环复数零点处的切线与正实轴的夹角,称为终止角,以 φ_{z_i} 表示。这些角度可按如下关系式求出

$$\theta_{p_i} = (2k+1)\pi + \left(\sum_{j=1}^{m} \varphi_{z_j p_i} - \sum_{\substack{j=1 \\ (j \neq i)}}^{n} \theta_{p_j p_i} \right), \quad k = 0, \pm 1, \pm 2, \cdots \qquad (4-39)$$

$$\varphi_{z_i} = (2k+1)\pi - \left(\sum_{\substack{j=1 \\ (j \neq i)}}^{m} \varphi_{z_j z_i} - \sum_{j=1}^{n} \theta_{p_j z_i} \right), \quad k = 0, \pm 1, \pm 2, \cdots \qquad (4-40)$$

设开环系统有 m 个零点和 n 个极点。在非常靠近待求起始角(或终止角)的复数极点(或复数零点)的根轨迹上,取一点 s_1。由于 s_1 无限接近于待求起始角的复数极点 p_i(或待求终止角的复数零点 z_i),因此,除 p_i(或 z_i)外,所有开环零、极点到 s_1 点的矢量相角 $\varphi_{z_j s_1}$ 和 $\theta_{p_j s_1}$,都可以用它们到 p_i(或 z_i)的矢量相角 $\varphi_{z_j p_i}$(或 $\varphi_{z_j z_i}$)和 $\theta_{p_j p_i}$(或 $\theta_{p_j z_i}$)来代替,而 p_i(或 z_i)到 s_1 点的矢量相角即为起始角 θ_{p_i}(或终止角 φ_{z_i})。根据 s_1 点必满足相角条件,则有

$$\sum_{j=1}^{m} \varphi_{z_j p_i} - \sum_{\substack{j=1 \\ (j \neq i)}}^{n} \theta_{p_j p_i} - \theta_{p_i} = -(2k+1)\pi \qquad (4-41)$$

$$\sum_{\substack{j=1 \\ (j \neq i)}}^{m} \varphi_{z_j z_i} + \varphi_{z_i} - \sum_{j=1}^{n} \theta_{p_j z_i} = (2k+1)\pi \qquad (4-42)$$

在根轨迹的相角方程中,$-(2k+1)\pi$ 和 $(2k+1)\pi$ 是等价的。上面两式简单移项后,即可得式(4-39)和式(4-40)。

8. 根轨迹与虚轴的交点

法则 8:求解根轨迹与虚轴的交点的方法。令 $s = j\omega$,代入闭环特征方程,得到

$$1 + G(j\omega)H(j\omega) = 0 \qquad (4-43)$$

令上面方程的实部和虚部分别为零,则有

$$\text{Re}[1 + G(j\omega)H(j\omega)] = 0 \qquad\qquad (4-44)$$

$$\text{Im}[1 + G(j\omega)H(j\omega)] = 0 \qquad\qquad (4-45)$$

解上述两个方程,可以求出根轨迹与虚轴交点处的 K^* 值和 ω 值。

根轨迹与虚轴的交点是系统稳定和不稳定的分界点,在应用根轨迹法对控制系统进行分析和设计过程中,常常需要求得这一交点和相应的 K^* 值。

9. 根之和

法则 9:设开环系统有 m 个零点和 n 个极点,当 $n > m$ 时,闭环特征方程可以表示为不同的形式为

$$\prod_{i=1}^{n}(s - p_i) + K^* \prod_{j=1}^{m}(s - z_j) = s^n + a_1 s^{n-1} + \cdots + a_{n-1}s + a_n$$

$$\prod_{i=1}^{n}(s - s_i) = s^n + \left(-\sum_{i=1}^{n} s_i\right)s^{n-1} + \cdots + \prod_{i=1}^{n}(-s_i) = 0$$

式中,s_i 为闭环特征根。

当 $n - m \geqslant 2$ 时,特征方程第二项系数与 K^* 无关,无论 K^* 取何值,闭环特征方程的 n 个根之和等于开环 n 个极点之和,即

$$\sum_{i=1}^{n} s_i = \sum_{i=1}^{n} p_i \qquad\qquad (4-46)$$

在开环极点确定的情况下,这是一个不变的常数。所以,当开环增益增大时,若闭环某些根在平面上向左移动,则另一部分根必向右移动。该性质常被用于判断根轨迹的走向。

例 4 - 1 已知系统的开环传递函数为

$$G(s)H(s) = \frac{K^*(s+4)}{(s^2+9)(s+6)}$$

试绘制 K^* 由零变化到无穷大时,闭环系统的概略根轨迹图。

解:按下述步骤绘制概略根轨迹:

(1) 确定根轨迹起点和终点。根轨迹的起点为 $p_1 = 3j$,$p_2 = -3j$,$p_3 = -6$;根轨迹的终点为 $z_1 = -4$ 或无穷远。

(2) 确定实轴上的根轨迹。实轴上的根轨迹段为 $p_3 \sim z_1$,即 $[-6, -4]$。

(3) 确定根轨迹的渐近线。由于 $n - m = 3 - 1 = 2$,故有 2 条根轨迹渐近线。
渐近线与实轴夹角:

$$\varphi_a = \frac{(2k+1)\pi}{n-m} = \frac{(2k+1)\pi}{2}, \quad \varphi_a = \frac{\pi}{2} \ (k=0), \quad \varphi_a = \frac{3\pi}{2} \ (k=1)$$

渐近线与实轴的交点:

$$\sigma_a = \frac{\sum_{i=1}^{n} p_i - \sum_{j=1}^{m} z_j}{n-m} = \frac{(3j - 3j - 6) - (-4)}{2} = -1$$

(4) 确定起始角。极点 p_1、p_2 的起始角是上下对称的,只需求一个即可。

起始角，$\theta_{p_i} = (2k + 1)\pi + \left(\sum\limits_{j=1}^{m} \varphi_{z_j p_i} - \sum\limits_{\substack{j=1 \\ (j \neq i)}}^{n} \theta_{p_j p_i} \right)$，则

$$\theta_{p_1} = (2k + 1)\pi + \varphi_{z_1 p_1} - (\theta_{p_2 p_1} + \theta_{p_3 p_1})$$

其中　　　　$\varphi_{z_1 p_1} = \arctan \dfrac{3}{4}, \theta_{p_2 p_1} = \dfrac{\pi}{2}, \theta_{p_3 p_1} = \arctan \dfrac{3}{6} = \arctan \dfrac{1}{2}$

所以　　　　$\theta_{p_1} = (2k + 1)\pi + \arctan \dfrac{3}{4} - \left(\dfrac{\pi}{2} + \arctan \dfrac{1}{2} \right)$

可得　$\theta_{p_1} = 100.3°$　（$k = 0$）

整个系统的概略根轨迹如图 4 - 5 所示。

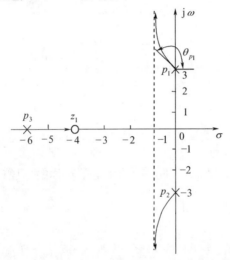

图 4 - 5　例 4 - 1 系统的概略根轨迹图

例 4 - 2　已知系统的开环传递函数为

$$G(s)H(s) = \frac{K^*}{s(s + 5)(s^2 + 4s + 7)}$$

试绘制 K^* 由零变化到无穷大时，闭环系统的概略根轨迹图。

解：按下述步骤绘制概略根轨迹：

（1）确定根轨迹起点和终点。根轨迹的起点为 $p_1 = 0, p_2 = -5, p_3 = -2 + \sqrt{3}\text{j}$，$p_3 = -2 - \sqrt{3}\text{j}$；根轨迹的终点为无穷远。

（2）确定实轴上的根轨迹。实轴上的根轨迹段为 $p_2 \sim p_1$，即 [$-5, 0$]。

（3）确定根轨迹的渐近线。由于 $n - m = 4 - 0 = 4$，故有 4 条根轨迹渐近线。

渐近线与实轴夹角：

$$\varphi_a = \frac{(2k + 1)\pi}{n - m} = \frac{(2k + 1)\pi}{4}$$

$$\varphi_a = \pm \frac{\pi}{4} \quad (k = 0, k = -1), \quad \varphi_a = \pm \frac{3\pi}{4} \quad (k = 1, k = -2)$$

渐近线与实轴的交点：

$$\sigma_a = \frac{\displaystyle\sum_{i=1}^{n} p_i - \sum_{j=1}^{m} z_j}{n - m} = \frac{(0 - 5 - 2 + \sqrt{3}\mathrm{j} - 2 - \sqrt{3}\mathrm{j}) - 0}{4} = -2.25$$

（4）确定分离点和分离角。分离点坐标由下面方程求解：

$$\sum_{j=1}^{m} \frac{1}{d - z_j} = \sum_{i=1}^{n} \frac{1}{d - p_i}$$

由于本例没有零点，则有

$$\sum_{i=1}^{n} \frac{1}{d - p_i} = 0$$

于是分离点方程为

$$\frac{1}{d} + \frac{1}{d + 5} + \frac{1}{d + 2 - \sqrt{3}\mathrm{j}} + \frac{1}{d + 2 + \sqrt{3}\mathrm{j}} = 0$$

用试探法算出 $d \approx -3.8$

分离角为 $\qquad \dfrac{(2k + 1)\pi}{l} = \dfrac{(2k + 1)\pi}{2} = 90° \quad (k = 0)$

（5）确定起始角。极点 p_3、p_4 的起始角是上下对称的，只需求一个即可。

起始角 $\theta_{p_i} = (2k + 1)\pi + \left(\displaystyle\sum_{j=1}^{m} \varphi_{z_j p_i} - \sum_{\substack{j=1 \\ (j \neq i)}}^{n} \theta_{p_j p_i} \right)$，则

$$\theta_{p_3} = (2k + 1)\pi - (\theta_{p_1 p_3} + \theta_{p_2 p_3} + \theta_{p_4 p_3})$$

其中 $\qquad \theta_{p_1 p_3} = \dfrac{\pi}{2} + \arctan\dfrac{2}{\sqrt{3}}, \theta_{p_2 p_3} = \arctan\dfrac{\sqrt{3}}{3}, \theta_{p_4 p_3} = \dfrac{\pi}{2}$

所以 $\qquad \theta_{p_3} = (2k + 1)\pi - \left(\dfrac{\pi}{2} + \arctan\dfrac{2}{\sqrt{3}} + \arctan\dfrac{\sqrt{3}}{3} + \dfrac{\pi}{2} \right)$

可得 $\qquad \theta_{p_3} = -79.1° \quad (k = 0)$

（6）确定根轨迹与虚轴交点。系统闭环特征方程为

$$1 + G(s)H(s) = \frac{s(s + 5)(s^2 + 4s + 7) + K^*}{s(s + 5)(s^2 + 4s + 7)} = 0$$

可得 $\qquad s(s + 5)(s^2 + 4s + 7) + K^* = 0$

即 $\qquad s^4 + 9s^3 + 27s^2 + 35s + K^* = 0$

将 $\qquad s = \mathrm{j}\omega$ 代入得，$(\omega^4 - 27\omega^2 + K^*) + (-9\omega^3 + 35\omega)\mathrm{j} = 0$

即 $\qquad \begin{cases} \omega^4 - 27\omega^2 + K^* = 0 \\ -9\omega^3 + 35\omega = 0 \end{cases}$

解得 $\qquad \begin{cases} K^* = 0 & \omega_1 = 0 \\ K^* = 89.88 & \omega_{2,3} = \pm 1.97 \end{cases}$

整个系统的概略根轨迹如图4-6所示。

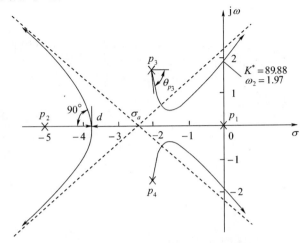

图4-6 例4-2系统的概略根轨迹图

4.3 广义根轨迹

在控制系统中,除变化参数为根轨迹增益 K^* 以外,其他情形下的根轨迹统称为广义根轨迹。

4.3.1 参数根轨迹

为区分常规根轨迹,称以非开环增益为可变参数绘制的根轨迹为参数根轨迹。绘制参数根轨迹的方法与上述绘制常规根轨迹的法则完全相同,但必须先做以下变换后才能应用上述常规根轨迹的绘制法则。

设系统的闭环特征方程为

$$1 + G(s)H(s) = 0 \qquad (4-47)$$

将方程(4-47)中不含可变参数的各项除方程两边,经整理可得等效开环传递函数

$$G_1(s)H_1(s) = T\frac{P(s)}{Q(s)} \qquad (4-48)$$

其中,T 为除 K^* 外,系统任意的变化参数,而 $P(s)$ 和 $Q(s)$ 为两个与 T 无关的首一多项式。

利用式(4-48)绘制的根轨迹就是参数 T 变化时的参数根轨迹。需要指出的是,等效开环传递函数的所谓"等效"的含义仅表示闭环极点相同,而闭环零点则一般不同。由于闭环零点对系统动态性能有影响,所以由闭环零、极点分布来分析和估算系统性能时,可以采用参数根轨迹上的闭环极点,但必须采用原来闭环系统的零点。

例4-3 已知系统的开环传递函数为

$$G(s)H(s) = \frac{10}{s(s+5+T)}$$

试绘制 T 由零变化到无穷大时,闭环系统的根轨迹图。

解：系统的闭环特征方程为

$$1 + G(s)H(s) = 1 + \frac{10}{s(s+5+T)} = 0$$

即

$$s^2 + 5s + 10 + Ts = 0$$

上述方程两边同时除以 $s^2 + 5s + 10$ 可得

$$1 + \frac{Ts}{s^2 + 5s + 10} = 0$$

则等效开环传递函数为

$$G_1(s)H_1(s) = \frac{Ts}{s^2 + s + 10}$$

再按下述常规根轨迹绘制步骤即可绘制出根轨迹:

（1）确定根轨迹起点和终点。根轨迹的起点为 $p_1 = \dfrac{-5 + \sqrt{15}\mathrm{j}}{2}$，$p_2 = \dfrac{-5 - \sqrt{15}\mathrm{j}}{2}$；根轨迹的终点为 $z_1 = 0$ 或无穷远。

（2）确定实轴上的根轨迹。实轴上的根轨迹段为 $(-\infty, 0]$。

（3）确定根轨迹的渐近线。由于 $n - m = 2 - 1 = 1$，故有 1 条根轨迹渐近线。

渐近线与实轴夹角:

$$\varphi_a = \frac{(2k+1)\pi}{n-m} = \frac{(2k+1)\pi}{1} = \pi \quad (k = 0)$$

渐近线与实轴的交点:

$$\sigma_a = \frac{\sum_{i=1}^{n} p_i - \sum_{j=1}^{m} z_j}{n - m} = \frac{\left(\dfrac{-5 + \sqrt{15}\mathrm{j}}{2} + \dfrac{-5 - \sqrt{15}\mathrm{j}}{2}\right) - 0}{1} = -5$$

（4）确定分离点和分离角。分离点坐标由下面方程求解:

$$\sum_{j=1}^{m} \frac{1}{d - z_j} = \sum_{i=1}^{n} \frac{1}{d - p_i}$$

则分离点方程为

$$\frac{1}{d} = \frac{1}{d - \dfrac{-5 + \sqrt{15}\mathrm{j}}{2}} + \frac{1}{d - \dfrac{-5 - \sqrt{15}\mathrm{j}}{2}}$$

可以解出 $d = \pm 3.33$，显然应取 $d = -3.33$。

分离角为

$$\frac{(2k+1)\pi}{l} = \frac{(2k+1)\pi}{2} = 90° \quad (k = 0)$$

对于此类有 2 个极点，1 个零点的情况，只要零点没有位于两个极点之间，则闭环根

96

轨迹的复数部分是以零点为圆心,以零点到分离点的距离为半径的一个圆或圆的一部分。这在数学上是可以严格证明的。因此,本例可以绘出系统的准确根轨迹。

整个系统的根轨迹如图4-7所示。

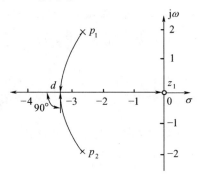

图4-7　例4-3系统的根轨迹图

4.3.2　正反馈系统的根轨迹

正反馈系统的闭环特征方程为

$$1 - G(s)H(s) = 0$$

其根轨迹方程为

$$G(s)H(s) = 1 \tag{4-49}$$

其幅值方程和负反馈系统相同,而相角方程为

$$\sum_{j=1}^{m} \angle(s - z_j) - \sum_{i=1}^{n} \angle(s - p_i) = 2k\pi, \quad k = 0, \pm 1, \pm 2, \cdots \tag{4-50}$$

因为相角条件为$0° + 2k\pi$,故称之为零度根轨迹;而常规根轨迹(负反馈系统的根轨迹)的相角条件满足$180° + 2k\pi$条件,所以被称为$180°$根轨迹。

在绘制零度根轨迹时,应调整的绘制法则有:

法则4:实轴上的根轨迹应改为:实轴上的零、极点把实轴分成若干段,如果某段在其右边的开环零、极点个数之和为偶数,则该段必为根轨迹。

法则5:渐近线的交角应改为

$$\varphi_a = \frac{2k\pi}{n - m}, \quad k = 0, 1, 2, \cdots, n - m - 1 \tag{4-51}$$

法则7:根轨迹的起始角和终止角应改为:起始角为其他零、极点到所求起始角复数极点的诸矢量相角之差,即

$$\theta_{p_i} = 2k\pi + \left(\sum_{j=1}^{m} \varphi_{z_j p_i} - \sum_{\substack{j=1 \\ (j \neq i)}}^{n} \theta_{p_j p_i} \right), \quad k = 0, \pm 1, \pm 2, \cdots \tag{4-52}$$

终止角为其他零、极点到所求终止角复数极点的诸矢量相角之差的负值,即

$$\varphi_{z_i} = 2k\pi - \left(\sum_{\substack{j=1 \\ (j \neq i)}}^{m} \varphi_{z_j z_i} - \sum_{j=1}^{n} \theta_{p_j z_i} \right), \quad k = 0, \pm 1, \pm 2, \cdots \tag{4-53}$$

4.3.3 非最小相位系统的根轨迹

如果系统的所有开环零点和极点都位于 s 左半平面,则称为最小相位系统。若系统有开环零点和(或)极点位于 s 右半平面,则称为非最小相位系统。前面介绍的绘制根轨迹法则对于最小相位系统都是适用的,而针对非最小相位系统的根轨迹绘制,则通常需要根据不同情况进行处理。

1. 常规根轨迹

有些非最小相位系统,其幅值方程和相角方程与最小相位系统相同,例如开环传递函数为 $\dfrac{K(\tau s+1)}{s(Ts-1)}$ 或 $\dfrac{K(\tau s-1)}{s(Ts+1)}$ 的一类负反馈系统,这类系统的根轨迹绘制法则与最小相位系统是一样的。

例如,已知负反馈系统的开环传递函数为 $G(s)H(s)=\dfrac{K^*(s+1)}{s(s-1)(s^2+4s+16)}$,试绘制系统的根轨迹图。很明显,开环传递函数的幅值方程和相角方程与最小相位系统相同,相角条件满足 $180°+2k\pi$ 条件,可以采用绘制 $180°$ 根轨迹的法则来绘制根轨迹图,也即采用常规根轨迹绘制法则来绘制根轨迹图。

2. 具有正反馈性质的根轨迹

有些非最小相位系统虽是负反馈结构,但其开环传递函数的分子或分母多项式中包含 s 最高次幂的系数为负的因子,使得 $G(s)H(s)$ 为负,从而使系统具有正反馈的性质,因此,可以采用绘制零度根轨迹的法则来绘制根轨迹图。

例如,已知负反馈系统的开环传递函数为 $G(s)H(s)=\dfrac{K(1-0.2s)}{s(s+2)}$,试绘制系统的根轨迹图。这里就可以先将开环传递函数转换为 $G(s)H(s)=\dfrac{-K^*(s-5)}{s(s+2)}$,其中 $K^*=0.2K$。接下来就可以采用绘制零度根轨迹的法则来绘制根轨迹图。

4.4 系统性能的分析

绘制系统根轨迹的目的是为了分析与综合控制系统。一方面,应用根轨迹法,可以迅速确定系统在某一开环增益或某一参数值下的闭环零、极点位置,从而得到相应的闭环传递函数。再利用拉氏反变换法求出系统的单位阶跃响应,从而得到系统的各项性能指标。另一方面,在系统初步设计过程中,可以通过根轨迹法得到的闭环零、极点去定性地分析系统的性能。

4.4.1 闭环零极点与时间响应

一旦用根轨迹法求出了闭环零点和极点,便可以写出系统的闭环传递函数,再利用拉氏反变换就可以得到系统的时间响应。

设 n 阶系统的闭环传递函数为

$$\phi(s) = \frac{C(s)}{R(s)} = \frac{K^* \displaystyle\prod_{j=1}^{m} (s - z_j)}{\displaystyle\prod_{i=1}^{n} (s - p_i)} \tag{4-54}$$

式中,z_j 为闭环传递函数的零点;p_i 为闭环传递函数的极点。

则其单位阶跃响应的拉氏变换为

$$C(s) = \frac{K^* \displaystyle\prod_{j=1}^{m} (s - z_j)}{\displaystyle\prod_{i=1}^{n} (s - p_i)} \frac{1}{s} \tag{4-55}$$

如果 $\phi(s)$ 中无重极点,则上式可分解成部分分式形式

$$C(s) = \frac{K^* \displaystyle\prod_{j=1}^{m} (s - z_j)}{\displaystyle\prod_{i=1}^{n} (s - p_i)} \frac{1}{s} = \frac{A_0}{s} + \frac{A_1}{s - p_1} + \cdots + \frac{A_n}{s - p_n} = \frac{A_0}{s} + \sum_{k=1}^{n} \frac{A_k}{s - p_k}$$

$$\tag{4-56}$$

式中

$$A_0 = \left. \frac{K^* \displaystyle\prod_{j=1}^{m} (s - z_j)}{\displaystyle\prod_{i=1}^{n} (s - p_i)} \right|_{s=0} = \frac{K^* \displaystyle\prod_{j=1}^{m} (- z_j)}{\displaystyle\prod_{i=1}^{n} (- p_i)} = \phi(0) \tag{4-57}$$

$$A_k = \left. \frac{K^* \displaystyle\prod_{j=1}^{m} (s - z_j)}{s \displaystyle\prod_{\substack{i=1 \\ i \neq k}}^{n} (s - p_i)} \right|_{s=p_k} = \frac{K^* \displaystyle\prod_{j=1}^{m} (p_k - z_j)}{p_k \displaystyle\prod_{\substack{i=1 \\ i \neq k}}^{n} (p_k - p_i)} \tag{4-58}$$

由拉氏反变换,可得系统的单位阶跃响应为

$$c(t) = A_0 + \sum_{k=1}^{n} A_k e^{p_k t} \tag{4-59}$$

从上式可以看出,系统的单位阶跃响应主要由闭环极点 p_k 和系数 A_k 决定,而系数 A_k 则由闭环零、极点共同确定。

接近虚轴且附近没有闭环零点的一些闭环极点(复数极点或实数极点)对系统的动态过程性能影响最大,起着主要的决定作用,被称为主导极点。

如果闭环零、极点相距很近,则这样的闭环零、极点常称为偶极子。如果偶极子不十分接近坐标原点,则它们对系统动态性能的影响就很小,可以忽略不计。这从式(4-58)也可以看出,当极点 p_k 与某零点 z_j 靠得很近时(即极点和零点形成偶极子时),它们之间的模值很小,则对应的 A_k 很小,$A_k e^{p_k t}$ 很小,故 $c(t)$ 中的这个分量一般可忽略不计。而如果偶极子十分接近原点,则它们对系统动态性能的影响必须考虑。但是,不论偶极子接近

坐标原点的程度如何,它们并不影响系统主导极点的地位。

工程上,如果闭环零、极点之间的距离比它们本身的模值小一个数量级,则这一对闭环零、极点就可以认为是偶极子。偶极子这个概念对控制系统的综合设计是非常有用的,可以通过有意识地在系统中加入适当的零点,以抵消对动态过程影响较大的不利的极点,从而使系统的动态性能得到改善。

在工程计算中,常采用主导极点代替系统全部闭环极点来估算系统性能指标的方法,称为主导极点法。具体做法如下:

(1)略去比主导极点距虚轴远6倍以上的闭环零、极点。在许多实际应用中,有时甚至略去比主导极点距虚轴远2~3倍的闭环零、极点。

(2)略去不十分接近原点的偶极子。

(3)选留的主导极点数一般应该大于选留的主导零点数。

通过这样的处理,工程实际中的绝大多数高阶系统,就可以简化为只有一两个闭环零点和两三个闭环极点的系统,因而可用比较简便的方法来估算高阶系统的性能。

需要指出的是,用主导极点代替全部闭环极点绘制系统时间响应曲线时,形状误差仅出现在曲线的起始段,而主要决定性能指标的曲线中、后段,其形状基本不变。此外,在略去偶极子和非主导零、极点的情况下,闭环系统的根轨迹增益常会发生改变,必须注意核算。

4.4.2 系统性能的定性分析

一个控制系统总是希望它的输出量尽可能地复现给定输入量,要求动态过程的快速性、平稳性要好一些。要达到这些要求,在采用根轨迹法分析或设计控制系统时,就需要了解闭环系统零、极点位置对时间响应性能的影响,并合理布置闭环系统的零、极点位置。

(1)稳定性。如果闭环极点全部位于 s 左半平面,则系统一定是稳定的,即稳定性只与闭环极点位置有关,而与闭环零点位置无关。

(2)运动形式。如果闭环系统无零点,且闭环极点均为实数极点,则时间响应一定是单调的;如果闭环极点均为复数极点,则时间响应一般是振荡的。

(3)实数零、极点影响。零点减小系统阻尼,使峰值时间提前,超调量增大;极点增大系统阻尼,使峰值时间滞后,超调量减小。它们的作用,随着其本身接近坐标原点的程度而加强。

(4)偶极子的处理。远离原点的偶极子,其影响可忽略;接近原点的偶极子,其影响必须考虑。

(5)主导极点。高阶系统常采用主导极点法分析系统,凡比主导极点的实部大3~6倍以上的其他闭环零、极点,其影响均可忽略。

(6)如要求系统快速性好,则一方面应使阶跃响应式(4-59)中的每个分量 $e^{p_k t}$ 衰减得快,也即闭环极点应远离虚轴;另一方面要求动态过程尽快消失,则需要系数 A_k 小,对应的动态分量 $A_k e^{p_k t}$ 就小,由式(4-58)可知,应使其分母大,分子小,从而看出,闭环极点之间的间距 $p_k - p_i$ 要大,零点 z_j 应靠近极点 p_k。

(7)如要求系统平稳性好,则复数极点最好设置在 s 平面中与负实轴成 ±45°夹角线附近。因为由二阶系统的分析可知,共轭复数极点位于 ±45°线上时,对应的阻尼比 $\zeta =$

100

0.707 为最佳阻尼比,这时系统的平稳性与快速性都较理想。如超过 45°线,则阻尼比减小,振荡性加剧。

此外,应使系统的某一零点尽量靠近离虚轴最近的极点。因为离虚轴最近的极点所对应的动态分量 $A_k \mathrm{e}^{p_k t}$ 衰减最慢,对系统的动态过程起着决定作用,如能使某一零点靠近甚至等于极点 p_k,则系数 A_k 的值将会很小甚至等于零,该 $A_k \mathrm{e}^{p_k t}$ 分量对动态过程的影响就可忽略不计,从而对动态过程起决定作用的极点让位于离虚轴次近的极点,使系统的快速性有所提高。

习　题

4-1　设单位反馈控制系统的开环传递函数为

$$G(s) = \frac{K^*}{s+1}$$

试用解析法绘出 K^* 从零变到无穷大时的闭环根轨迹图,并判断点 $(-2+\mathrm{j}0)$,$(0+\mathrm{j}1)$,$(-3+\mathrm{j}2)$ 是否在根轨迹上。

4-2　设单位反馈控制系统的开环传递函数为

$$G(s) = \frac{K(3s+1)}{s(2s+1)}$$

试用解析法绘出 K 从零变到无穷大时的闭环根轨迹图。

4-3　设单位反馈控制系统的开环传递函数如下,试概略绘出相应的闭环根轨迹图。

(1) $G(s) = \dfrac{K}{s(0.2s+1)(0.5s+1)}$

(2) $G(s) = \dfrac{K^*(s+5)}{s(s+2)(s+3)}$

(3) $G(s) = \dfrac{K^*(s+2)}{(s+1+\mathrm{j}2)(s+1-\mathrm{j}2)}$

(4) $G(s) = \dfrac{K^*}{s(s+1)(s+3.5)(s+3+\mathrm{j}2)(s+3-\mathrm{j}2)}$

4-4　设单位反馈控制系统的开环传递函数为

$$G(s) = \frac{K^*(s+2)}{s(s+1)}$$

试证明:复数根轨迹部分是以 $(-2,\mathrm{j}0)$ 为圆心,以 $\sqrt{2}$ 为半径的一个圆。

4-5　设单位负反馈系统的开环传递函数为

$$G(s) = \frac{K(0.25s+1)}{(s^2+1)(0.2s+1)}$$

试概略绘出 K 由零变到无穷大时,闭环系统的根轨迹图。

4-6　已知开环传递函数为

$$G(s)H(s) = \frac{K^*}{s(s+4)(s^2+4s+20)}$$

试概略绘出闭环系统的根轨迹图。

4-7 已知单位反馈控制系统的开环传递函数为

$$G(s) = \frac{K}{s(0.01s+1)(0.02s+1)}$$

(1) 绘出系统的根轨迹图;

(2) 确定系统的临界稳定开环增益;

(3) 确定与系统临界阻尼比相应的开环增益。

4-8 设反馈控制系统中

$$G(s) = \frac{K^*}{s^2(s+2)(s+5)}, \quad H(s) = 1$$

(1) 试概略绘出闭环系统根轨迹图,并判断闭环系统的稳定性;

(2) 如果改变反馈通道传递函数,使 $H(s) = 2s+1$,试判断 $H(s)$ 改变后的系统稳定性,并研究由 $H(s)$ 改变所产生的效应。

4-9 设系统开环传递函数如下,试绘出 a 从零变到无穷大时闭环系统的根轨迹图。

(1) $G(s)H(s) = \dfrac{20}{(s+4)(s+a)}$

(2) $G(s)H(s) = \dfrac{30(s+a)}{s(s+10)}$

4-10 已知单位反馈系统的开环传递函数为

$$G(s) = \frac{K^*(1-s)}{s(s+2)}$$

试概略绘出闭环系统的根轨迹图,并求出使系统产生重实根和纯虚根的 K^* 值。

4-11 设控制系统的开环传递函数为

$$G(s) = \frac{K^*(s+1)}{s^2(s+2)(s+4)}$$

试分别绘出正反馈系统和负反馈系统的根轨迹图,并指出它们的稳定情况有何不同。

第 5 章　频率响应法

控制系统中的信号可以表示为不同频率正弦信号的合成。控制系统的频率特性反映正弦信号作用下系统响应的性能。应用频率特性研究线性系统的经典方法称为频率响应法。和其他方法相比,频率响应法具有如下特点:

(1) 频率特性具有明确的物理意义,频率响应法可以通过实验方法进行研究,这正是频率响应法的优点,因为它提供了一个用实验确定元部件或系统数学模型的方法。

(2) 频率响应法可用多种图形曲线表示,可用图解法来分析系统,具有形象直观的特点。

(3) 控制系统的频域设计可以兼顾动态响应和噪声抑制两方面的要求。

(4) 频率响应法不仅适用于线性定常系统的分析研究,还可推广应用到某些非线性系统。

本章介绍频率特性的基本概念和频率特性曲线的绘制方法,研究频率域稳定判据和频率特性与性能指标之间的关系。

5.1　频率特性的基本概念

5.1.1　正弦信号作用下的稳态响应

正弦信号作用下的稳态响应,也称为频率响应。

设 n 阶线性定常系统的传递函数为

$$G(s) = \frac{C(s)}{R(s)} = \frac{b_0 s^m + b_1 s^{m-1} \cdots + b_m}{s^n + a_1 s^{n-1} + \cdots + a_n} = \frac{b_0 s^m + b_1 s^{m-1} \cdots + b_m}{(s-s_1)(s-s_2)\cdots(s-s_n)} \quad (5-1)$$

其中, $s_1, s_2, \cdots, s_n$ 为 n 个不等的实数极点。

设系统输入正弦信号为

$$r(t) = A_r \sin\omega t$$

其中, A_r 为正弦输入的幅值; ω 为正弦输入的频率。

由式(5-1)可得

$$C(s) = G(s)R(s) = \frac{b_0 s^m + b_1 s^{m-1} \cdots + b_m}{(s-s_1)(s-s_2)\cdots(s-s_n)} \frac{A_r \omega}{s^2 + \omega^2}$$

$$= \frac{B_1}{s-s_1} + \frac{B_2}{s-s_2} + \cdots + \frac{B_n}{s-s_n} + \frac{M}{s+j\omega} + \frac{N}{s-j\omega}$$

$$= \sum_{i=1}^{n} \frac{B_i}{s - s_i} + \frac{M}{s + j\omega} + \frac{N}{s - j\omega} \qquad (5-2)$$

其中，B_i 和 M、N 均为待定系数，也称为 $C(s)$ 在极点 s_i 和 $-j\omega$、$j\omega$ 处的留数。

对式(5-2)进行拉氏反变换可得系统的时间响应为

$$c(t) = \sum_{i=1}^{n} B_i \mathrm{e}^{s_i t} + (M\mathrm{e}^{-j\omega t} + N\mathrm{e}^{j\omega t}) = c_t(t) + c_s(t) \qquad (5-3)$$

式(5-3)第一项 $c_t(t)$ 为系统的动态分量，对于稳定的系统，其特征根 s_i 均具有负实部，所以 $\lim\limits_{t \to \infty} c_t(t) = \lim\limits_{t \to \infty} \sum_{i=1}^{n} B_i \mathrm{e}^{s_i t} = 0$，即 $c_t(t)$ 随着时间 t 趋于无穷而最后趋于零；

式(5-3)第二项 $c_s(t)$ 为系统的稳态分量。

$$c_s(t) = M\mathrm{e}^{-j\omega t} + N\mathrm{e}^{j\omega t} \qquad (5-4)$$

因为 M、N 为 $C(s)$ 在极点 $-j\omega$、$j\omega$ 处的留数，则有

$$M = \lim_{s \to -j\omega} (s + j\omega)C(s) = \lim_{s \to -j\omega} G(s) \frac{A_r \omega}{s^2 + \omega^2}(s + j\omega)$$

$$= \lim_{s \to -j\omega} G(s) \frac{A_r \omega}{s - j\omega} = G(-j\omega) \frac{A_r}{-2j}$$

$$N = \lim_{s \to j\omega} (s - j\omega)C(s) = \lim_{s \to -j\omega} G(s) \frac{A_r \omega}{s^2 + \omega^2}(s - j\omega)$$

$$= \lim_{s \to j\omega} G(s) \frac{A_r \omega}{s + j\omega} = G(j\omega) \frac{A_r}{2j}$$

又因为

$$G(j\omega) = |G(j\omega)| \angle G(j\omega) = |G(j\omega)| \mathrm{e}^{j\angle G(j\omega)} \qquad (5-5)$$

其中，$G(j\omega)$ 为所谓的正弦传递函数，它和传递函数 $G(s)$ 具有直接关系，实际上令 $s = j\omega$，则两者等价，显然 $G(j\omega)$ 为复变函数，$|G(j\omega)|$ 为复变函数 $G(j\omega)$ 的幅值，$\angle G(j\omega)$ 为复变函数 $G(j\omega)$ 的相位。

则有

$$M = G(-j\omega) \frac{A_r}{-2j} = |G(j\omega)| \mathrm{e}^{-j\angle G(j\omega)} A_r \frac{1}{-2j}$$

$$= \frac{|G(j\omega)|}{2} A_r \mathrm{e}^{-j\left[\angle G(j\omega) - \frac{\pi}{2}\right]}$$

$$N = G(j\omega) \frac{A_r}{2j} = |G(j\omega)| \mathrm{e}^{j\angle G(j\omega)} A_r \frac{1}{-2j}$$

$$= \frac{|G(j\omega)|}{2} A_r \mathrm{e}^{j\left[\angle G(j\omega) - \frac{\pi}{2}\right]}$$

将式(5-6)和式(5-7)代入式(5-4)可得正弦信号作用下的稳态响应为

$$c_s(t) = \frac{|G(j\omega)|}{2} A_r \left(e^{-j\left[\omega t + \angle G(j\omega) - \frac{\pi}{2}\right]} + e^{j\left[\omega t + \angle G(j\omega) - \frac{\pi}{2}\right]} \right)$$

$$= |G(j\omega)| A_r \cos\left[\omega t + \angle G(j\omega) - \frac{\pi}{2}\right] \qquad (5-6)$$

$$= |G(j\omega)| A_r \sin\left[\omega t + \angle G(j\omega)\right]$$

可知，$|G(j\omega)|A_r$ 为稳态输出的幅值；$\omega t + \angle G(j\omega)$ 为稳态输出的相位。

与输入信号 $r(t) = A_r \sin\omega t$ 对比可以看出，稳态输出也是正弦信号，且与输入频率相同，只是幅值和相位不同；输出幅值与输入幅值之比为 $|G(j\omega)|$，输出相位与输入相位之差为 $\angle G(j\omega)$。

5.1.2 频率特性的定义

线性定常系统在正弦信号 $A_r\sin(\omega t + \varphi_r)$ 作用下，其稳态输出为同频率的正弦信号 $A_c\sin(\omega t + \varphi_c)$，则将稳态输出幅值与输入幅值之比 $\left(即 \dfrac{A_c}{A_r}\right)$ 定义为幅频特性，用 $A(\omega)$ 表示；将稳态输出的相位与输入相位之差（即 $(\omega t + \varphi_c) - (\omega t + \varphi_r) = \varphi_c - \varphi_r$）定义为相频特性，用 $\varphi(\omega)$ 表示；幅频特性和相频特性统称为频率特性或频率响应。

如果系统的传递函数为 $G(s)$，令 $s = j\omega$，则正弦传递函数 $G(j\omega)$ 即为系统的频率特性，则有

$$A(\omega) = \frac{A_c}{A_r} = |G(j\omega)| \qquad (5-7)$$

$$\varphi(\omega) = \varphi_c - \varphi_r = \angle G(j\omega) \qquad (5-8)$$

由于有

$$G(j\omega) = G(s)\big|_{s=j\omega} = \frac{C(j\omega)}{R(j\omega)} \qquad (5-9)$$

由此可知，稳定系统的频率特性等于输出和输入的傅里叶变换之比，这也正是频率特性的物理意义。

由于频率特性 $G(j\omega)$ 是复变函数，其在复平面上的矢量如图 5-1 所示，因此，$G(j\omega)$ 可以用以下四种形式的解析式表示。

幅频 - 相频形式：

$$G(j\omega) = |G(j\omega)|\angle G(j\omega) = A(\omega)\angle\varphi(\omega)$$

指数形式：

$$G(j\omega) = |G(j\omega)|e^{j\angle G(j\omega)} = A(\omega)e^{j\varphi(\omega)}$$

三角函数形式：

$$G(j\omega) = A(\omega)\cos\varphi(\omega) + jA(\omega)\sin\varphi(\omega)$$

实频 - 虚频形式：

$$G(j\omega) = R[G(j\omega)] + j\text{Im}[G(j\omega)] = P(\omega) + jQ(\omega)$$

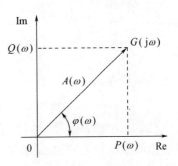

图 5-1　$G(j\omega)$ 的矢量图

需要指出的是,前面在推导频率特性时,是假定系统稳定的条件下导出的。如果系统不稳定,则不能由实际系统直接观察到这种稳态响应。但从理论上推导动态过程时,它的稳态分量总是可以分离出来的,而且其规律性并不依赖于系统的稳定性。因此,频率特性的定义既可适用于稳定系统,也可适用于不稳定系统。稳定系统的频率特性可以用实验方法确定,即在系统的输入端施加不同频率的正弦信号,然后测量系统输出的稳态响应,再根据幅值比和相位差作出系统的频率特性曲线。对于不稳定系统,输出响应稳态分量中含有由系统传递函数的不稳定极点产生的呈发散或振荡发散的分量,所以不稳定系统的频率特性不能通过实验方法确定。

此外,频率特性不只是对系统而言,其概念对控制元件、部件、控制装置均适用;频率特性只适用于线性定常模型,否则不能用拉氏变换求解,也不存在这种稳态对应关系;频率特性与微分方程和传递函数一样,也表征了系统的运动规律,成为系统频域分析的理论依据。

例 5 - 1 RC 滤波网络如图 5 - 2 所示,其中 $R = 100\text{k}\Omega, C = 4.7\mu\text{F}$。

(1)试求该滤波网络的幅频特性和相频特性;

(2)当输入为 $u_i(t) = \sin(2t + 45°)$ 时,求系统的稳态输出。

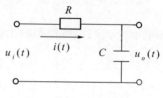

图 5 - 2 RC 滤波网络

解:(1)先采用复阻抗法求出系统的传递函数,由电学规律可得

$$\begin{cases} U_i(s) = I(s)\left(R + \dfrac{1}{Cs}\right) \\ U_o(s) = I(s)\dfrac{1}{Cs} \end{cases}$$

则可得系统的传递函数为

$$G(s) = \frac{U_o(s)}{U_i(s)} = \frac{1}{RCs + 1} = \frac{1}{100 \times 10^3 \times 4.7 \times 10^{-6}s + 1} = \frac{1}{0.47s + 1}$$

令 $s = j\omega$,可得系统频率特性为

$$G(s)\big|_{s=j\omega} = G(j\omega) = \frac{1}{0.47j\omega + 1}$$

幅频特性为

$$A(\omega) = |G(j\omega)| = \frac{1}{\sqrt{0.22\omega^2 + 1}}$$

相频特性为

$$\varphi(\omega) = \angle G(j\omega) = -\arctan 0.47\omega$$

(2)系统输入信号为 $u_i(t) = \sin(2t + 45°), \omega = 2, A_r = 1, \varphi_r = 45°$

由频率特性可知,系统的稳态输出为同频率的正弦信号,即

$$u_o(t) = A_c \sin(2t + \varphi_c)$$

$$\frac{A_c}{A_r} = A(\omega)\big|_{\omega=2} = \frac{1}{\sqrt{0.22 \times 2^2 + 1}} = 0.53, \quad A_c = 0.53$$

$$\varphi_c - \varphi_r = \varphi(\omega)\big|_{\omega=2} = -\arctan(0.47 \times 2) = -43.2°, \quad \varphi_c = 1.8°$$

所以，$u_o(t) = 0.53\sin(2t + 1.8°)$。

5.2 奈 氏 图

5.2.1 奈氏图的定义

设系统的传递函数为 $G(s)$，则系统的频率特性 $G(j\omega)$ 在复平面上表示成实部和虚部的直角坐标系形式（即实频 – 虚频形式）为

$$G(j\omega) = P(\omega) + jQ(\omega) \tag{5 – 10}$$

也可以表示成幅值和相角的极坐标形式（即指数形式）为

$$G(j\omega) = \sqrt{P^2(\omega) + Q^2(\omega)}\, e^{j\varphi(\omega)} = |G(j\omega)|\, e^{j\varphi(\omega)} \tag{5 – 11}$$

其中，$\varphi(\omega) = \arctan\dfrac{Q(\omega)}{P(\omega)}$。

当输入信号的频率 ω 由 $0 \to \infty$ 变化时，矢量 $\boldsymbol{G}(j\omega)$ 的幅值和相位也随之作相应的变化，其端点在复平面上移动的轨迹称为奈奎斯特曲线，简称奈氏图，有些书上也称为极坐标图或幅相曲线。奈氏图是奈奎斯特在 1932 年论证反馈系统稳定性时提出来的。

由于幅频特性为 ω 的偶函数，相频特性为 ω 的奇函数，则 ω 从零变化到 $+\infty$ 和 ω 从零变化到 $-\infty$ 的奈氏图关于实轴对称，因此一般只绘制 ω 从零变化到 $+\infty$ 的奈氏图。在系统奈氏图中，一般用箭头标注 ω 增大时奈氏图的变化方向。

5.2.2 典型环节的奈氏图

1. 比例环节

比例环节的传递函数为

$$G(s) = K \tag{5 – 12}$$

频率特性为

$$\begin{cases} A(\omega) = K \\ \varphi(\omega) = 0° \end{cases} \tag{5 – 13}$$

其奈氏图为复平面实轴上的一个定点，如图 5 – 3(a) 所示。

2. 积分和微分环节

积分环节的传递函数为

$$G(s) = \frac{1}{s} \tag{5 – 14}$$

频率特性为

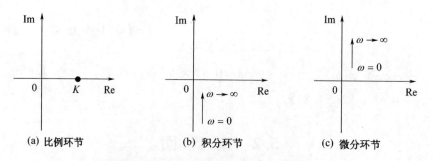

(a) 比例环节　　　　(b) 积分环节　　　　(c) 微分环节

图 5-3　比例、积分和微分环节的奈氏图

$$\begin{cases} A(\omega) = \dfrac{1}{\omega} \\ \varphi(\omega) = -90° \end{cases} \tag{5-15}$$

显然,其幅值与 ω 成反比,相角恒为 $-90°$,奈氏图如图 5-3(b)所示。

微分环节的传递函数为

$$G(s) = s \tag{5-16}$$

频率特性为

$$\begin{cases} A(\omega) = \omega \\ \varphi(\omega) = 90° \end{cases} \tag{5-17}$$

显然,其幅值与 ω 成正比,相角恒为 $90°$,奈氏图如图 5-3(c)所示。

3. 惯性环节和一阶微分环节

惯性环节的传递函数为

$$G(s) = \frac{1}{1 + Ts} \tag{5-18}$$

频率特性为

$$\begin{cases} A(\omega) = \dfrac{1}{\sqrt{1 + (T\omega)^2}} \\ \varphi(\omega) = -\arctan T\omega \end{cases} \tag{5-19}$$

由于　　　$G(\text{j}\omega) = \dfrac{1}{1 + (T\omega)^2} - \text{j}\dfrac{T\omega}{1 + (T\omega)^2} = P(\omega) + \text{j}Q(\omega)$

所以　　　$P^2(\omega) + Q^2(\omega) = \dfrac{1}{1 + (T\omega)^2} = P(\omega)$

上式配完全平方后为

$$\left[P(\omega) - \frac{1}{2} \right]^2 + Q^2(\omega) = \left(\frac{1}{2} \right)^2$$

显然,惯性环节的奈氏图为一个半圆,如图 5-4(a)所示。

一阶微分环节的传递函数为

108

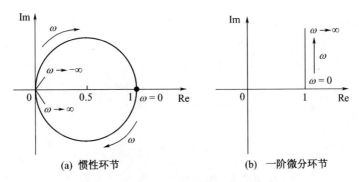

(a) 惯性环节   (b) 一阶微分环节

图 5 - 4   惯性环节和一阶微分环节的奈氏图

$$G(s) = 1 + Ts \tag{5-20}$$

频率特性为

$$\begin{cases} A(\omega) = \sqrt{1 + (T\omega)^2} \\ \varphi(\omega) = \arctan T\omega \end{cases} \tag{5-21}$$

其奈氏图如图 5 -4(b)所示。

4. 振荡环节和二阶微分环节

振荡环节的传递函数为

$$G(s) = \cfrac{1}{1 + 2\zeta \cfrac{s}{\omega_n} + \left(\cfrac{s}{\omega_n}\right)^2} \tag{5-22}$$

频率特性为

$$A(\omega) = \cfrac{1}{\sqrt{\left(1 - \cfrac{\omega^2}{\omega_n^2}\right)^2 + 4\zeta^2 \cfrac{\omega^2}{\omega_n^2}}} \tag{5-23}$$

$$\varphi(\omega) = \begin{cases} -\arctan \cfrac{2\zeta \cfrac{\omega}{\omega_n}}{1 - \cfrac{\omega^2}{\omega_n^2}}, & \omega \leqslant \omega_n \\[4ex] -180° - \arctan \cfrac{2\zeta \cfrac{\omega}{\omega_n}}{1 - \cfrac{\omega^2}{\omega_n^2}}, & \omega > \omega_n \end{cases} \tag{5-24}$$

振荡环节奈氏图的低频和高频部分分别为

$$\begin{cases} \omega = 0, A = 1, \varphi = 0° \\ \omega = \infty, A = 0, \varphi = -180° \end{cases}$$

当 ζ 值已知,可求得对应于不同 ω 值的 $A(\omega)$ 和 $\varphi(\omega)$ 值。振荡环节在不同 ζ 值时的

109

奈氏图如图 5-5 所示。当 $\omega = \omega_n$ 时,$A(\omega) = \dfrac{1}{2\zeta}$,$\varphi(\omega) = -90°$。

利用式(5-23),取 $\dfrac{\mathrm{d}\,|\,G(\mathrm{j}\omega)\,|}{\mathrm{d}\omega} = 0$,可得

$$\begin{cases} \omega_r = \omega_n \sqrt{1 - 2\zeta^2} \\ M_r = \dfrac{1}{2\zeta \sqrt{1 - \zeta^2}} \end{cases}$$

则当 $0 < \zeta < \dfrac{1}{\sqrt{2}}$,也即 $0 < \xi < 0.707$ 时,振荡环节出现谐振现象,如图 5-6 中 b 曲线。当 $\zeta \geqslant \dfrac{1}{\sqrt{2}}$ 时振荡环节不会出现谐振现象,$A(\omega)$ 最大值位于 $\omega = 0$ 处,幅频特性曲线是单调衰减的,如图 5-6 中 a 曲线。

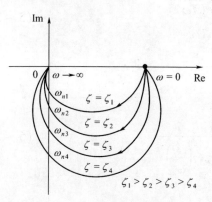

图 5-5　振荡环节的奈氏图

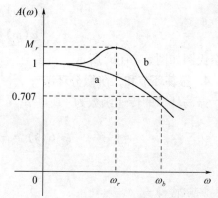

图 5-6　振荡环节的幅频特性

二阶微分环节的传递函数为

$$G(s) = 1 + 2\zeta \frac{s}{\omega_n} + \left(\frac{s}{\omega_n}\right)^2 \tag{5-25}$$

频率特性为

$$A(\omega) = \sqrt{\left(1 - \frac{\omega^2}{\omega_n^2}\right)^2 + \left(2\zeta \frac{\omega}{\omega_n}\right)^2} \tag{5-26}$$

$$\varphi(\omega) = \begin{cases} \arctan \dfrac{2\zeta \dfrac{\omega}{\omega_n}}{1 - \dfrac{\omega^2}{\omega_n^2}}, & \omega \leqslant \omega_n \\[4mm] 180° + \arctan \dfrac{2\zeta \dfrac{\omega}{\omega_n}}{1 - \dfrac{\omega^2}{\omega_n^2}}, & \omega > \omega_n \end{cases} \tag{5-27}$$

二阶微分环节的奈氏图如图 5-7 所示。

5. 延时环节

延时环节的传递函数为

$$G(s) = e^{-\tau s} \tag{5-28}$$

频率特性为

$$\begin{cases} A(\omega) = 1 \\ \varphi(\omega) = \tau\omega \end{cases} \tag{5-29}$$

显然,延迟环节的奈氏图为单位圆,其奈氏图如图5-8所示。

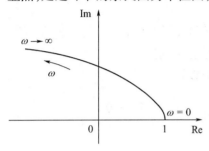

图5-7　二阶微分环节的奈氏图

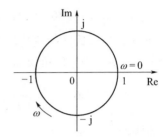

图5-8　延迟环节的奈氏图

5.2.3　开环奈氏图的绘制

如图5-9所示的典型控制系统,由于开环传递函数的分子分母多项式的系数皆为实数,所以可以将其分解成若干典型环节的串联形式为

$$G(s)H(s) = \prod_{i=1}^{N} G_i(s) \tag{5-30}$$

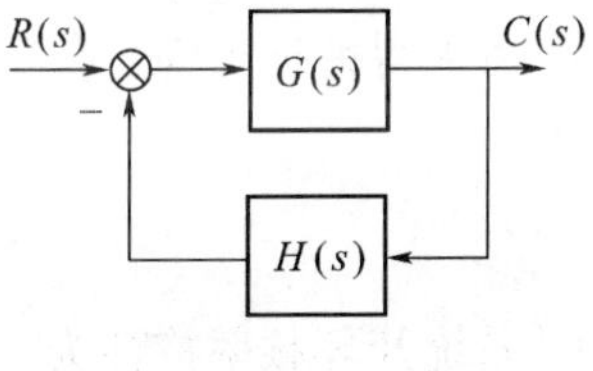

设典型环节的频率特性为

$$G_i(j\omega) = A_i(\omega) e^{j\varphi_i(\omega)} \tag{5-31}$$

图5-9　典型控制系统

则系统开环频率特性为

$$G(j\omega)H(j\omega) = \left[\prod_{i=1}^{N} A_i(\omega) \right] e^{j\left[\sum_{i=1}^{N} \varphi_i(\omega) \right]} \tag{5-32}$$

系统开环幅频特性和开环相频特性为

$$\begin{cases} A(\omega) = \prod_{i=1}^{N} A_i(\omega) \\ \varphi(\omega) = \sum_{i=1}^{N} \varphi_i(\omega) \end{cases} \tag{5-33}$$

显然,系统开环频率特性表现为组成开环系统的诸典型环节频率特性的合成。因此,利用典型环节的频率特性曲线可绘制开环系统的频率特性曲线。

根据系统开环频率特性的表达式可以通过取点、计算和作图绘制系统开环奈氏图。用奈氏图进行控制系统分析和设计时,通常不需要绘制出完整精确的奈氏图,只要概略绘制奈氏图。

工程上,概略绘制奈氏图的方法如下:

（1）确定开环奈氏图的起点（$\omega = 0$）和终点（$\omega \to \infty$）。

（2）确定开环奈氏图与实轴的交点。

设 $\omega = \omega_x$ 时，有 $G(j\omega_x)H(j\omega_x)$ 的虚部为

$$\text{Im}\big[G(j\omega_x)H(j\omega_x)\big] = 0 \tag{5-34}$$

或

$$\varphi(\omega_x) = \angle G(j\omega_x)H(j\omega_x) = k\pi, \quad k = 0, \pm 1, \pm 2, \cdots \tag{5-35}$$

则开环奈氏图与实轴交点的坐标值为

$$\text{Re}\big[G(j\omega_x)H(j\omega_x)\big] = G(j\omega_x)H(j\omega_x) \tag{5-36}$$

（3）确定开环奈氏图的变化趋势（即所在象限和单调性）。

例 5-2 某 0 型单位负反馈系统开环传递函数为

$$G(s) = \frac{K}{(T_1 s + 1)(T_2 s + 1)}, \quad K, T_1, T_2 > 0$$

试绘制系统概略开环奈氏图。

解：系统的幅频特性和相频特性为

$$A(\omega) = \frac{K}{\sqrt{(T_1\omega)^2 + 1}\,\sqrt{(T_2\omega)^2 + 1}}$$

$$\varphi(\omega) = -\arctan T_1\omega - \arctan T_2\omega$$

可求得特征点为

$$\begin{cases} \omega = 0, A = K, \varphi = 0° \\ \omega = \infty, A = 0, \varphi = -180° \end{cases}$$

系统开环频率特性为

$$G(j\omega) = \frac{K\big[1 - T_1 T_2 \omega^2 - j(T_1 + T_2)\omega\big]}{(1 + T_1^2\omega^2)(1 + T_2^2\omega^2)}$$

令 $\text{Im}G(j\omega_x) = 0$，可得 $\omega_x = 0$，即系统开环奈氏图除在 $\omega = 0$ 处外与实轴无交点。由于 $\text{Im}G(j\omega) \leqslant 0$，$\text{Re}G(j\omega)$ 可正可负，故系统奈氏图在第 IV 和第 III 象限内变化，系统概略开环奈氏图如图 5-10 所示。

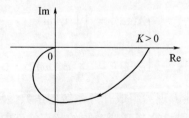

图 5-10　例 5-2 系统概略开环奈氏图

例 5-3 某系统开环传递函数为

$$G(s)H(s) = \frac{K}{s(T_1 s + 1)(T_2 s + 1)}, \quad K, T_1, T_2 > 0$$

试绘制系统概略开环奈氏图。

解：系统的幅频特性和相频特性为

$$A(\omega) = \frac{K}{\omega \sqrt{(T_1\omega)^2 + 1} \sqrt{(T_2\omega)^2 + 1}}$$

$$\varphi(\omega) = -90° - \arctan T_1\omega - \arctan T_2\omega$$

可求得特征点为

$$\begin{cases} \omega = 0, A = \infty, \varphi = -90° \\ \omega = \infty, A = 0, \varphi = -270° \end{cases}$$

系统开环频率特性为

$$G(j\omega)H(j\omega) = \frac{K[-(T_1 + T_2)\omega + j(-1 + T_1 T_2\omega^2)]}{\omega(1 + T_1^2\omega^2)(1 + T_2^2\omega^2)}$$

与实轴的交点：令 $\mathrm{Im}[G(j\omega_x)H(j\omega_x)] = 0$，可得 $\omega_x = \dfrac{1}{\sqrt{T_1 T_2}}$，于是

$$\mathrm{Re}[G(j\omega_x)H(j\omega_x)] = G(j\omega_x)H(j\omega_x) = -\frac{KT_1 T_2}{T_1 + T_2}$$

系统开环奈氏图如图 5-11 中曲线 a 所示，该图中虚线为开环奈氏图的低频渐近线。由于开环奈氏图用于系统分析时不需要准确知道渐近线的位置，故一般根据 $\varphi(0)$ 取渐近线为坐标轴，图 5-11 中曲线 b 为开环概略奈氏图。

本例中系统型次即开环传递函数中积分环节个数 $v = 1$，若分别取 $v = 2,3,4$，则根据积分环节的相角，可将图 5-11 中曲线分别绕原点旋转 $-90°$，$-180°$ 和 $-270°$，即可得开环概略奈氏图，如图 5-12 所示。

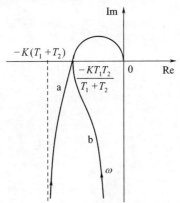

图 5-11　例 5-3 系统概略开环奈氏图

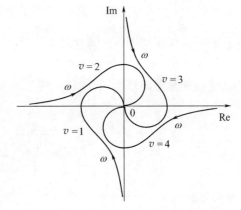

图 5-12　$v = 1,2,3,4$ 系统概略开环奈氏图

例 5-4　某系统开环传递函数为

$$G(s)H(s) = \frac{K(\tau s + 1)}{s(T_1 s + 1)(T_2 s + 1)}, \quad K, T_1, T_2, \tau > 0$$

试绘制系统概略开环奈氏图。

113

解：系统的幅频特性和相频特性为

$$A(\omega) = \frac{K\sqrt{(\tau\omega)^2 + 1}}{\omega\sqrt{(T_1\omega)^2 + 1}\sqrt{(T_2\omega)^2 + 1}}$$

$$\varphi(\omega) = \arctan\tau\omega - 90° - \arctan T_1\omega - \arctan T_2\omega$$

可求得特征点为

$$\begin{cases} \omega = 0, A = \infty, \varphi = -90° \\ \omega = \infty, A = 0, \varphi = -180° \end{cases}$$

系统开环频率特性为

$$G(j\omega)H(j\omega) = \frac{-jK[1 - T_1T_2\omega^2 + T_1\tau\omega^2 + T_2\tau\omega^2 + j\omega(\tau - T_1 - T_2 - T_1T_2\tau\omega^2)]}{\omega(1 + T_1^2\omega^2)(1 + T_2^2\omega^2)}$$

与实轴的交点：当 $\tau < \dfrac{T_1T_2}{T_1 + T_2}$ 时,得

$$\omega_x = \frac{1}{\sqrt{T_1T_2 - T_1\tau - T_2\tau}}$$

$$G(j\omega_x)H(j\omega_x) = -\frac{K(T_1 + T_2)(T_1T_2 - T_1\tau - T_2\tau + \tau^2)}{(T_1T_2 - T_1\tau - T_2\tau + T_1^2)(T_1T_2 - T_1\tau - T_2\tau + T_2^2)}$$

变化范围: $\tau > \dfrac{T_1T_2}{T_1 + T_2}$ 时,开环奈氏图位于第Ⅲ象限或第Ⅳ与第Ⅲ象限;

$\tau < \dfrac{T_1T_2}{T_1 + T_2}$ 时,开环奈氏图位于第Ⅲ象限与第Ⅱ限。

开环奈氏图如图 5-13 所示。

应该指出,由于开环传递函数具有一阶微分环节,系统开环奈氏图有凹凸现象,不过由于绘制的是概略奈氏图,故这一现象无需准确反映。

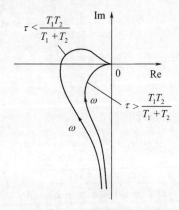

图 5-13　例 5-4 系统概略开环奈氏图

5.3 伯德图

5.3.1 伯德图的定义

频率特性的对数坐标图被称为对数频率特性图,又称为伯德图,由对数幅频特性图和对数相频特性图组成,分别表示频率特性的幅值和相位与角频率之间的关系,是工程中广泛使用的一种图。对数幅频特性图和对数相频特性图的横坐标都是角频率 ω,按 $\lg\omega$ 分度,单位为弧度/秒(rad/s),对数幅频特性图的纵坐标按 $L(\omega) = 20\lg A(\omega)$ 线性分度,单位为分贝(dB),对数相频特性图的纵坐标按 $\varphi(\omega)$ 线性分度,单位为度(°)。由此构成的坐标系称为半对数坐标系。

频率轴采用对数分度,频率由 ω 变到 2ω 的频带宽度称为 2 倍频程。频率由 ω 变到 10ω 的频带宽度称为 10 倍频程或 10 倍频,记为 dec。频率比相同的各间横轴方向的间距相同,如 ω 为 0.1、1、10、100、1000 的各点间横轴方向的间距相等。

伯德图采用 ω 的对数分度实现了横坐标的非线性压缩,便于在较大频率范围反映频率特性的变化情况。对数幅频特性采用 $20\lg A(\omega)$ 则将幅值的乘除运算化为加减运算,可以简化曲线的绘制过程。

5.3.2 典型环节的伯德图

下面介绍典型环节的伯德图。

1. 比例环节

比例环节的对数幅频特性和相频特性表达式分别为

$$\begin{cases} L(\omega) = 20\lg K \\ \varphi(\omega) = 0° \end{cases} \tag{5-37}$$

其伯德图如图 5 - 14 所示。其对数幅频特性图为高度为 $20\lg K$ 的水平线,其对数相频特性图为 0°。

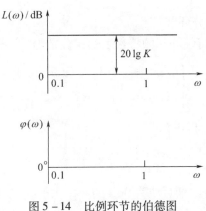

图 5 - 14　比例环节的伯德图

2. 积分环节和微分环节

积分环节的对数幅频特性和相频特性表达式分别为

$$\begin{cases} L(\omega) = -20\lg\omega \\ \varphi(\omega) = -90° \end{cases} \tag{5-38}$$

其伯德图如图 5-15(a) 所示。其对数幅频特性图为一条斜率 -20dB/dec 为的直线,其对数相频特性图为 -90°的水平直线。

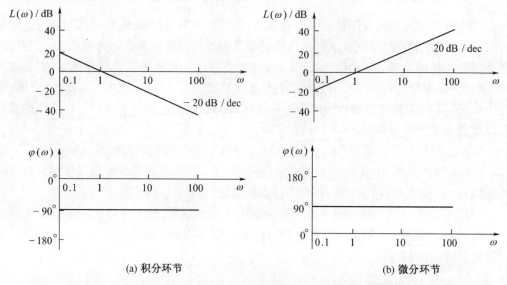

(a) 积分环节　　　　　　　　　　(b) 微分环节

图 5-15　积分环节和微分环节的伯德图

微分环节的对数幅频特性和相频特性表达式分别为

$$\begin{cases} L(\omega) = 20\lg\omega \\ \varphi(\omega) = 90° \end{cases} \tag{5-39}$$

其伯德图如图 5-15(b) 所示。其对数幅频特性图为一条斜率为 10dB/dec 的直线,其对数相频特性图为 90°的水平直线。显然,积分环节和微分环节两者对数幅频特性的斜率和对数相频特性的相角都只相差一个符号,并对称于横轴,且在 $\omega=1$ 时,它们的对数幅值均为 0dB。

3. 惯性环节和一阶微分环节

惯性环节的对数幅频特性和相频特性表达式分别为

$$\begin{cases} L(\omega) = -20\lg\sqrt{(T\omega)^2 + 1} \\ \varphi(\omega) = -\arctan T\omega \end{cases} \tag{5-40}$$

当 $\omega \ll \dfrac{1}{T}$,即 $\omega T \ll 1$ 时,可得

$$L(\omega) = -20\lg\sqrt{(T\omega)^2 + 1} \approx -20\lg 1 = 0$$

上式表示 $L(\omega)$ 的低频部分的渐近线为 0dB 的一条水平线。

当 $\omega \gg \dfrac{1}{T}$,即 $\omega T \gg 1$ 时,可得

$$L(\omega) = -20\lg\sqrt{(T\omega)^2 + 1} \approx -20\lg T\omega$$

116

上式表示 $L(\omega)$ 的高频部分的渐近线为一条斜率为 $-20\mathrm{dB/dec}$ 的直线。

低频部分和高频部分的渐近线相交于频率 $\frac{1}{T}$ 处,这个频率被称为转折频率。工程上,为了简化作图,通常惯性环节的对数幅频特性图用上述两条渐近线近似表示,如图 5–16 所示。显然,这种近似表示在转折频率处附近存在误差,误差最大值产生在转折频率处。

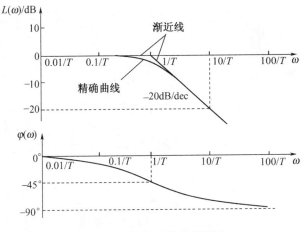

图 5 – 16　惯性环节的伯德图

由对数幅频特性可知,惯性环节具有低通滤波的特性。如果系统的输入信号中含有多种频率的谐波分量,那么在稳态时,系统的输出只能复现输入信号中的低频分量,其他高频分量的幅值将受到不同程度的衰减,频率越高的信号,其幅值的衰减量也越大。

一阶微分环节的对数幅频特性和相频特性表达式分别为

$$\begin{cases} L(\omega) = 20\lg \sqrt{(T\omega)^2 + 1} \\ \varphi(\omega) = \arctan T\omega \end{cases} \tag{5 – 41}$$

和惯性环节相比,它们的对数幅频特性和相频特性都只是相差一个符号。一阶微分环节的伯德图如图 5 –17 所示。

4. 振荡环节和二阶微分环节

振荡环节的对数幅频特性和相频特性表达式分别为

$$L(\omega) = -20\lg \sqrt{\left(1 - \frac{\omega^2}{\omega_n^2}\right)^2 + \left(2\zeta \frac{\omega}{\omega_n}\right)^2} \tag{5 – 42}$$

$$\varphi(\omega) = \begin{cases} -\arctan \dfrac{2\zeta \dfrac{\omega}{\omega_n}}{1 - \dfrac{\omega^2}{\omega_n^2}}, & \omega \leqslant \omega_n \\[4ex] -180° - \arctan \dfrac{2\zeta \dfrac{\omega}{\omega_n}}{1 - \dfrac{\omega^2}{\omega_n^2}}, & \omega > \omega_n \end{cases} \tag{5 – 43}$$

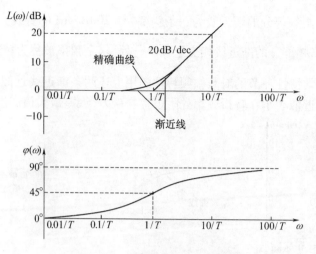

图 5－17　一阶微分环节的伯德图

当 $\dfrac{\omega}{\omega_n} \ll 1$ 时,式(5－42)中的 $\dfrac{\omega^2}{\omega_n^2}$ 和 $\left(2\zeta\dfrac{\omega}{\omega_n}\right)^2$ 可以略去,则可得

$$L(\omega) \approx -20\lg 1 = 0$$

表示 $L(\omega)$ 的低频渐近线为一条 0dB 的水平线。

当 $\dfrac{\omega}{\omega_n} \gg 1$ 时,式(5－42)中的 1 和 $\left(2\zeta\dfrac{\omega}{\omega_n}\right)^2$ 可以略去,则可得

$$L(\omega) \approx -20\lg\left(\dfrac{\omega}{\omega_n}\right)^2 = -40\lg\dfrac{\omega}{\omega_n}$$

表示 $L(\omega)$ 的高频渐近线为一斜率为 -40dB/dec 的直线。很明显,两条渐近线相交于 $\omega = \omega_n$, ω_n 称为振荡环节的转折频率。图 5－18 所示为振荡环节在不同 ζ 值时的伯德图。

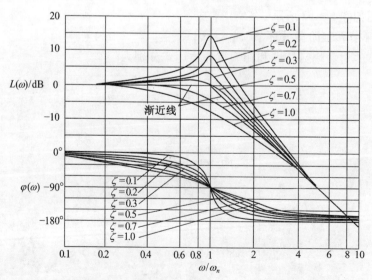

图 5－18　振荡环节在不同 ζ 值时的伯德图

118

二阶微分环节的对数幅频特性和相频特性表达式分别为

$$L(\omega) = 20\lg \sqrt{\left(1 - \frac{\omega^2}{\omega_n^2}\right)^2 + \left(2\zeta \frac{\omega}{\omega_n}\right)^2} \qquad (5-44)$$

$$\varphi(\omega) = \begin{cases} \arctan \dfrac{2\zeta \dfrac{\omega}{\omega_n}}{1 - \dfrac{\omega^2}{\omega_n^2}}, & \omega \leqslant \omega_n \\[3em] 180° + \arctan \dfrac{2\zeta \dfrac{\omega}{\omega_n}}{1 - \dfrac{\omega^2}{\omega_n^2}}, & \omega > \omega_n \end{cases} \qquad (5-45)$$

显然,二阶微分环节的对数幅值和相角与振荡环节均只相差一个符号,其伯德图如图 5 - 19 所示。

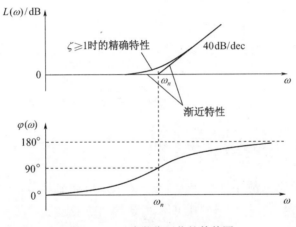

图 5 - 19 二阶微分环节的伯德图

5. 延时环节

延时环节的对数幅频特性和相频特性表达式分别为

$$\begin{cases} L(\omega) = 20\lg 1 = 0 \\ \varphi(\omega) = -\tau\omega \end{cases} \qquad (5-46)$$

其伯德图如图 5 - 20 所示。

5.3.3 开环伯德图的绘制

图 5 - 9 所示典型控制系统,先将其分解成若干典型环节,则由式(5 - 30) ~ 式(5 - 33),可得其开环对数幅频特性和相频特性为

$$L(\omega) = 20\lg A(\omega) = \sum_{i=1}^{N} 20\lg A_i(\omega) = \sum_{i=1}^{N} L_i(\omega) \qquad (5-47)$$

119

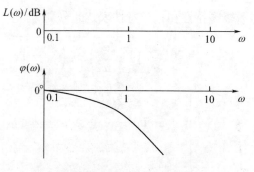

图 5 - 20　延时环节的伯德图

$$\varphi(\omega) \ = \ \sum_{i=1}^{N} \varphi_i(\omega) \qquad\qquad (5-48)$$

系统开环伯德图的绘制,常用分解成典型环节后的伯德图叠加而成,但这种方法比较费时间。一般工程上常用下述方法直接绘制开环系统的伯德图,其步骤如下:

(1)将开环传递函数分解成若干典型环节,把典型环节的转折频率由小到大依次标注在频率轴上。

一般来说,典型环节分为三部分:

① $\dfrac{K}{s^v}$。

② 一阶环节,包括惯性环节 $\dfrac{1}{Ts+1}$、一阶微分环节 $Ts+1$ 以及对应的非最小相位环节

$\dfrac{1}{-Ts+1}$、$-Ts+1$,转折频率为 $\dfrac{1}{T}$,其中 $T>0$。

③ 二阶环节,包括振荡环节 $\dfrac{1}{\left(\dfrac{s}{\omega_n}\right)^2+2\zeta\dfrac{s}{\omega_n}+1}$、二阶微分环节 $\left(\dfrac{s}{\omega_n}\right)^2+2\zeta\dfrac{s}{\omega_n}+1$ 以及

对应的非最小相位环节 $\dfrac{1}{\left(\dfrac{s}{\omega_n}\right)^2-2\zeta\dfrac{s}{\omega_n}+1}$、$\left(\dfrac{s}{\omega_n}\right)^2-2\zeta\dfrac{s}{\omega_n}+1$,转折频率为 ω_n,其中 $\omega_n>0$,

$0\leqslant\zeta<1$。

记 $\omega_{\min}$ 为最小转折频率,称 $\omega<\omega_{\min}$ 的频率范围为低频段。

(2)绘制低频段的频率特性渐近线:开环系统对数幅频低频段渐近线取决于 $\dfrac{K}{\omega^v}$,其

斜率为 $-20v\text{dB/dec}$。要画出低频渐近线,还需确定该直线上的某一特殊点,可以采用以下两种方法获得:

方法一:取频率 $\omega=1$ 处的纵坐标为

$$L(\omega) \ = \ 20\lg K$$

方法二:根据 $\dfrac{K}{\omega^v}=1$,即 $L(\omega)=0$ 得

120

$$\omega = K^{\frac{1}{v}}$$

过特殊点从低频开始做斜率为 $-20v$dB/dec 的直线,止于最小的转折频率 $\omega_{\min}$ 处。

(3)绘制 $\omega \geqslant \omega_n$ 频段的频率特性渐近线。将低频段直线沿着频率增大的方向延伸,每遇到一个转折频率将改变一次直线的斜率,直至最后一个转折频率。斜率的变化规律取决于该转折频率对应的典型环节的种类,如表 5 – 1 所列。

表 5 – 1　转折频率点处斜率的变化表

典型环节类别	典型环节传递函数	转折频率	斜率变化
一阶环节 ($T>0$)	$\dfrac{1}{Ts+1}$	$\dfrac{1}{T}$	$-20v$dB/dec
	$\dfrac{1}{-Ts+1}$		
	$Ts+1$		$20v$dB/dec
	$-Ts+1$		
二阶环节 ($\omega_n>0,1>\zeta\geqslant0$)	$\dfrac{1}{\left(\dfrac{s}{\omega_n}\right)^2+2\zeta\dfrac{s}{\omega_n}+1}$	ω_n	$-40v$dB/dec
	$\dfrac{1}{\left(\dfrac{s}{\omega_n}\right)^2-2\zeta\dfrac{s}{\omega_n}+1}$		
	$\left(\dfrac{s}{\omega_n}\right)^2+2\zeta\dfrac{s}{\omega_n}+1$		$40v$dB/dec
	$\left(\dfrac{s}{\omega_n}\right)^2-2\zeta\dfrac{s}{\omega_n}+1$		

(4)如需要,再按照各典型环节的误差进行修正,就可得到实际的对数幅频特性曲线。

(5)作相频特性曲线。根据开环相频特性的表达式,在低频、中频及高频区域中各选择若干个频率计算对应的相位,然后取点连成曲线。

例 5 – 5　已知系统开环传递函数为

$$G(s) = \frac{7.5(s/3+1)}{s(s/2+1)(s^2/2+s/2+1)}$$

试绘制系统开环伯德图。

解:(1)系统开环传递函数可分解为 5 个基本环节:比例环节 7.5、一阶微分环节 $s/3+1$、积分环节 $\dfrac{1}{s}$、惯性环节 $\dfrac{1}{s/2+1}$、振荡环节 $\dfrac{1}{s^2/2+s/2+1}$;各基本环节的转折频率从小到大依次为 $\sqrt{2},2,3$;依次标注在频率轴上,如图 5 – 20 所示。

(2)确定低频段直线。在 $\omega=1$ 处,找到纵坐标为 $20\lg K = 20\lg7.5 = 17.5$dB 的特征点,或穿过 0dB 线时 $\omega = K^{1/v} = 7.5$ 的特征点。过这一点画一条斜率为 -20dB/dec 的直线($v=1$),即为低频段渐近线。

（3）将低频段渐近线延长至振荡环节转折频率 $\omega_1 = \sqrt{2}$ 处，在此处直线斜率由 -20dB/dec 变为 -60dB/dec。继续延长渐近线到惯性环节转折频率 $\omega_2 = 2$ 处，在此处斜率转变成 -80dB/dec。再将渐近线延至微分环节转折频率 $\omega_3 = 3$ 处，在此处斜率又转变为 -60dB/dec，这样就得到了开环对数幅频渐近线，如图 5-20 所示。如有必要，可对渐近线进行修正。

（4）画相频特性曲线。

比例环节 7.5 的相频特性为 $\varphi(\omega) = 0°$。

一阶微分环节 $s/3 + 1$ 的相频特性为 $\varphi(\omega) = \arctan\dfrac{\omega}{3}$。

积分环节 $\dfrac{1}{s}$ 的相频特性为 $\varphi(\omega) = -90°$。

惯性环节 $\dfrac{1}{s/2 + 1}$ 的相频特性为 $\varphi(\omega) = -\arctan\dfrac{\omega}{2}$。

振荡环节 $\dfrac{1}{s^2/2 + s/2 + 1}$ 的相频特性为

$$
\varphi(\omega) =
\begin{cases}
-\arctan\dfrac{\dfrac{\omega}{2}}{1 - \dfrac{\omega^2}{2}}, & \omega \leqslant \sqrt{2} \\[4mm]
-180° - \arctan\dfrac{\dfrac{\omega}{2}}{1 - \dfrac{\omega^2}{2}}, & \omega > \sqrt{2}
\end{cases}
$$

则根据典型环节相频特性叠加，在低频、中频及高频区域中各选择若干个频率计算对应的相位，然后取点连成曲线，则可得系统的开环相频特性曲线，如图 5-21 所示。

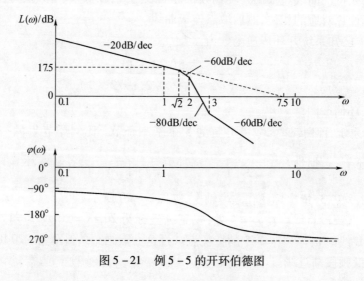

图 5-21　例 5-5 的开环伯德图

5.3.4 传递函数的频域实验确定

由前述可知,稳定系统的频率响应为与输入同频率的正弦信号,而幅值衰减和相角滞后为系统的幅频特性和相频特性,因此可以运用频率响应实验确定稳定系统的数学模型。

1. 频率响应实验

频率响应实验原理如图5-22所示。首先选择信号源输出的正弦信号的幅值,以使系统处于非饱和状态。在一定频率范围内,改变输入正弦信号的频率,记录各频率点处系统输出信号的波形。由稳态段的输入输出信号的幅值比和相位差绘制伯德图。

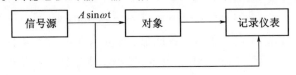

图 5-22 频率响应实验原理

2. 传递函数的确定

从低频段起,将实验所得的对数幅频曲线用斜率为 0dB/dec,±20dB/dec,±40dB/dec,…等直线分段近似,获得对数幅频渐近特性曲线。

由对数幅频渐近特性曲线可以确定最小相位条件下系统的传递函数,也即对数幅频渐近特性曲线绘制的逆问题。这为我们通过实验确定最小相位系统的传递函数提供了一种方法。

在分析由实验确定系统传递函数之前,先明确一下最小相位系统的概念。在闭环系统中,如果其开环传递函数的极点和零点的实部均小于或等于零,则称其为最小相位系统;反之,则称其为非最小相位系统。下面利用一个简单的例子来说明这两种系统相频特性的差异。

设有 a 和 b 两个系统,传递函数分别为

$$G_a(s) = \frac{1 + T_2 s}{1 + T_1 s}, \quad G_b(s) = \frac{1 - T_2 s}{1 + T_1 s}$$

其中,$0 < T_2 < T_1$。

这两个系统的极点完全相同,且位于左半 s 平面,以保证系统稳定。它们的零点一个在左半 s 平面,一个在右半 s 平面,如图5-23所示。

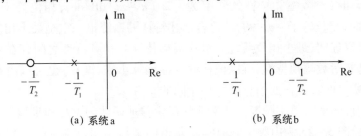

(a) 系统a   (b) 系统b

图 5-23 零、极点分布图

由于系统 a 的零、极点都位于左半 s 平面,因而它是最小相位系统;而系统 b 的零点位于右半 s 平面,因而它是非最小相位系统。它们的频率特性分别为

$$G_a(j\omega) = \frac{1 + j\omega T_2}{1 + j\omega T_1}, \quad G_b(s) = \frac{1 - j\omega T_2}{1 + j\omega T_1}$$

两个系统的幅频特性相同,表达式为

$$A(\omega) = \sqrt{\frac{1 + (\omega T_2)^2}{1 + (\omega T_1)^2}}$$

相频特性表达式分别为

$$\varphi_a(\omega) = \arctan T_2\omega - \arctan T_1\omega$$

$$\varphi_b(\omega) = -\arctan T_2\omega - \arctan T_1\omega$$

两系统的伯德图如图 5-24 所示。很明显,当 ω 由 $0 \to \infty$ 时,系统 a 的相位变化量为 $0°$,系统 b 的相位变化量为 $-180°$。由此可见,最小相位系统的相位变化量总小于非最小相位系统的相位变化量,这就是"最小相位"名称的由来。

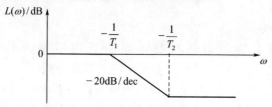

(a) 为最小相位系统

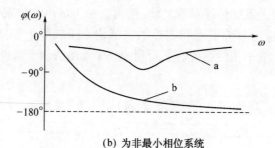

(b) 为非最小相位系统

图 5-24　系统 a 和系统 b 的伯德图

设系统传递函数分母的阶次为 n,分子阶次为 m,积分环节的个数为 v,对于最小相位系统,当 $\omega \to \infty$ 时,对数幅频特性的斜率为 $-20(n-m)$ dB/dec,相位等于 $-(n-m) \cdot 90°$;当 $\omega \to 0$ 时,相位等于 $-v \cdot 90°$。符合上述特征的系统也一定是最小相位系统。

数学上可以证明,最小相位系统的对数幅频特性和相频特性之间存在着严格确定的联系。如果已知对数幅频特性,可以把相频特性推算出来;同样,也可以由相频特性推算出幅频特性,所以两者包含的信息内容是相同的。

下面举例说明由对数幅频渐近特性曲线确定传递函数的方法和步骤。

例 5-6　图 5-25 为由频率响应实验获得的某最小相位系统的对数幅频特性曲线和对数幅频渐近特性曲线,试确定系统传递函数。

解:(1) 确定系统积分或微分环节的个数。由于对数幅频特性低频渐近线的斜率为 20dB/dec,故有 $v = -1$,系统含有一个微分环节。

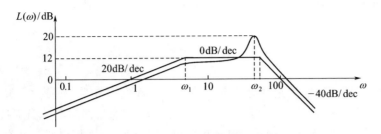

图 5 - 25　系统对数幅频特性曲线

（2）确定系统传递函数表达式。由于对数幅频特性渐近线为分段折线,每个转折频率处的斜率变化决定了典型环节的种类。图 5 - 25 在 ω_1 处,斜率变化为 $-20\mathrm{dB/dec}$,对应为惯性环节;在 ω_2 处,斜率变化为 $-40\mathrm{dB/dec}$,且存在谐振,对应为振荡环节。因此,系统传递函数表达式为

$$G(s) = \frac{Ks}{\left(\dfrac{s}{\omega_1} + 1\right)\left(\dfrac{s^2}{\omega_2^2} + 2\zeta\dfrac{s}{\omega_2} + 1\right)}$$

式中,ω_1、ω_2 和 K 为待定参数。

（3）由给定条件确定系统传递函数中的待定参数。

将 $\omega = 1$ 代入式 $L(\omega) = 20\lg K$,可得 $K = 1$。

根据直线方程式

$$L(\omega_a) - L(\omega_b) = k(\lg\omega_a - \lg\omega_b)$$

式中,k 为斜率。

代入点 $(1,0\mathrm{dB})$、$(\omega_1,12\mathrm{dB})$ 及斜率 $k = 20\mathrm{dB/dec}$,可得 $\omega_1 = 3.98$。

代入点 $(\omega_2,12\mathrm{dB})$、$(100,0\mathrm{dB})$ 及斜率 $k = -40\mathrm{dB/dec}$,可得 $\omega_2 = 50.1$。

由前述可知,在谐振频率 ω_r 处,振荡环节的谐振峰值为

$$20\lg M_r = 20\lg\frac{1}{2\zeta\sqrt{1 - \zeta^2}}, \quad 0 < \zeta < 0.707$$

而根据叠加性质,本例中 $20\lg M_r = 20 - 12 = 8(\mathrm{dB})$,故有 $M_r = 2.512$,于是得

$$4\zeta^4 - 4\zeta^2 + 0.04 = 0$$

解得:$\zeta_1 = 0.204,\zeta_2 = 0.979$。

因为 $0 < \zeta < 0.707$ 时,存在谐振峰值,故应选 $\zeta = 0.204$。

于是,所测系统的传递函数为

$$G(s) = \frac{s}{\left(\dfrac{s}{3.98} + 1\right)\left(\dfrac{s^2}{50.1^2} + 0.408\dfrac{s}{50.1} + 1\right)}$$

值得注意的是,实际系统并不都是最小相位系统,而最小相位系统可以和某些非最小相位系统具有相同的对数幅频特性曲线,因此具有非最小相位环节和延迟环节的系统,还

需依据上述环节对相频特性的影响并结合实测相频特性予以确定。

5.4　频率域稳定判据

控制系统的闭环稳定性是系统分析和设计所需解决的首要问题,频率域稳定判据是根据开环频率特性来判别闭环系统的稳定性。本节将讨论两种频率域稳定判据:奈奎斯特稳定判据(简称奈氏判据)和对数频率稳定判据。奈氏判据是根据开环奈氏图判别闭环系统稳定性的一种准则。对数频率稳定判据本质上和奈氏判据是一致的,它是根据系统的开环对数频率特性曲线判断闭环系统的稳定性。

5.4.1　奈氏判据的数学基础

复变函数中的幅角原理是奈氏判据的数学基础,幅角原理用于控制系统稳定性的判定还需选择辅助函数和闭合曲线。

1. 幅角原理

设 $F(s)$ 是一单值复变函数,在 s 平面上任取一条不通过 $F(s)$ 的任一零点和极点的封闭路径 Γ,如图 5-26(a)所示。当 s 从封闭路径 Γ 上任一点 s_1 起顺时针沿着 Γ 运动一周回到 s_1 点时,则对应 $F(s)$ 平面上的映射 Γ_F 也会从点 $F(s_1)$ 起运动到点 $F(s_1)$,也是一条封闭路径,如图 5-26(b)所示。映射 Γ_F 的形状完全取决于复变函数 $F(s)$,一般比较复杂。

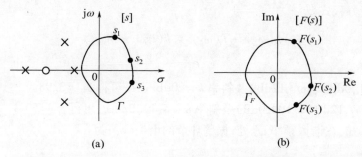

(a)　　　　　　　　　　(b)

图 5-26　从 s 平面到 $F(s)$ 平面的映射

幅角原理:设 s 平面封闭路径 Γ 包围了 $F(s)$ 的 Z 个零点和 P 个极点,且不经过任何一个零点和极点,则当 s 沿 Γ 按顺时针方向运行一周时,$F(s)$ 平面上的映射 Γ_F 逆时针包围原点的圈数为

$$R = P - Z \tag{5-49}$$

当 $R < 0$ 时,表示 Γ_F 顺时针包围 $F(s)$ 平面的原点,当 $R = 0$ 时,表示 Γ_F 不包围 $F(s)$ 平面的原点。

2. 复变函数 $F(s)$ 的选择

对于图 5-9 所示系统,$G(s)$ 和 $H(s)$ 分别为两个多项式之比的有理分式,设

$$G(s) = \frac{M_1(s)}{N_1(s)}$$

126

$$H(s) = \frac{M_2(s)}{N_2(s)}$$

如果 $G(s)$ 和 $H(s)$ 没有零点和极点对消,则系统的开环传递函数为

$$G(s)H(s) = \frac{M_1(s)M_2(s)}{N_1(s)N_2(s)}$$

闭环传递函数为

$$\phi(s) = \frac{G(s)}{1 + G(s)H(s)} = \frac{M_1(s)N_2(s)}{N_1(s)N_2(s) + M_1(s)M_2(s)}$$

控制系统的稳定性判定是利用已知开环传递函数来判定闭环系统的稳定性。为方便应用幅角原理,选择复变函数

$$F(s) = 1 + G(s)H(s) = \frac{N_1(s)N_2(s) + M_1(s)M_2(s)}{N_1(s)N_2(s)} \qquad (5-50)$$

显然该函数仍是复变量 s 的函数,称为辅助函数。从式(5-50)可以看出,辅助函数 $F(s)$ 的分子是系统闭环特征多项式,分母是系统开环特征多项式。

对于物理系统,其开环传递函数的分母最高次幂 n 必大于分子最高次幂 m,即 $n > m$,可知 $F(s)$ 的零、极点个数相等,则可将 $F(s)$ 写成零、极点形式为

$$F(s) = \frac{\prod_{i=1}^{n}(s - z_i)}{\prod_{i=1}^{n}(s - p_i)} \qquad (5-51)$$

式中,z_i 为 $F(s)$ 的零点,也是闭环传递函数的极点;p_i 为 $F(s)$ 的极点,也是开环传递函数的极点。

辅助函数 $F(s)$ 具有如下特点:

(1)辅助函数 $F(s)$ 的零点为闭环传递函数的极点,其极点为开环传递函数的极点。

(2)辅助函数 $F(s)$ 的零点个数与极点个数相等。

(3)辅助函数 $F(s)$ 与系统开环传递函数只差常数1。

3. 闭合路径 Γ 的选择

系统的闭环稳定性取决于系统闭环传递函数极点即 $F(s)$ 的零点的位置,因此当选择闭合路径 Γ 包围右半 s 平面时,若 $F(s)$ 在右半 s 平面的零点数 $Z = 0$,则闭环系统稳定。考虑到幅角原理中闭合路径 Γ 应不通过 $F(s)$ 的零、极点的要求,Γ 可取图 5-27 所示的两种形式。当 $G(s)H(s)$ 在虚轴上无极点时,取一个包围整个右半 s 平面的路径 Γ,即 Γ 取为虚轴和右半 s 平面上半径 R 为无穷大的半圆,如图 5-27(a)所示;当 $G(s)H(s)$ 在虚轴上有极点时,可选择以虚轴极点为圆心半径 r 无穷小的半圆避开虚轴上的极点,形成闭合路径 Γ,如图 5-27(b)所示。这两种形式的闭合路径又称为奈氏路径。

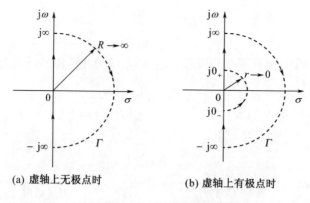

(a) 虚轴上无极点时   (b) 虚轴上有极点时

图 5 – 27　奈氏路径

5.4.2　奈氏判据

　　假设图 5 – 27 所示的奈氏路径以顺时针方向包围了 $F(s)$ 的 Z 个零点和 P 个极点,则由幅角原理可知,当 s 顺时针方向沿奈氏路径 Γ 运行一周时,即 $s = j\omega$: ω 从 $0 \to \infty \to - \infty \to 0$ 变化时,其在 $F(j\omega)$ 平面上的映射曲线 Γ_F 将逆时针绕坐标原点转 $R = P - Z$ 周,若 $R = P$,则 $Z = 0$,表示右半 s 平面无闭环极点,即闭环系统是稳定的。

　　假设当 s 顺时针方向沿奈氏路径 Γ 运行一周时,其在 $G(j\omega)H(j\omega)$ 平面上的映射曲线为 Γ_{GH},由于 $F(j\omega)$ 和 $G(j\omega)H(j\omega)$ 只差常数 1,所以 $F(j\omega)$ 平面的坐标原点就相当于 $G(j\omega)H(j\omega)$ 平面上的点 $(-1,j0)$,则映射曲线 Γ_F 对 $F(j\omega)$ 原点的包围圈数就等于映射曲线 Γ_{GH} 对 $G(j\omega)H(j\omega)$ 平面上的点 $(-1,j0)$ 的包围圈数,如图 5 – 28 所示。

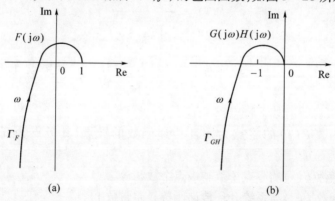

(a)   (b)

图 5 – 28　$F(j\omega)$ 与 $G(j\omega)H(j\omega)$ 坐标的关系

　　奈奎斯特稳定判据:闭环反馈控制系统稳定的充分必要条件是系统开环奈氏曲线 $G(j\omega)H(j\omega)$ 逆时针包围临界点 $(-1,j0)$ 的圈数 R 等于开环传递函数的正实部极点数 P。

　　注意,这里的奈氏曲线 $G(j\omega)H(j\omega)$ 是 ω 取值 $- \infty \to + \infty$ 的完整奈氏曲线,而不是 ω 取值 $0 \to + \infty$ 的一半奈氏曲线。

　　若开环系统稳定,即 $P = 0$ 时,开环奈氏曲线 $G(j\omega)H(j\omega)$ 不包围 $(-1,j0)$ 点,则闭环系统稳定。

　　使用奈氏判据时,首先要作出奈氏曲线 $G(j\omega)H(j\omega)$,并求出奈氏曲线逆时针包围临界点$(-1,j0)$的圈数R,其次要确定开环系统在右半s平面的极点数P,再根据幅角原理确定Z是否为零。如果$Z=0$,表示闭环系统稳定;如果$Z\neq0$,表示闭环系统不稳定,Z的具体数值等于闭环系统在右半s平面的极点个数。

例5-7 已知系统开环传递函数为

$$G(s)H(s) = \frac{K}{(T_1s+1)(T_2s+1)}, \quad K,T_1,T_2 > 0$$

试应用奈氏判据判断闭环系统的稳定性。

解:开环系统的幅频特性和相频特性为

$$A(\omega) = \frac{K}{\sqrt{(T_1\omega)^2+1}\sqrt{(T_2\omega)^2+1}}$$

$$\varphi(\omega) = -\arctan T_1\omega - \arctan T_2\omega$$

ω由$-\infty\to+\infty$取一系列值,可以绘出系统的开环奈氏曲线如图5-29所示。

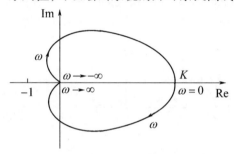

图5-29 例5-7开环系统奈氏图

系统开环传递函数在右半s平面没有任何极点,即$P=0$。由奈氏图可知$R=0$,所以$Z=P-R=0$,表示对于任意正值K、T_1和T_2,闭环系统总是稳定的。

关于开环传递函数包含积分环节的处理:当开环传递函数$G(s)H(s)$包含有积分环节时,则开环具有$s=0$的极点,此极点分布在坐标原点上,即虚轴上,应用奈奎斯特稳定判据时必须选择图5-28(b)所示的奈氏路径Γ,这时的奈氏曲线还要加上半径无穷小的半圆弧的映射。

含积分环节的开环传递函数可用下式表示

$$G(s)H(s) = \frac{K\prod_{i=1}^{m}(\tau_is+1)}{s^v\prod_{k=1}^{n-v}(T_ks+1)}, \quad n\geqslant m \tag{5-52}$$

要确定s沿半径无穷小半圆弧绕行时的映射,令$s=\varepsilon e^{j\theta}$(其中$\varepsilon\to0$),代入式(5-52)可得

$$G(s)H(s)\big|_{s=\varepsilon e^{j\theta}} = \lim_{\varepsilon\to0}\frac{K\prod_{i=1}^{m}(\tau_i\varepsilon e^{j\theta}+1)}{\varepsilon^v e^{jv\theta}\prod_{k=1}^{n-v}(T_k\varepsilon e^{j\theta}+1)} = \lim_{\varepsilon\to0}\frac{K}{\varepsilon^v}e^{-jv\theta} \tag{5-53}$$

可见,当 s 从 $j0_-$ 沿无限小半圆弧到 $j0_+$,θ 由 $-90° \to 0° \to 90°$ 逆时针转过 $180°$ 时,其在 $G(s)H(s)$ 平面上的映射就是一个顺时针转转过 $v \cdot 180°$ 的半径为无穷大的圆弧。

例 5-8 已知系统开环传递函数为

$$G(s)H(s) = \frac{K(T_1s + 1)}{s^2(T_2s + 1)}, \quad K, T_1, T_2 > 0$$

试应用奈氏判据判断闭环系统的稳定性。

解:开环系统的幅频特性和相频特性为

$$A(\omega) = \frac{K\sqrt{(T_1\omega)^2 + 1}}{\omega^2\sqrt{(T_2\omega)^2 + 1}}$$

$$\varphi(\omega) = -180° + \arctan T_1\omega - \arctan T_2\omega$$

分 $T_1 > T_2$、$T_1 = T_2$、$T_1 < T_2$ 三种情况,作出系统开环奈氏曲线,如图 5-30 中的实线所示。

本题是一个 Ⅱ 型系统,即 $v = 2$,系统奈氏路径中半径无穷小的半圆弧的映射是一个顺时针转过 $2 \times 180°$ 的半径为无穷大的圆弧,如图 5-30 中的虚线所示。

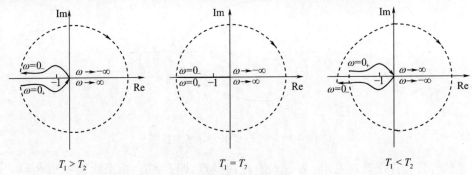

图 5-30 例 5-8 开环系统奈氏图

由系统开环传递函数可知 $P = 0$,则:

当 $T_1 > T_2$ 时,开环奈氏曲线不包围点 $(-1, j0)$,即 $R = 0$,可得 $Z = P - R = 0$,闭环系统稳定。

当 $T_1 = T_2$ 时,开环奈氏曲线穿越点 $(-1, j0)$,表明闭环极点位于虚轴上,闭环系统临界稳定。

当 $T_1 < T_2$ 时,开环奈氏曲线顺时针包围点 $(-1, j0)$ 两圈,即 $R = -2$,可得 $Z = P - R = 2$,表明系统有两个闭环极点位于右半 s 平面,闭环系统不稳定。

对于复杂的开环奈氏图,采用"包围圈数"的概念判断闭环系统的稳定性可能不太方便,也容易出错。为了简化问题,在此引入正、负穿越的概念,如果开环奈氏图按逆时针方向(从上往下)穿越点 $(-1, j0)$ 左侧负实轴,称为正穿越,正穿越时相位增加;按顺时针方向(从下往上)穿越点 $(-1, j0)$ 左侧负实轴,称为负穿越,负穿越时相位减小。一般用 N 表示开环奈氏图穿越点 $(-1, j0)$ 左侧负实轴的次数,N_+ 表示正穿越次数,N_- 表示负穿越次数,注意,如果奈氏图起始于或终止于点 $(-1, j0)$ 左侧负实轴时,则穿越次数定义为 0.5 次,如图 5-31 所示。包围圈数 R 与穿越次数 N、正穿越次数 N_+、负穿越次数 N_- 有

如下关系:

$$R = 2N = 2(N_+ - N_-)$$

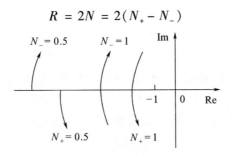

图 5 – 31　正、负穿越

采用正、负穿越的概念后,奈奎斯特稳定判据也可以叙述为:闭环反馈控制系统稳定的充分必要条件是当 ω 由 $0 \to \infty$ 时,系统开环奈氏曲线 $G(j\omega)H(j\omega)$ 在点 $(-1, j0)$ 左侧负实轴上正、负穿越的次数之差为 $\dfrac{P}{2}$,P 为开环传递函数正实部极点个数。

例 5 – 9　已知单位负反馈系统开环传递函数为

$$G(s) = \frac{800}{(s+1)(s+2)(s+4)}$$

试应用奈氏判据判断闭环系统的稳定性。

解：开环系统的幅频特性和相频特性为

$$A(\omega) = \frac{800}{\sqrt{\omega^2 + 1}\ \sqrt{\omega^2 + 2^2}\ \sqrt{\omega^2 + 4^2}}$$

$$\varphi(\omega) = -\arctan\omega - \arctan\frac{\omega}{2} - \arctan\frac{\omega}{4}$$

ω 由 $0 \to +\infty$ 取一系列值,可以绘出系统的开环奈氏曲线如图 5 – 32 所示。本题关键是找出奈氏曲线与负实轴的交点坐标。

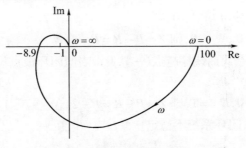

图 5 – 32　例 5 – 9 开环系统奈氏图

令 $\varphi(\omega) = -\arctan\omega - \arctan\dfrac{\omega}{2} - \arctan\dfrac{\omega}{4} = -180°$,可得交点处频率 $\omega = 3.74$,代入幅频特性,得 $A(\omega) = 8.9$,则可得交点坐标为 $(-8.9, j0)$。

由已知开环传递函数可确定 $P = 0$,从奈氏图可以得出 $N_+ = 0$、$N_- = 1$,则 $Z = P - R = P - 2(N_+ - N_-) = 0 - 2(0 - 1) = 2 \neq 0$,所以闭环系统不稳定。

采用正、负穿越的情况下应用奈奎斯特稳定判据,当遇到开环传递函数中含有 v 个积分环节时,按如下处理:

（1）先作出 ω 由 $0_+ \to \infty$ 的奈氏曲线。

（2）再补充作出 $\omega = 0 \to 0_+$ 的奈氏曲线;即 $\omega = 0 \to 0_+$ 时,θ 由 $0° \to 90°$,其在 $G(\mathrm{j}\omega)H(\mathrm{j}\omega)$ 平面上的映射就是一个顺时针转过 $v \cdot 90°$ 的半径为无穷大的圆弧。

（3）最后,由 $\omega = 0 \to +\infty$ 时,利用开环奈氏曲线的正、负穿越次数来判断系统的稳定性。

例 5 – 10 针对例 5 – 8,采用正、负穿越的概念,利用奈奎斯特稳定判据判断闭环系统的稳定性。

解:开环系统的幅频特性和相频特性为

$$A(\omega) = \frac{K\sqrt{(T_1\omega)^2 + 1}}{\omega^2\sqrt{(T_2\omega)^2 + 1}}$$

$$\varphi(\omega) = -180° + \arctan T_1\omega - \arctan T_2\omega$$

分 $T_1 > T_2$、$T_1 = T_2$、$T_1 < T_2$ 三种情况,作出 $\omega = 0_+ \to +\infty$ 系统开环奈氏曲线,如图 5 – 33 中的实线所示。

因为本题 $v = 2$,则再补充作出 $\omega = 0 \to 0_+$ 的奈氏曲线,即是一个顺时针转过 $2 \times 90°$ 的半径为无穷大的圆弧,如图 5 – 33 中的虚线所示。

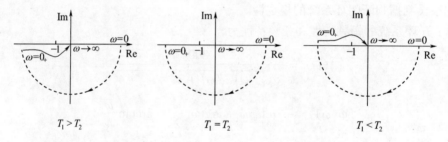

图 5 – 33　例 5 – 10 开环系统奈氏图

由系统开环传递函数可知 $P = 0$,则

当 $T_1 > T_2$ 时,$N_+ = 0$,$N_- = 0$,则 $Z = P - R = P - 2(N_+ - N_-) = 0$,闭环系统稳定。

当 $T_1 = T_2$ 时,开环奈氏曲线穿越点 $(-1, \mathrm{j}0)$,表明闭环极点位于虚轴上,闭环系统临界稳定。

当 $T_1 < T_2$ 时,$N_+ = 0$,$N_- = 1$,则 $Z = P - R = P - 2(N_+ - N_-) = 2$,表明系统有两个闭环极点位于右半 s 平面,闭环系统不稳定。

5.4.3　对数频率稳定判据

对数频率稳定判据,是奈氏判据的又一种形式,它是将开环幅相特性绘制在对数坐标上,根据伯德图来判别闭环系统稳定性。这里的关键就是如何把奈氏图中点 $(-1, \mathrm{j}0)$ 左侧负实轴上的正、负穿越在对数坐标中反映出来。

图 5 – 34 为某个系统的开环奈氏图及其对应的伯德图,不难看出开环系统的奈氏图与其对应的伯德图之间有如下关系:

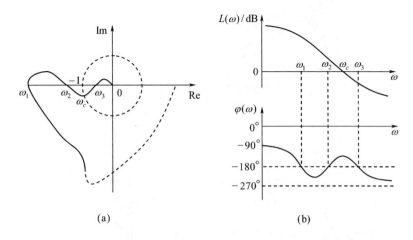

(a)   (b)

图 5 - 34　奈氏图（a）及其对应的伯德图（b）

（1）奈氏图上单位圆的圆周与伯德图上的 0dB 线相对应,单位圆的外部对应于 $L(\omega) > 0$dB,单位圆的内部对应于 $L(\omega) < 0$dB。

（2）奈氏图上的负实轴与伯德图上的 $\varphi(\omega) = -180°$线相对应。

由此可见,奈氏图上点$(-1, j0)$左侧负实轴对应于伯德图上 $L(\omega) > 0$dB 频段内的 $\varphi(\omega) = -180°$线。依据正穿越相位增加,负穿越相位减小的概念,奈氏图上的正、负穿越点$(-1, j0)$左侧负实轴就是伯德图中 $L(\omega) > 0$dB 频段内的对数相频特性曲线正、负穿越 $-180°$线。

综上所述,对数频率稳定判据可叙述为:闭环系统稳定的充要条件是,在开环对数幅频特性 $L(\omega) > 0$dB 的频率范围内,对应的开环对数相频曲线 $\varphi(\omega)$对 $-180°$线的正、负穿越之差等于 $\dfrac{P}{2}$,P 为开环传递函数正实部极点个数。

需要指出的是,当开环系统含有积分环节时,相频特性需要增补 $\omega = 0 \to 0_+$ 的部分。对于开环传递函数如式$(5-52)$所示具有 v 个积分环节的系统,当 $\omega = 0 \to 0_+$ 时,相频特性需要增补 $0° \to -v \cdot 90°$的相频部分。

例 5 - 11　已知系统开环传递函数为

$$G(s)H(s) = \frac{K}{s^2(Ts+1)}, \quad K, T > 0$$

试应用对数频率稳定判据判断闭环系统的稳定性。

解:先作出系统开环伯德图如图 5 - 35 所示。因为该系统有两个积分环节,即 $v = 2$,则当 $\omega = 0 \to 0_+$ 时,相频特性需要增补 $0° \to -180°$,用虚线绘出相频特性的增加部分。

由系统开环传递函数可知 $P = 0$。从系统开环伯德图可知,在 $L(\omega) > 0$dB 的频段内,$N_+ = 0, N_- = 1$,则 $Z = P - R = P - 2(N_+ - N_-) = 2$,表明系统有两个闭环极点位于右半 s 平面,闭环系统不稳定。

实际上,本题无论参数 K、T 怎样变化,系统总是闭环不稳定的,这样的系统称为结构不稳定系统。而例 5 - 7 中,无论参数 K、T_1、T_2 怎样变化,系统总是闭环稳定的,则系统称为结构稳定系统。

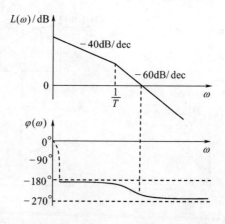

图 5 – 35 例 5 – 11 系统的伯德图

相应地,当开环传递函数的某些参数(如开环增益)改变时,闭环系统的稳定性将发生变化,这种闭环稳定是有条件的系统称为条件稳定系统。

例如单位负反馈系统的开环传递函数为

$$G(s) = \frac{K}{s(s+1)(s+2)}$$

其闭环特征方程为 $s^3 + 3s^2 + 2s + K = 0$,利用劳斯判据很容易确定闭环系统稳定的参数条件是 $0 < K < 6$。该系统就是典型的条件稳定系统。

5.5 稳 定 裕 量

控制系统是否稳定是一个绝对稳定性的概念,然而实际系统要可靠地工作,不但要求稳定,而且还要求具有足够的稳定裕量,即具有一定的相对稳定性。稳定裕量是衡量一个闭环稳定系统稳定程度的指标,常用的有相位裕量和幅值裕量。

根据奈氏判据可知,系统开环奈氏曲线对点 $(-1, j0)$ 的相对位置对闭环系统稳定性的影响很大,开环奈氏曲线越接近点 $(-1, j0)$,系统的稳定程度越差,所以,采用开环奈氏曲线相对点 $(-1, j0)$ 的位置来衡量闭环系统的稳定程度。

1. 相位裕量

当系统开环频率特性的幅值为 1 时,系统开环频率特性的相位与 180°之和定义为系统的相位裕量,用 γ 表示,所对应的频率称为系统的截止频率,用 ω_c 表示,即有

$$\begin{cases} A(\omega_c) = 1 \\ \gamma = 180° + \varphi(\omega_c) \end{cases} \tag{5-54}$$

相位裕量 γ 的物理意义是,如果系统对频率为 ω_c 的信号,相位再滞后 γ 度,则闭环系统临界稳定。

在奈氏图上,截止频率 ω_c 是开环奈氏曲线穿越单位圆时所对应的频率;在伯德图上,开环对数幅频特性 $L(\omega)$ 与 0dB 线的交点频率就是截止频率 ω_c;相位裕量在奈氏图和伯德图上的表示如图 5 – 36 所示。从奈氏图上可以看出,相位裕量表示开环奈氏图在单位

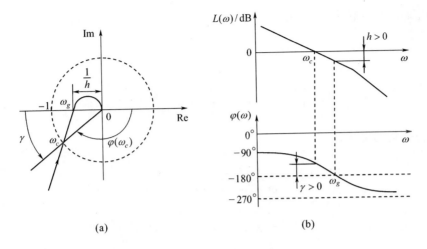

图 5 - 36　相位裕量和幅值裕量

圆上离点 $(-1,j0)$ 的远近程度。

对于开环稳定的系统,即 $P=0$,当相位裕量 $\gamma<0$ 时,闭环系统不稳定;当相位裕量 $\gamma>0$ 时,闭环系统稳定,且 γ 越大,系统的相对稳定性越好;一个良好的控制系统,通常要求 $\gamma=40°\sim60°$。

2. 幅值裕量

当系统开环频率特性的相位为 $-180°$ 时,系统开环频率特性的幅值的倒数定义为系统的幅值裕量,用 h 表示,所对应的频率称为系统的穿越频率,用 ω_g 表示,即有

$$\begin{cases} \varphi(\omega_g) = -180° \\ h = \dfrac{1}{A(\omega_g)} \end{cases} \qquad (5-55)$$

幅值裕量 h 的物理意义是,如果系统的开环放大系数增大到原来的 h 倍,则闭环系统就进入临界稳定状态。

在伯德图上,幅值裕量按下式定义:

$$h = -20\lg A(\omega_g) \ (\text{dB}) \qquad (5-56)$$

幅值裕量在奈氏图和伯德图上的表示如图 5 - 36 所示。从奈氏图上可以看出,幅值裕量表示开环奈氏图在负实轴上离点 $(-1,j0)$ 的远近程度。

对于开环稳定的系统,即 $P=0$,当幅值裕量 $h>1$ (伯德图上 $h>0$dB)时,闭环系统稳定,且 h 越大,系统的相对稳定性越好;一个良好的控制系统,一般要求 $h=6\sim10$dB。

需要指出的是,对于开环不稳定的系统,即 $P\neq0$,不能用相位裕量和幅值裕量来判定闭环系统的稳定性。对于高阶系统,一般比较难准确计算截止频率,在实际系统的分析和设计时,一般可根据对数幅频渐近特性曲线来确定截止频率,粗略估算系统的相位裕量。

例 5 - 12　典型二阶系统如图 5 - 37 所示,试确定系统的截止频率 ω_c 和相位裕量 γ。

解:系统开环传递函数为

$$G(s) = \frac{\omega_n^2}{s(s+2\xi\omega_n)}$$

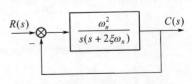

图 5 - 37　典型二阶系统

开环幅频特性和相频特性为

$$A(\omega) = \frac{\omega_n^2}{\omega \sqrt{\omega^2 + 4\xi^2 \omega_n^2}}$$

$$\varphi(\omega) = -90° - \arctan \frac{\omega}{2\xi\omega_n}$$

由相位裕量的定义有

$$\begin{cases} A(\omega_c) = \dfrac{\omega_n^2}{\omega_c \sqrt{\omega_c^2 + 4\xi^2 \omega_n^2}} = 1 \\ \\ \gamma = 180° + \varphi(\omega_c) = 90° - \arctan \dfrac{\omega_c}{2\xi\omega_n} \end{cases}$$

解方程可求出,截止频率为

$$\omega_c = \omega_n \sqrt{\sqrt{4\xi^4 + 1} - 2\xi^2} \tag{5-57}$$

相位裕量为

$$\gamma = \arctan \frac{2\xi}{\sqrt{\sqrt{4\xi^4 + 1} - 2\xi^2}} \tag{5-58}$$

例 5 - 13 已知系统开环传递函数为

$$G(s)H(s) = \frac{5}{s(0.1s + 1)(10s + 1)}$$

试求系统的相位裕量和幅值裕量。

解:系统开环幅频特性和相频特性为

$$A(\omega) = \frac{5}{\omega \sqrt{(0.1\omega)^2 + 1} \sqrt{(10\omega)^2 + 1}}$$

$$\varphi(\omega) = -90° - \arctan 0.1\omega - \arctan 10\omega$$

由相位裕量的定义有

$$\begin{cases} A(\omega_c) = \dfrac{5}{\omega_c \sqrt{(0.1\omega_c)^2 + 1} \sqrt{(10\omega_c)^2 + 1}} = 1 \\ \gamma = 180° + \varphi(\omega_c) = 90° - \arctan 0.1\omega_c - \arctan 10\omega_c \end{cases}$$

解方程可求出,截止频率 $\omega_c = 0.7$,相位裕量 $\gamma = 4.1°$。

由幅值裕量的定义有

$$\begin{cases} \varphi(\omega_g) = -90° - \arctan 0.1\omega_g - \arctan 10\omega_g = -180° \\ h = -20\lg A(\omega_g) = -20\lg \dfrac{5}{\omega_g \sqrt{(0.1\omega_g)^2 + 1} \sqrt{(10\omega_g)^2 + 1}} \end{cases}$$

解方程可求出,超越频率 $\omega_g = 1$,幅值裕量 $h = 6.1\text{dB}$。

当然,本题也可以先作出伯德图,再从伯德图上直接查出相位裕量和幅值裕量。本题的相位裕量 $\gamma = 4.1°$,显然过低,一个良好的控制系统通常要求 $\gamma = 40° \sim 60°$,因此,有必要采用第 6 章所讲的系统校正方法进行校正设计。

5.6 闭环系统的频域性能指标

频率响应法是通过系统的开环频率特性和闭环频率特性的一些特性参数间接地表征系统动态响应的性能,这些参数又被称为频域性能指标。常用的频域性能指标有截止频率、相位裕量、穿越频率和幅值裕量、谐振频率、谐振峰值、带宽频率和系统带宽。这些性能指标与时域性能指标之间有着明确的对应关系,可以互相转换。

5.6.1 闭环频率特性

在闭环系统稳定的基础上,利用闭环频率特性,可进一步对系统的动态过程的平稳性、快速性进行分析和估算,这种方法虽不够精确和严格,但是避免了直接求解高阶微分方程的困难。由于闭环频率特性和开环频率特性之间有着确定的关系,因而可以通过开环频率特性求取闭环频率特性。对于图 5 - 9 所示典型反馈控制系统,其闭环传递函数为

$$\phi(s) = \frac{G(s)}{1 + G(s)H(s)}$$

对应的闭环频率特性为

$$\phi(j\omega) = \frac{G(j\omega)}{1 + G(j\omega)H(j\omega)} = M(\omega) e^{j\alpha(\omega)} \qquad (5 - 59)$$

其中,$M(\omega)$ 为系统闭环幅频特性;$\alpha(\omega)$ 为系统闭环相频特性。

上式描述了开环频率特性和闭环频率特性之间的关系。闭环频率特性曲线可以由其与开环频率特性的关系作图得到,也可以通过实验获得。通过开环频率特性作图得到,显然这种方法费时繁琐,这时可以借助 MATLAB 软件来绘制闭环特性曲线。此外,还有一种常用的确定闭环频率特性的图解方法就是所谓的尼科尔斯图线法,该方法是通过作尼科尔斯图来获得闭环频率特性和频域指标。

5.6.2 闭环频域性能指标

闭环频域性能指标可以反映控制系统跟踪控制输入信号和抑制干扰信号的能力,主要性能指标有谐振频率、谐振峰值、带宽频率和系统带宽。

1. 谐振峰值和谐振频率

定义 $\omega = 0$ 时的闭环幅频特性值为零频幅值 $M(0)$。谐振峰值是指系统闭环频率特性幅值的最大值 M_m 与零频幅值 $M(0)$ 之比,谐振峰值用 M_r 表示,其对应的频率称为谐振频率,用 ω_r 表示,如图 5 - 38 所示,则有

$$M_r = \frac{M_m}{M(0)} \qquad (5 - 60)$$

显然对于 I 型、II 型及以上系统,$M(0) = 1$,谐振峰值就是闭环幅频特性的最大值。

2. 系统带宽和带宽频率

在闭环幅频特性中,当幅频特性 $M(\omega)$ 下降到 $\frac{\sqrt{2}}{2}M(0)$(或在对数坐标中,零频幅值以下 -3dB)时,对应的频率 ω_b 称为带宽频率,而频率范围 $(0,\omega_b)$ 称为系统带宽,如图 5-38 所示。带宽定义表明,对高于带宽频率的正弦输入信号,系统输出将呈现较大的衰减,因此选择适当的带宽,可以抑制高频噪声的影响。但带宽过窄又会影响系统跟踪控制信号的能力,降低动态响应速度。因此在设计系统时,确定带宽必须兼顾系统响应速度和抗高频干扰的要求。

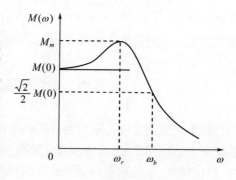

图 5-38 系统带宽频率与带宽

5.6.3 闭环频域性能指标的计算

1. 谐振峰值和谐振频率的计算

下面仅讨论二阶系统的谐振峰值和谐振频率的计算。

典型二阶系统的闭环传递函数为

$$\phi(s) = \frac{\omega_n^2}{s^2 + 2\xi\omega_n s + \omega_n^2}$$

其闭环幅频率特性为

$$M(\omega) = \frac{1}{\sqrt{\left(1 - \frac{\omega^2}{\omega_n^2}\right)^2 + 4\xi^2 \frac{\omega^2}{\omega_n^2}}}$$

因为 $M(0) = 1$,所以,谐振峰值就是闭环幅频特性的最大值。为求 $M(\omega)$ 的最大值,令

$$\frac{\mathrm{d}M(\omega)}{\mathrm{d}\omega} = \frac{-\left[-\frac{2\omega}{\omega_n^2}\left(1 - \frac{\omega^2}{\omega_n^2}\right) + 4\xi^2 \frac{\omega}{\omega_n^2}\right]}{\left[\left(1 - \frac{\omega^2}{\omega_n^2}\right)^2 + 4\xi^2 \frac{\omega^2}{\omega_n^2}\right]^{3/2}} = 0$$

可得谐振频率

$$\omega_r = \omega_n \sqrt{1 - 2\xi^2}, \quad 0 < \xi < \frac{\sqrt{2}}{2} \tag{5-61}$$

将 ω_r 代入 $M(\omega)$ 可得谐振峰值

$$M_r = M(\omega_r) = \frac{1}{2\xi\sqrt{1 - \xi^2}}, \quad 0 < \xi < \frac{\sqrt{2}}{2} \tag{5-62}$$

2. 系统带宽的计算

下面讨论一阶和二阶系统的带宽计算。

138

设一阶系统的闭环传递函数为

$$\phi(s) = \frac{1}{Ts + 1}$$

对应的闭环幅频率特性为

$$M(\omega) = \frac{1}{\sqrt{T^2\omega^2 + 1}}$$

因为 $M(0) = 1$,按带宽定义 $M(\omega_b) = \frac{\sqrt{2}}{2}M(0)$,则有

$$\frac{1}{\sqrt{T^2\omega_b^2 + 1}} = \frac{\sqrt{2}}{2}$$

可求得带宽频率

$$\omega_b = \frac{1}{T} \qquad\qquad (5-63)$$

对于二阶系统,其闭环传递函数为

$$\phi(s) = \frac{\omega_n^2}{s^2 + 2\xi\omega_n s + \omega_n^2}$$

对应的闭环幅频率特性为

$$M(\omega) = \frac{1}{\sqrt{\left(1 - \dfrac{\omega^2}{\omega_n^2}\right)^2 + 4\xi^2\dfrac{\omega^2}{\omega_n^2}}}$$

因为 $M(0) = 1$,按带宽定义 $M(\omega_b) = \frac{\sqrt{2}}{2}M(0)$,则有

$$\sqrt{\left(1 - \frac{\omega_b^2}{\omega_n^2}\right)^2 + 4\xi^2\frac{\omega_b^2}{\omega_n^2}} = \sqrt{2}$$

可求得带宽频率

$$\omega_b = \omega_n\sqrt{(1 - 2\xi^2) + \sqrt{(1 - 2\xi^2)^2 + 1}} \qquad\qquad (5-64)$$

5.6.4 频域指标与时域指标的关系

1. 二阶系统频域指标与时域指标的关系

(1) γ 与 σ_p 的关系。

由例题 5-12 计算可知,二阶系统的相位裕量为

$$\gamma = \arctan\frac{2\xi}{\sqrt{\sqrt{4\xi^4 + 1} - 2\xi^2}}$$

可见,相位裕量 γ 只与阻尼比 ξ 有关,并可用以下方程近似表示:

$$\gamma = 100\xi \qquad (5-65)$$

而二阶系统的超调量为

$$\sigma_p = e^{-\frac{\pi\xi}{\sqrt{1-\xi^2}}} \times 100\% \qquad (5-66)$$

比较式(5-65)和式(5-66)可知,σ_p 与 γ 通过 ξ 相关联,它们之间具有一一对应的关系,阻尼比 ξ 越大,相位裕量 γ 越大,超调量 σ_p 越小,系统的相对稳定性就越好。

(2) ω_c 与 t_s 的关系。

由调整时间计算公式

$$t_s = \frac{3}{\xi\omega_n}, \quad \Delta = 0.05 \qquad (5-67)$$

结合式(5-57)和式(5-58)可以推导出下面关系式:

$$t_s\omega_c = \frac{3}{\xi} \sqrt{\sqrt{4\xi^2+1} - 2\xi^2} = \frac{6}{\tan\gamma} \qquad (5-68)$$

可见,ω_c 反映了系统的快速性。在阻尼比 ξ 相同,即相位裕量相同的情况下,ω_c 越大,t_s 越小,系统响应速度越快。

(3) M_r 与 σ_p 的关系。

二阶系统的谐振频率和谐振峰值为

$$\omega_r = \omega_n \sqrt{1-2\xi^2}, \quad 0 < \xi < \frac{\sqrt{2}}{2}$$

$$M_r = \frac{1}{2\xi \sqrt{1-\xi^2}}, \quad 0 < \xi < \frac{\sqrt{2}}{2}$$

可见,当 $0 < \xi < \frac{\sqrt{2}}{2}$ 时,系统有谐振产生,且 M_r 和相位裕量 γ 一样,与超调量 σ_p 通过阻尼比 ξ 有唯一确定的关系,M_r 越大,阻尼比 ξ 越小,系统的振荡越激烈,平稳性越差。因此,M_r、γ 和 σ_p 一样反映了系统的相对稳定性。

(4) ω_b 与 t_s 的关系。

由式(5-67)、式(5-64)和式(5-61)可以推导出下面的关系式

$$\omega_b t_s = \frac{3}{\xi} \sqrt{(1-2\xi^2) + \sqrt{(1-2\xi^2)^2 + 1}} \qquad (5-69)$$

$$\omega_r t_s = \frac{3}{\xi} \sqrt{1-2\xi^2} \qquad (5-70)$$

由式(5-69)和式(5-70)可以看出,t_s 和 ω_b、ω_r 的关系如同 t_s 和 ω_c 关系一样,对于给定的 ξ,即给定的 M_r 值,t_s 和 ω_b、ω_r 都成反比关系。如果系统有较大的谐振频率和带宽,就表示系统的快速性好。

从二阶系统频率特性的分析和计算来看,可以按阻尼强弱和响应速度快慢把频域指标和时域指标分为两大类。表示阻尼大小的指标有 ξ、σ_p、γ 和 M_r。表示响应速度快慢的

指标有 t_s、ω_c、ω_r 和 ω_b。在阻尼比 ξ 一定时，ω_c、ω_r、ω_b 越大，系统响应速度越快。

2. 高阶系统频域指标与时域指标的关系

对于高阶系统，一般难于用解析法得出频域指标和时域指标间的定量关系。通常是采用下面的经验关系式近似表示高阶系统性能指标间的关系：

谐振峰值：

$$M_r = \frac{1}{\sin\gamma} \tag{5-71}$$

超调量：

$$\sigma_p = 0.16 + 0.4(M_r - 1), \quad 1 \leqslant M_r \leqslant 1.8 \tag{5-72}$$

调整时间：

$$t_s = \frac{\pi}{\omega_c}[2 + 1.5(M_r - 1) + 2.5(M_r - 1)^2], \quad 1 \leqslant M_r \leqslant 1.8 \tag{5-73}$$

习　题

5-1　系统的单位阶跃响应为

$$h(t) = 1 - 1.8e^{-4t} + 0.8e^{-9t}$$

试确定系统的频率特性。

5-2　已知系统开环传递函数

$$G(s) = \frac{K(-as + 1)}{s(bs + 1)}, \quad K, a, b > 0$$

当 $\omega = 1$ 时，$\angle G(j\omega) = -180°$，$|G(j\omega)| = 0.5$；当输入为单位速度信号时，系统的稳态误差为 0.1；试确定系统的开环频率特性 $G(j\omega)$。

5-3　某单位负反馈系统图 5-39 所示。

当系统的输入 $r(t) = 10\sin(2t + 45°)$ 时，求系统的稳态输出。

5-4　某单位负反馈系统图 5-40 所示，$K > 0$。

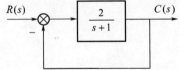

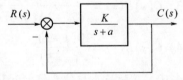

图 5-39　习题 5-2 控制系统结构图　　　图 5-40　习题 5-3 控制系统结构图

当系统的输入 $r(t) = A\sin 3t$ 时，从示波器中观测到输出与输入幅值相等，输出与输入的相位差为 $-45°$，试确定参数 K、a。

5-5　典型二阶系统的开环传递函数为

$$G(s) = \frac{\omega_n^2}{s(s + 2\xi\omega_n)}$$

当 $r(t) = 2\sin t$ 时，系统的稳态输出为 $C_{ss}(t) = 2\sin(t - 45°)$，试确定系统参数 ω_n、ξ。

141

5 – 6 已知系统开环传递函数

$$G(s)H(s) = \frac{1}{s^v(s+2)(s+4)}$$

试分别绘制 $v = 1,2,3,4$ 时系统的概略开环奈氏图,并用奈氏判据判断系统的闭环稳定性。

5 – 7 已知系统开环传递函数

$$G(s)H(s) = \frac{10}{s(s+1)(s^2/4+1)}$$

试绘制系统的概略开环奈氏图,并用奈氏判据判断系统的闭环稳定性。

5 – 8 绘制下列传递函数的对数幅频渐近特性曲线:

(1) $G(s) = \dfrac{2}{(2s+1)(8s+1)}$

(2) $G(s) = \dfrac{200}{s^2(s+1)(10s+1)}$

(3) $G(s) = \dfrac{8\left(\dfrac{s}{0.1}+1\right)}{s(s^2+s+1)\left(\dfrac{s}{2}+1\right)}$

(4) $G(s) = \dfrac{10\left(\dfrac{s^2}{400}+\dfrac{s}{10}+1\right)}{s(s+1)\left(\dfrac{s}{0.1}+1\right)}$

5 – 9 绘制下列传递函数的伯德图,并求出截止频率 ω_c。

(1) $G(s)H(s) = \dfrac{10}{s(0.5s+1)(0.1s+1)}$

(2) $G(s)H(s) = \dfrac{5}{(2s+1)(0.5s+1)}$

(3) $G(s)H(s) = \dfrac{10(0.5s+1)}{s(5s+1)(0.01s^2+0.08s+1)}$

(4) $G(s)H(s) = \dfrac{10(s+1)}{s^2(s+5)}$

5 – 10 已知最小相位系统的开环对数幅频渐近特性曲线如图 5 – 41 所示,试确定系统的开环传递函数。

5 – 11 某单位最小相位系统的开环幅频渐近特性曲线如图 5 – 42 所示。试求:

(1) 该系统的开环传递函数;

(2) 相位裕量和幅值裕量。

5 – 12 已知下列系统开环传递函数(参数 $K,T,T_i > 0;i = 1,2,\cdots,6$):

(1) $G(s) = \dfrac{K}{(T_1s+1)(T_2s+1)(T_3s+1)}$

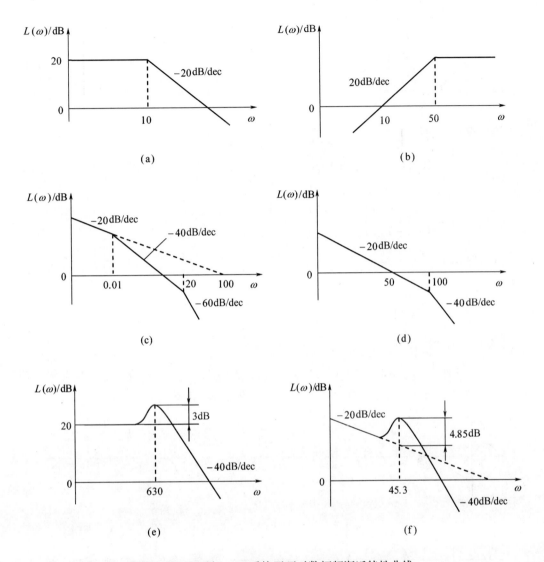

图 5 – 41　习题 5 – 10 系统开环对数幅频渐近特性曲线

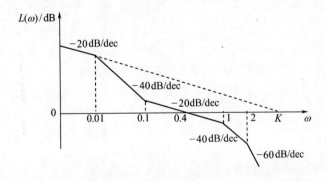

图 5 – 42　习题 5 – 11 系统开环对数幅频渐近特性曲线

(2) $G(s) = \dfrac{K}{s(T_1 s + 1)(T_2 s + 1)}$

(3) $G(s) = \dfrac{K}{s^2(Ts + 1)}$

(4) $G(s) = \dfrac{K(T_1 s + 1)}{s^2(T_2 s + 1)}$

(5) $G(s) = \dfrac{K}{s^3}$

(6) $G(s) = \dfrac{K(T_1 s + 1)(T_2 s + 1)}{s^3}$

(7) $G(s) = \dfrac{K(T_5 s + 1)(T_6 s + 1)}{s(T_1 s + 1)(T_2 s + 1)(T_3 s + 1)(T_4 s + 1)}$

(8) $G(s) = \dfrac{K}{Ts - 1}$

(9) $G(s) = \dfrac{-K}{-Ts + 1}$

(10) $G(s) = \dfrac{K}{s(Ts + 1)}$

其系统开环奈氏图分别如图 5 - 43(a) ~ (j)所示,试根据奈氏判据判断各系统的闭环稳定性,若系统闭环不稳定,确定其 s 右半平面的闭环极点数。

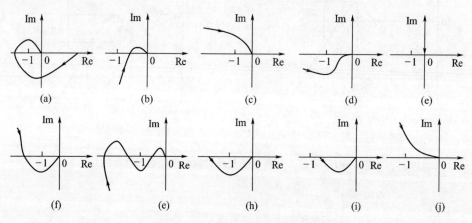

图 5 - 43 习题 5 - 12 系统开环奈氏图

5 - 13 已知系统开环传递函数

$$G(s) = \frac{K}{s(Ts + 1)(s + 1)}, \quad K, T > 0$$

试根据奈氏判据,确定其闭环稳定条件:

(1) $T = 2$ 时,K 值的范围;

(2) $K = 10$ 时,T 值的范围;

(3) K, T 值的范围。

5-14 单位反馈系统的开环传递函数为

(1) $G(s) = \dfrac{20}{s(0.5s+1)(0.05s+1)}$

(2) $G(s) = \dfrac{20(2s+1)}{s(s^2+s+1)(s+0.2)}$

(3) $G(s) = \dfrac{10(s+1)(0.1s+1)}{s^2(0.5s+1)}$

试作出它们的伯德图,利用伯德图上的奈氏判据判断系统的稳定性,并计算系统的相位裕量和幅值裕量。

5-15 已知系统的开环传递函数为

$$G(s) = \frac{K}{s(Ts+1)}$$

若要在保持相位裕量不变的条件下将截止频率提高 a 倍,则应使 K 和 T 值如何变化?

5-16 设单位反馈控制系统的开环传递函数

$$G(s) = \frac{as+1}{s^2}$$

试确定相位裕量为 45°时参数 α 的值。

5-17 已知系统的结构图如图 5-44 所示,试确定系统的谐振峰值 M_r、谐振频率 ω_r、截止频率 ω_c 以及带宽频率 ω_b。

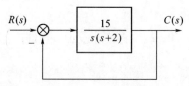

图 5-44 习题 5-17 控制系统结构图

5-18 对于典型二阶系统,若 $\sigma_p = 15\%$,$t_s = 3s$,试求系统的相位裕量 γ。

5-19 对于典型二阶系统,若 $\omega_n = 3$,$\xi = 0.7$,试求系统的截止频率 ω_c 和相位裕量 γ。

5-20 某一控制系统,若 $\sigma_p = 10\%$,$t_s = 5s$,试求系统的截止频率 ω_c 和相位裕量 γ。

5-21 某单位反馈系统的开环传递函数

$$G(s) = \frac{K}{s(Ts+1)}$$

若已知单位速度信号输入下的稳态误差 $e_{ss} = \dfrac{1}{9}$,相位裕量 $\gamma = 60°$,试确定系统时域指标 σ_p 和 t_s。

第6章　控制系统的综合校正

前面几章介绍了控制系统的三种基本分析方法：时域分析法、根轨迹法和频域分析法。利用这些方法能够在系统结构和参数确定的情况下，计算或估算系统的性能指标，这类问题属于系统的分析问题。但是，在实际应用中常常会遇到相反的问题，即在被控对象已知，并给定性能指标的前提下，要求选择合理的控制器结构和参数，使控制器和被控对象组成一个满足性能指标要求的系统。当被控对象确定后，对系统的设计实际上就是对控制器的设计，也称为系统的校正。

设计控制器除了要保证良好的控制性能之外，还要照顾到工艺性、经济性、可靠性和使用寿命等。在分析与设计的过程中，既要有理论指导，也要重视实践经验。在设计手段上，除了必要的理论计算之外，还需要配合一些局部和整体的模拟试验和数字仿真。因此，要达到比较满意的设计，需要综合多方面的知识和依赖于长期实践经验的积累。

目前工程实践中常用的校正方式有串联校正、反馈校正和复合校正三种，其中，串联校正应用最广。用以进行系统校正设计的方法大体上可分成三类：频率法、根轨迹法以及等效结构与等效传递函数方法。本章重点讨论用频率法对控制系统进行串联校正。

6.1　系统校正基础

6.1.1　校正的基本概念

当控制系统设计方案确定后，就会根据被控对象的要求合理选择执行机构、功率放大器和检测元件等系统的各个组成部件，从而形成了系统的固有部分 $G_0(s)H(s)$，如图 6-1 所示。一般来说，图 6-1 所示系统虽然具有自动控制功能，但其性能却难以全面满足设计要求。例如，若要满足稳态精度要求，就必须增大系统的开环增益，而开环增益的增大，必然会导致系统动态性能的恶化，如振荡剧烈、超调量增大，甚至会产生不稳定现象。为使系统同时满足稳态和动态性能指标的要求，通常需要在系统中引入一个专门用于改善系统性能的附加装置，这个附加装置就是校正

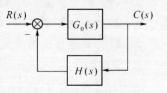

图 6-1　控制系统固有
部分结构图

装置，从而使系统性能全面满足设计要求，这就是控制系统设计中的校正。

由此可见，校正就是在系统固有部分的基础上，加入一些参数或结构可根据需要改变的校正装置，使系统整个特性变化，从而满足给定的各项性能指标的要求。

6.1.2 性能指标

控制系统的性能指标一般包括稳态和动态两个方面。稳态性能指标是指系统的稳态误差,它表征系统的控制精度。动态性能指标是表征系统瞬态响应的品质。性能指标大体上可以归纳为时域指标和频域指标两类。

时域性能指标,如超调量、调整时间、峰值时间、阻尼比等。

频域性能指标,如幅值裕度、相位裕度、谐振峰值、谐振频率和系统频带宽度等。

无论是时间域指标还是频率域指标,都是在一定程度上不同角度上反映了系统的稳定性、快速性和准确性,因此,各指标之间必定存在这一定的关系。由本书第 5 章可知,有如下关系成立:

1. 二阶系统频域指标和时域指标的关系

谐振峰值:

$$M_r = \frac{1}{2\xi \sqrt{1 - \xi^2}} \qquad \xi \leqslant 0.707 \qquad (6-1)$$

谐振频率:

$$\omega_r = \omega_n \sqrt{1 - 2\xi^2} \qquad \xi \leqslant 0.707 \qquad (6-2)$$

带宽频率:

$$\omega_b = \omega_n \sqrt{1 - 2\xi^2 + \sqrt{2 - 4\xi^2 + 4\xi^4}} \qquad (6-3)$$

截止频率:

$$\omega_c = \omega_n \sqrt{\sqrt{1 + 4\xi^4} - 2\xi^2} \qquad (6-4)$$

相角裕度:

$$\gamma = \arctan \frac{\xi}{\sqrt{\sqrt{1 + 4\xi^4} - 2\xi^2}} \qquad (6-5)$$

超调量:

$$\sigma_p = e^{-\frac{\pi\xi}{\sqrt{1-\xi^2}}} \times 100\% \qquad (6-6)$$

调整时间:

$$t_s = \frac{3.5}{\xi\omega_n} \qquad (6-7)$$

2. 高阶系统频域指标和时域指标的关系

谐振峰值:

$$M_r = \frac{1}{\sin\gamma} \qquad (6-8)$$

超调量:

$$\sigma_p = 0.16 + 0.4(M_r - 1) \qquad 1 \leqslant M_r \leqslant 1.8 \qquad (6-9)$$

调节时间：

$$t_s = \frac{\pi}{\omega_c}[2 + 1.5(M_r - 1) + 2.5(M_r - 1)^2], \quad 1 \leqslant M_r \leqslant 1.8 \quad (6-10)$$

6.1.3 校正方式

按照校正装置在系统中的连接方式，系统校正方式可分为串联校正、反馈校正和复合校正。以 $G_c(s)$ 表示校正装置的传递函数，$G_0(s)$、$G_1(s)$、$G_2(s)$ 分别表示被控对象的传递函数，可得以下几种校正连接方式。

串联校正方式如图 6-2 所示，校正装置 $G_c(s)$ 串接在前向通道中。串联校正简单，较易实现。串联校正装置常置于系统前向通道的能量较低的部分，以减小功率损耗，通常需要附加放大器，以提高系统的增益和(或)提供隔离。利用串联校正可以实现各种控制规律，以改善系统的控制性能。

反馈校正方式如图 6-3 所示，校正装置 $G_c(s)$ 接在系统的局部反馈回路之中。反馈校正具有减小参数的变化和非线性因素对系统性能影响的作用，因而可以提高系统的相对稳定性。由于反馈校正信号是从能量较高处向能量较低处传送的，所以一般不用附加放大器。但是，由于这种校正装置的设计更依赖于设计者的实际经验，所以它的应用远没有串联校正那么广泛。

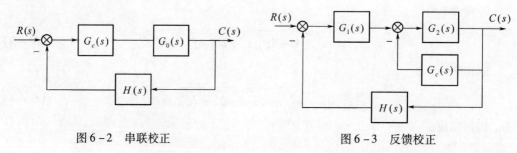

图 6-2　串联校正　　　　　　　　　　　图 6-3　反馈校正

复合校正方式是在反馈控制回路中，加入前馈校正通道组成一个前馈控制和反馈控制相结合的有机整体。复合校正又可分为按扰动补偿的复合校正方式和按输入补偿的复合校正方式。如图 6-4 所示，前馈校正装置接在系统可测扰动作用点与误差测量点之间，属于按扰动补偿的复合校正方式。如图 6-5 所示，前馈校正装置接在给定值之后，直接送入反馈系统的前向通道上，属于按输入补偿的复合校正方式。对于控制系统中存在强扰动或者系统的稳态精度和响应速度要求很高时，常采用复合校正控制。

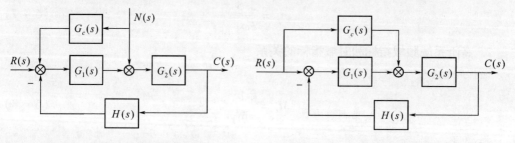

图 6-4　按扰动补偿的复合校正　　　　　图 6-5　按输入补偿的复合校正

系统校正不管用什么校正方式,关键在于校正装置的设计。校正装置可以由电气、机械、气动或液压装置等来构成。常用的校正装置有无源和有源两种。无源校正装置如 *RC* 网络,它的优点是线路简单、无需外加直流电源;有源校正装置是以运算放大器为核心元件组成的校正网络,虽然需要正、负直流电源,但由于具有高输入阻抗和低输出阻抗,因而与其他环节相连时不需要隔离装置,使用起来更为方便。

在控制系统设计中,对于选用哪种校正方式,取决于系统中的信号性质、技术实现的方便性、可供选用的元件、抗扰性要求、经济性要求、环境使用条件以及设计者的经验等因素。一般来说,串联校正设计比反馈校正设计简单,也比较容易对信号进行各种必要形式的变换。

6.1.4 校正设计的方法

用以进行系统校正设计的方法大体上可分成三类。

1. 频率法

用频率法对系统进行校正的基本做法是通过校正装置的引入改变开环频率特性中频部分的形状,即使校正后系统的开环频率特性具有如下特点:低频段增益满足稳态精度的要求;中频段对数幅频特性渐近线的斜率为 -20dB/dec,并具有一定宽度的频带,使系统具有满意的动态性能;高频段对数幅值能迅速衰减,以抑制高频噪声的影响。频率法主要是应用开环伯德图。从伯德图角度来看,频率法就是利用适当的校正装置的伯德图,配合开环增益的调整,来修改原有的开环系统的伯德图,使得开环系统经校正与增益调整后的伯德图符合性能指标的要求。

在线性控制系统中,常用的频率法校正设计有分析法和综合法两种。

分析法又称试探法。用分析法设计校正装置比较直观,在物理上易于实现,但要求设计者有一定的工程设计经验,设计过程带有试探性。目前工程技术界多采用分析法进行系统设计。

综合法又称期望特性法。这种设计方法从闭环系统性能与开环系统特性密切相关这一概念出发,根据规定的性能指标要求确定系统期望的开环特性形状,然后与系统原有开环特性相比较,从而确定校正方式、校正装置的形式和参数。综合法有广泛的理论意义,但希望的校正装置传递函数可能相当复杂,在物理上难以准确实现。

应当指出,不论是分析法或综合法,其设计过程一般仅适用于最小相位系统。

2. 根轨迹法

用根轨迹法对系统进行校正的基本思路是通过引入校正装置来重新配置系统的闭环零、极点,从而改善系统性能。基本做法就是在系统中加入校正装置,就是加入了新的开环零、极点,这些新的零、极点将使校正后的闭环根轨迹,也就是闭环极点,向有利于改善系统性能的方向改变,这样可以做到使闭环零、极点重新布置,从而满足闭环系统的性能要求。

3. 等效结构与等效传递函数方法

由于前几章中已经比较详细地研究了单位负反馈系统和典型一、二阶系统的性能指标,这种方法充分运用这些结果,将给定结构等效为已知的典型结构进行对比分析,这样往往使问题变得简单。

显然,上述几种方法都是建立在系统性能定性分析与定量估算的基础上的,而近似分析与估算的基础又是一、二阶系统,因此前几章的概念与分析方法是进行校正设计的必要基础。

系统的性能指标如果以时域形式给出时,一般采用根轨迹法进行校正;如果以频域形式给出时,通常采用频率法进行校正。工程实践中多采用频率法进行校正。

应当指出,校正设计是非唯一的,即达到给定性能指标,所采取校正方式和校正装置的具体形式可以不止一种,具有较大的灵活性,这也给设计工作带来了较大困难。因此设计过程中,往往是运用基本概念,在粗略估计的基础上,经过若干次试凑来达到要求的目的。

下面主要介绍控制系统的串联超前校正、串联滞后校正和串联滞后－超前校正。采用分析法进行频率法校正设计。

6.2　串联超前校正

当输入正弦信号时,稳态输出正弦信号的相位超前于输入信号的校正装置称为超前校正装置。该装置串接入系统中对系统进行校正的过程称为串联超前校正。

6.2.1　超前校正装置及其特性

如果一个串联校正装置频率特性具有正的相位角,则属于超前校正装置。图6-6是无源超前校正网络的电路图及其零、极点分布图。超前校正装置常采用图6-6(a)所示的无源超前网络来实现。假如输入信号源的内阻为零,且输出端的负载阻抗为无穷大,则超前校正网络的传递函数可写为

$$G_c(s) = \frac{U_2(s)}{U_1(s)} = \frac{1}{\alpha} \cdot \frac{\alpha Ts + 1}{Ts + 1} \tag{6-11}$$

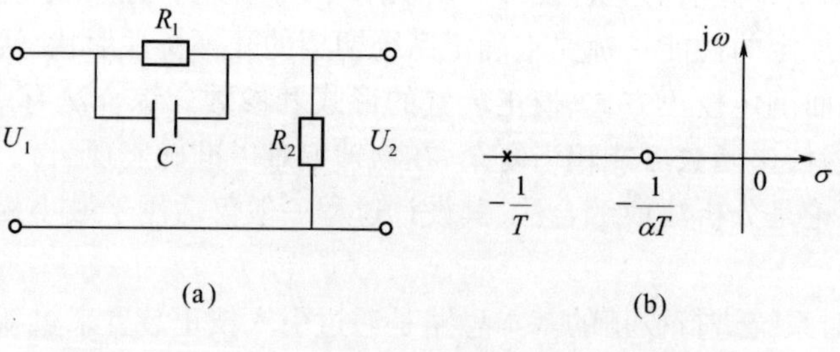

(a)　　　　　　　　(b)

图6-6　无源超前网络及零极点分布

式中

$$\alpha = \frac{R_1 + R_2}{R_2} > 1, \quad T = \frac{R_1 R_2}{R_1 + R_2} C$$

通常 α 称为分度系数,T 称为时间常数。

由式(6-11)可知,采用无源超前网络进行串联校正时,整个系统的开环增益要下降 α 倍,因此需要加以补偿,一般是在校正装置之前加一放大倍数为 α 的放大环节。这样,

超前校正装置的传递函数为

$$G_c(s) = \frac{\alpha T s + 1}{T s + 1}, \quad \alpha > 1 \tag{6-12}$$

很明显，超前校正装置的两个转折频率为

$$\omega_1 = \frac{1}{\alpha T}, \quad \omega_2 = \frac{1}{T}$$

则超前校正装置的传递函数又可写为

$$G_c(s) = \frac{\dfrac{1}{\omega_1}s + 1}{\dfrac{1}{\omega_2}s + 1}$$

由于 $\alpha > 1$，$\omega_2 > \omega_1$，故超前校正装置的零点总比极点更靠近虚轴，其相位为正角度。零点和极点两者之间的距离由常数 α 决定，改变 α 和 T 的数值，超前校正装置的零、极点可在 s 平面的负实轴上任意移动。

超前校正装置的对数频率特性如图 6-7 所示。显然，超前校正装置对频率在转折频率 $\dfrac{1}{\alpha T}$ 至 $\dfrac{1}{T}$ 之间的输入信号有明显的微分作用，在该频率范围内，输出信号相角比输入信号相角超前，超前校正装置的名称由此而得。

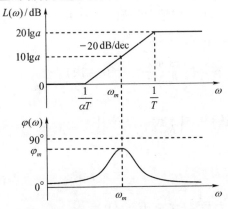

图 6-7　超前校正装置的对数频率特性

超前校正装置式(6-12)的相角为

$$\varphi_c(\omega) = \arctan(\alpha T \omega) - \arctan(T \omega) = \arctan \frac{\alpha T \omega - T \omega}{1 + \alpha T^2 \omega^2} \tag{6-13}$$

可见 $\varphi_c(\omega) > 0$。

令 $\dfrac{\mathrm{d}\varphi_c(\omega)}{\mathrm{d}\omega} = 0$，可求得最大超前相角 φ_m 及其对应的最大超前角频率 ω_m 为

$$\varphi_m = \arctan \frac{\alpha - 1}{2\sqrt{\alpha}} = \arctan \frac{\alpha - 1}{\alpha + 1} \tag{6-14}$$

$$\omega_m = \frac{1}{T\sqrt{\alpha}} \tag{6-15}$$

由式(6-15)可得

$$\lg\omega_m = \frac{1}{2}\left(\lg\frac{1}{\alpha T} + \lg\frac{1}{T}\right) \tag{6-16}$$

可见,ω_m 是转折频率$\frac{1}{\alpha T}$和$\frac{1}{T}$的几何中心点,在伯德图上,ω_m 位于转折频率$\frac{1}{\alpha T}$和$\frac{1}{T}$的中间位置。此外,还可以求出 ω_m 对应的幅值为

$$L_c(\omega_m) = 20\lg\frac{\sqrt{(\alpha T\omega_m)^2 + 1}}{\sqrt{(T\omega_m)^2 + 1}} = 20\lg\sqrt{\alpha} = 10\lg\alpha \tag{6-17}$$

由式(6-14)可得

$$\alpha = \frac{1 + \sin\varphi_m}{1 - \sin\varphi_m} \tag{6-18}$$

上式表明,最大超前角 φ_m 仅与分度系数 α 有关,α 值选得越大,超前校正装置的微分效应越强。当 $\alpha = 5 \sim 20$ 时,$\varphi_m = 42° \sim 65°$,当 $\alpha > 20$ 时,φ_m 增加不多,但校正装置的物理实现较困难,为了保持较高的系统信噪比,故一般取 $\alpha < 20$。

超前校正装置还可以采用图6-8所示的有源超前网络来实现。

由运算放大器电路分析中"虚地"的概念和复阻抗的概念,可得出有源超前网络的传递函数为

$$G_c(s) = \frac{U_2(s)}{U_1(s)} = -K_c\frac{\tau s + 1}{Ts + 1} \tag{6-19}$$

式中,$K_c = \dfrac{R_2 + R_3}{R_1}$;$T = R_4 C$;$\tau = \left(\dfrac{R_2 R_3}{R_2 + R_3} + R_4\right)C$。

若适当地选取电阻值,使 $R_2 + R_3 = R_1$,则 $K_c = 1$,有源超前网络的传递函数为

$$G_c(s) = -\frac{\tau s + 1}{Ts + 1}, \quad \tau > T \tag{6-20}$$

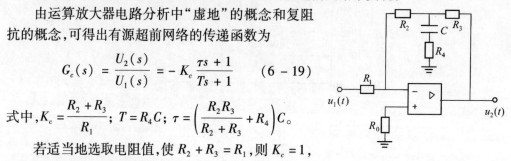

图6-8 有源超前网络

6.2.2 串联超前校正设计

1. 基本原理

串联超前校正的基本原理是利用超前校正装置的相位超前特性,使最大相位超前角叠加在校正后系统的截止频率处,即 $\omega_m = \omega_c$,以提高系统的相位裕量,从而改善系统的动态性能。

具体做法是正确地将超前校正装置的转折频率$\frac{1}{\alpha T}$和$\frac{1}{T}$选在待校正系统截止频率的两旁,通过适当选择参数 α 和 T,使已校正系统的截止频率和相位裕量满足性能指标要

求,从而改善闭环系统的动态性能;并通过选择已校正系统的开环增益来保证闭环系统的稳态性能要求。

为保证已校正系统中频段 ω_c 处斜率为 $-20\mathrm{dB/dec}$,校正装置的最大超前角频率处应叠加在原系统斜率为 $-40\mathrm{dB/dec}$ 的频率段上。由于 ω_m 处的幅值 $L(\omega_m)=10\lg\alpha>0$,所以叠加后必然使系统的截止频率增大,闭环系统带宽也同时增大。

2. 设计步骤

用频率法设计串联超前校正装置的步骤如下:

(1)根据稳态误差要求,确定开环增益 K。

(2)利用已确定的开环增益 K 绘制原系统的开环伯德图,求出原系统的截止频率 ω_{c0} 和相位裕量 γ_0。

(3)根据要求的相位裕量 γ,确定需要增加的相位超前角 φ_c,即

$$\varphi_c = \gamma - \gamma_0 + \Delta \qquad (6-21)$$

其中,Δ 为用于补偿因超前校正装置的引入,使系统的截止频率增大而带来的相位滞后量。一般,如果原系统的开环幅频特性在截止频率处的斜率为 $-40\mathrm{dB/dec}$,取 $\Delta=5°\sim12°$;如果在截止频率处的斜率为 $-60\mathrm{dB/dec}$,取 $\Delta=15°\sim20°$。

(4)确定超前校正装置的 α 值。令超前校正装置的最大超前相角 $\varphi_m=\varphi_c$,根据公式 $\alpha=\dfrac{1+\sin\varphi_m}{1-\sin\varphi_m}$ 确定 α 值。

(5)确定超前校正装置的 ω_m。在原系统对数幅频曲线 $L_0(\omega)$ 上找到幅值为 $-10\lg\alpha$ 的点,并选定该点的频率作为超前校正装置的 ω_m,则在该点处,$L_c(\omega)$ 与 $L_0(\omega)$ 的代数和为 $0\mathrm{dB}$,即该点频率也就是校正后系统的截止频率 ω_c,即

$$\begin{cases} L_c(\omega_m) = 10\lg\alpha = -L_0(\omega_c) \\ \omega_m = \omega_c \end{cases} \qquad (6-22)$$

(6)根据选定的 ω_m 确定校正装置的转折频率,并绘出校正装置的伯德图。

$$\omega_1 = \frac{1}{\alpha T} = \frac{\omega_m}{\sqrt{\alpha}}, \quad \omega_2 = \frac{1}{T} = \omega_m\sqrt{\alpha} \qquad (6-23)$$

(7)绘出校正后系统的伯德图,校验校正后系统的相位裕量是否满足要求。如不满足要求,则增大 Δ 值,从步骤(3)开始重新计算,直至全部性能指标都满足要求为止。

例 6-1 设一单位负反馈系统的开环传递函数为 $G_0(s)=\dfrac{K}{s(s+2)}$,如果要使系统的静态速度误差系数 $K_v=20\mathrm{s}^{-1}$,相位裕量 $\gamma\geqslant50°$,试设计串联超前校正装置。

解:(1)根据静态误差系数的要求,确定开环增益 K。

$$K_v = \lim_{s\to0}sG_0(s) = \frac{K}{2} = 20$$

则 $K=40$。

(2)绘制原系统的开环伯德图,如图 6-9 中所示的 $L_0(\omega)$ 和 $\varphi_0(\omega)$。

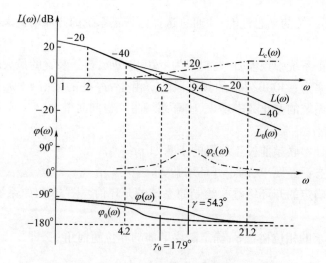

图 6 - 9　例 6 - 1 串联超前校正系统的伯德图

$$
\begin{cases}
A_0(\omega_{c0}) = \dfrac{40}{\omega_{c0}\sqrt{(\omega_{c0})^2 + 4}} = 1 \\[4mm]
\gamma_0 = 180° + \varphi(\omega_{c0}) = 180° - 90° - \arctan\dfrac{\omega_{c0}}{2}
\end{cases}
$$

可求得原系统截止频率 $\omega_{c0} = 6.2\text{rad/s}$，相位裕量 $\gamma_0 = 17.9°$，当然也可以通过图 6 - 9 中原系统伯德图 $L_0(\omega)$、$\varphi_0(\omega)$ 直接查出 ω_{c0} 和 γ_0，显然不满足给定的相位裕量要求。

（3）根据给定的相位裕量 γ，计算需要增加的相位超前角 φ_c。

$$
\varphi_c = \gamma - \gamma_0 + \Delta = 50° - 17.9° + 10° = 42.1°，\quad \Delta \text{ 取 } 10°
$$

（4）确定超前校正装置的 α 值。令 $\varphi_m = \varphi_c = 42.1°$

$$
\alpha = \frac{1 + \sin\varphi_m}{1 - \sin\varphi_m} = \frac{1 + \sin42.1°}{1 - \sin42.1°} = 5.1
$$

（5）确定超前校正装置的 ω_m，即为校正后的截止频率 ω_c。

校正装置在 ω_m 点处的对数幅值为

$$
L_c(\omega_m) = 10\lg\alpha = 10\lg5.1 = 7.1\text{dB}
$$

则有

$$
L_0(\omega_c) = 20\lg\frac{40}{\omega_c\sqrt{(\omega_c)^2 + 4}} = -L_c(\omega_m) = -7.1\text{dB}
$$

可以求出 $\omega_m = \omega_c = 9.4\text{rad/s}$。

当然也可以从图 6 - 9 中查出原系统对数幅频曲线 $L_0(\omega)$ 上幅值为 $-10\lg\alpha = -7.1\text{dB}$ 点处的频率，即为校正后的截止频率 ω_c。

（6）计算校正装置的转折频率，并作出其伯德图。

$$
\omega_1 = \frac{1}{\alpha T} = \frac{\omega_m}{\sqrt{\alpha}} = \frac{9.4}{\sqrt{5.1}} = 4.2，\quad \alpha T = 0.24
$$

$$\omega_2 = \frac{1}{T} = \omega_m \sqrt{\alpha} = 9.4 \sqrt{5.1} = 21.2, \quad T = 0.047$$

超前校正装置的传递函数为

$$G_c(s) = \frac{0.24s + 1}{0.047s + 1}$$

校正装置的开环伯德图如图6-9中的$L_c(\omega)$和$\varphi_c(\omega)$所示。

（7）校正后系统的开环传递函数为

$$G(s) = G_0(s)G_c(s) = \frac{40(0.24s + 1)}{s(s + 2)(0.047s + 1)}$$

校正后系统的开环伯德图如图6-9中的$L(\omega)$和$\varphi(\omega)$所示。校正后系统相位裕量可以通过计算求出，当然也可以从图6-9中校正后系统伯德图$L(\omega)$、$\varphi(\omega)$查出。

$$\gamma = 180° + \varphi(\omega_c)$$

$$= 180° + \left(-90° + \arctan 0.24\omega_c - \arctan \frac{\omega_c}{2} - \arctan 0.047\omega_c\right)$$

$$= 54.3°$$

综上，通过超前校正后，系统的静态速度误差系数$K_v = 20\text{s}^{-1}$，相位裕量$\gamma = 54.3°$，满足设计要求。

采用图6-6所示的无源超前网络来实现上述设计，则可根据$\frac{R_1 R_2}{R_1 + R_2} C = T = 0.047$，

$\frac{R_1 + R_2}{R_2} = \alpha = 5.1$ 来选择和计算电路参数R_1，R_2和C。需要注意的是，无源超前网络需要采用放大器来实现校正装置的增益补偿，使得系统同时满足的开环增益要求。

当然也可以采用图6-8所示的有源超前网络来实现上述设计，则可以根据$R_4 C = T = 0.047$，$\left(\frac{R_2 R_3}{R_2 + R_3} + R_4\right)C = \alpha T = 0.24$，以及$R_2 + R_3 = R_1$来选择和计算电路参数$R_1$，$R_2$，$R_3$，$R_4$和$C$。

很明显，上面两种电路参数的取值均具有多样性，所设计校正装置也具多样性。后面设计中的电路网络参数设计，均可参照此例完成。

从以上的分析设计中可以归纳出串联超前校正的主要特点。

（1）超前校正是利用超前校正装置的超前相位来提高系统的相位裕量，使校正后系统的开环对数幅频特性在中频段的渐近线斜率为-20dB/dec，减小了系统响应的超调量，提高了系统的相对稳定性。

（2）超前校正使截止频率增大，增加了系统的带宽，使系统的响应速度加快。

（3）超前校正装置实质是一个高通滤波器，校正后使系统的高频段幅值提高了$20\lg\alpha$，使系统抑制高频噪声干扰的能力减弱。

应当指出，在有些情况下采用串联超前校正是无效的，它受以下两个因素的限制：

（1）闭环带宽要求。若待校正系统不稳定，为了得到规定的相位裕量，需要超前校正

装置提供很大的相位超前量。这样,超前校正装置 α 的值必须选得很大,从而造成已校正系统带宽过大,使得通过系统的高频噪声电平很高,很可能使系统失控。

（2）在截止频率附近相位迅速减小的待校正系统,因为随着截止频率的增大,待校正系统相位迅速减小,使已校正系统的相位裕量改善不大,很难得到足够的相位超前量,一般不宜采用串联超前校正。在一般情况下,产生这种相位迅速减小的原因是,在待校正系统截止频率的附近,或有两个转折频率彼此靠近的惯性环节;或有两个转折频率彼此相等的惯性环节;或有一个振荡环节。

在上述情况下,系统可采用其他方法进行校正,例如采用两级（或两级以上）的串联超前装置进行串联超前校正,或采用一个滞后校正装置进行串联滞后校正。

6.3　串联滞后校正

当输入正弦信号时,稳态输出正弦信号的相位滞后于输入信号的校正装置称为滞后校正装置。该装置串接入系统中对系统进行校正的过程称为串联滞后校正。

6.3.1　滞后校正装置及其特性

如果一个串联校正装置频率特性具有负的相位角,则属于滞后校正装置。图 6-10 是无源滞后校正网络的电路图及其零、极点分布图。滞后校正装置常采用图 6-10(a) 所示的无源滞后网络来实现。假如输入信号源的内阻为零,且输出端的负载阻抗为无穷大,则滞后校正网络的传递函数可写为

$$G_c(s) = \frac{U_2(s)}{U_1(s)} = \frac{\beta Ts + 1}{Ts + 1} \tag{6-24}$$

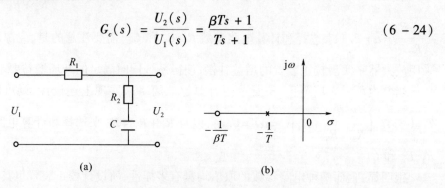

(a)　　　　　　　　　　(b)

图 6-10　无源滞后网络及零极点分布

式中

$$\beta = \frac{R_2}{R_1 + R_2} < 1, \qquad T = (R_1 + R_2)C$$

通常 β 称为滞后网络的分度系数,表示滞后深度。

很明显,滞后校正装置的两个转折频率为

$$\omega_1 = \frac{1}{T}, \quad \omega_2 = \frac{1}{\beta T}$$

则滞后校正装置的传递函数又可写为

156

$$G_c(s) = \frac{\dfrac{1}{\omega_2}s + 1}{\dfrac{1}{\omega_1}s + 1}$$

由于 $\beta < 1$，$\omega_2 > \omega_1$，故滞后校正装置的零点比极点距虚轴更远，其相位为负角度。

滞后校正装置的对数频率特性如图 6-11 所示。由图可见，滞后校正装置在转折频率 $\dfrac{1}{T}$ 至 $\dfrac{1}{\beta T}$ 之间呈积分效应，而对数相频特性呈滞后特性。与超前校正装置类似，最大滞后角 φ_m 发生在最大滞后角频率 ω_m 处，且 ω_m 正好是转折频率 $\dfrac{1}{T}$ 和 $\dfrac{1}{\beta T}$ 的几何中心。计算 ω_m 和 φ_m 的公式分别为

$$\omega_m = \sqrt{\omega_1 \omega_2} = \frac{1}{T\sqrt{\beta}} \qquad (6-25)$$

$$\varphi_m = \arctan\frac{1-\beta}{1+\beta} \qquad (6-26)$$

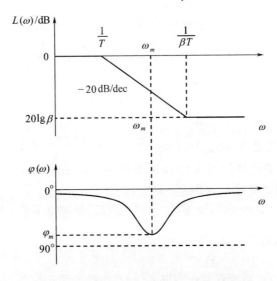

图 6-11　滞后校正装置的对数频率特性

由图 6-11 可见，滞后校正装置对低频有用信号不产生衰减，而对高频噪声信号有削弱作用，β 值越小，通过校正装置的噪声电平越低。

滞后校正装置还可以采用图 6-12 所示的有源滞后网络来实现。

由运算放大器电路分析中"虚地"的概念和复阻抗的概念，可得出有源滞后网络的传递函数为

$$G_c(s) = \frac{U_2(s)}{U_1(s)} = -K_c\frac{\tau s + 1}{Ts + 1} \quad (6-27)$$

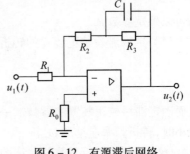

图 6-12　有源滞后网络

157

式中，$K_c = \dfrac{R_2 + R_3}{R_1}, T = R_3 C, \tau = \dfrac{R_2 R_3}{R_2 + R_3} C$。

若适当地选取电阻值，使 $R_2 + R_3 = R_1$，则 $K_c = 1$，有源滞后网络的传递函数为

$$G_c(s) = -\frac{\tau s + 1}{T s + 1}, \quad \tau < T \tag{6-28}$$

6.3.2 串联滞后校正设计

1. 基本原理

串联滞后校正的基本原理是利用滞后校正装置的高频幅值衰减特性，降低系统的截止频率，从而使系统获得足够的相位裕量，以改善系统的性能。

滞后校正装置的最大滞后相位角应力求避免发生在系统截止频率附近。在系统响应速度要求不高而抑制噪声电平性能要求较高的情况下，可考虑采用串联滞后校正。此外，如果待校正系统已具备满意的动态性能，仅稳态性能不满足指标要求，也可以采用串联滞后校正以提高系统的稳态精度，同时保持其动态性能仍然满足性能指标要求。

为了保证校正后系统的中频段截止频率 ω_c 处斜率为 -20dB/dec，要求原系统在 ω_c 处的开环对数幅频特性的斜率为 -20dB/dec，且幅频特性大于 0dB。由于滞后校正装置的滞后相位角将使系统的相位裕量减小，可考虑选取滞后校正装置的转折频率 $\omega_2 \ll \omega_c$，一般取 $\omega_2 = \left(\dfrac{1}{5} \sim \dfrac{1}{10}\right)\omega_c$，这样，滞后校正装置的滞后相位角对系统相位裕量的不利影响就会很小。

2. 设计步骤

用频率法设计串联滞后校正装置的步骤如下：

（1）根据稳态误差要求，确定开环增益 K。

（2）利用已确定的开环增益 K 绘制原系统的开环伯德图，求出原系统的截止频率 ω_{c0}、相位裕量 γ_0 和幅值裕量 $h_0(\text{dB})$。

（3）在原系统的开环相频特性曲线上找出能够满足相位裕量 γ 要求的频率为校正后的截止频率 ω_c，即

$$\varphi_0(\omega_c) = -180° + \gamma + \Delta \tag{6-29}$$

式中，Δ 为补偿滞后校正装置在截止频率 ω_c 处产生的滞后相位角，一般取 $\Delta = 5° \sim 15°$。

（4）在原系统的对数幅频特性上读取或计算选定的 ω_c 处的对数幅值 $L_0(\omega_c)$，并令

$$L_0(\omega_c) = -20\lg\beta \tag{6-30}$$

就可以确定参数 β。

（5）选取滞后校正装置的转折频率 $\omega_2 \ll \omega_c$，通常取

$$\omega_2 = \frac{1}{\beta T} = \left(\frac{1}{5} \sim \frac{1}{10}\right)\omega_c \tag{6-31}$$

从而确定滞后校正装置的参数。一般转折频率的取值与步骤（3）中 Δ 的取值对应，当 Δ 较小时，转折频率应远离 ω_c。

（6）绘出校正后系统的伯德图，校验校正后系统的相位裕量和幅值裕量是否满足要

158

求,如不满足,可重选 ω_c,重新进行计算,直至全部性能指标都满足要求为止。

例 6 – 2 设一单位负反馈系统的开环传递函数为 $G_0(s) = \dfrac{K}{s(s+1)(0.5s+1)}$,如果要使系统的静态速度误差系数 $K_v = 5\mathrm{s}^{-1}$,相位裕量 $\gamma \geqslant 40°$,幅值裕量 $h \geqslant 10\mathrm{dB}$,试设计串联滞后校正装置。

解:(1)根据静态误差系数的要求,确定开环增益 K。

$$K_v = \lim_{s \to 0} s G_0(s) = K = 5$$

(2)绘制原系统的开环伯德图,如图 6 – 13 中所示的 $L_0(\omega)$ 和 $\varphi_0(\omega)$。

$$\begin{cases} A_0(\omega_{c0}) = \dfrac{5}{\omega_{c0}\sqrt{(\omega_{c0})^2 + 1}\sqrt{(0.5\omega_{c0})^2 + 1}} = 1 \\ \gamma_0 = 180° + \varphi(\omega_{c0}) = 180° - 90° - \arctan\omega_{c0} - \arctan 0.5\omega_{c0} \end{cases}$$

可求得原系统截止频率 $\omega_{c0} = 1.8\mathrm{rad/s}$,相位裕量 $\gamma_0 = -13°$。当然也可以通过图 6 – 13 中原系统伯德图 $L_0(\omega)$、$\varphi_0(\omega)$ 直接查出 ω_{c0}、γ_0。

$$\begin{cases} \varphi_0(\omega_{g0}) = -90° - \arctan\omega_{g0} - \arctan 0.5\omega_{g0} = -180° \\ h_0 = -20\lg A(\omega_{g0}) = -20\lg \dfrac{5}{\omega_{g0}\sqrt{(\omega_{g0})^2 + 1}\sqrt{(0.5\omega_{g0})^2 + 1}} \end{cases}$$

可求得原系统穿越频率 $\omega_{g0} = 1.4\mathrm{rad/s}$,幅值裕量 $h_0 = -4.4\mathrm{dB}$。当然也可以通过图 6 – 13 中原系统伯德图 $L_0(\omega)$、$\varphi_0(\omega)$ 直接查出 ω_{g0}、h_0。

显然相位裕量和幅值裕量均不满足要求,且系统不稳定。

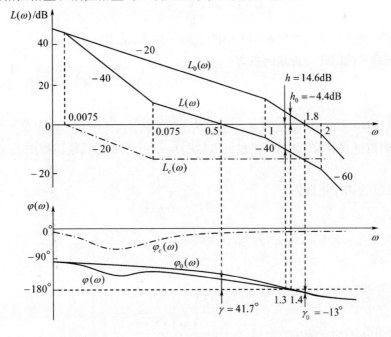

图 6 – 13 例 6 – 2 串联滞后校正系统的伯德图

（3）确定校正后系统的截止频率 ω_c。

$$\varphi_0(\omega_c) = -180° + \gamma + \Delta = -180° + 40° + 10° = -130°, \quad \Delta \text{ 取 } 10°$$

即

$$\varphi_0(\omega_c) = -90° - \arctan\omega_c - \arctan0.5\omega_c = -130°$$

可得，$\omega_c = 0.5\text{rad/s}$。当然也可以通过图 6 - 13 中原系统伯德图 $L_0(\omega)$、$\varphi_0(\omega)$ 直接查出。

（4）求 β 值。

由 $L_0(\omega_c) = -20\lg\beta$ 得

$$L_0(\omega_c) = 20\lg\frac{5}{\omega_c\sqrt{(\omega_c)^2+1}\sqrt{(0.5\omega_c)^2+1}} = -20\lg\beta$$

将 $\omega_c = 0.5\text{rad/s}$ 代入，可求得 $\beta = 0.1$。

（5）确定滞后校正装置的参数。

由 $\omega_2 = \dfrac{1}{\beta T} = \left(\dfrac{1}{5} \sim \dfrac{1}{10}\right)\omega_c$，可取

$$\omega_2 = \frac{1}{\beta T} = 0.15\omega_c = 0.075\text{rad/s}$$

得 $$\beta T = 13.3, T = 133, \omega_1 = \frac{1}{T} = 0.0075$$

滞后校正装置的传递函数为

$$G_c(s) = \frac{13.3s+1}{133s+1}$$

校正装置的开环伯德图如图 6 - 13 中的 $L_c(\omega)$ 和 $\varphi_c(\omega)$ 所示。

（6）校正后系统的开环传递函数为

$$G(s) = G_0(s)G_c(s) = \frac{5(13.3s+1)}{s(s+1)(0.5s+1)(133s+1)}$$

校正后系统的开环伯德图如图 6 - 13 中的 $L(\omega)$ 和 $\varphi(\omega)$ 所示。校正后系统相位裕量、幅值裕量可以通过计算求出，当然也可以从图 6 - 9 中校正后系统伯德图 $L(\omega)$、$\varphi(\omega)$ 查出。

校正后系统的相位裕量为

$$\gamma = 180° + \varphi(\omega_c)$$

$$= 180° + (-90° + \arctan13.3\omega_c - \arctan\omega_c - \arctan0.5\omega_c - \arctan133\omega_c)$$

$$= 41.7°$$

$$\begin{cases} \varphi(\omega_g) = -90° + \arctan13.3\omega_g - \arctan\omega_g - \arctan0.5\omega_g - \arctan133\omega_c = -180° \\[2mm] h = -20\lg A(\omega_g) = -20\lg\dfrac{5\sqrt{(13.3\omega_g)^2+1}}{\omega_g\sqrt{(\omega_g)^2+1}\sqrt{(0.5\omega_g)^2+1}\sqrt{(133\omega_c)^2+1}} \end{cases}$$

160

可求得校正后系统的穿越频率 $\omega_g = 1.3\text{rad/s}$，幅值裕量 $h = 14.6\text{dB}$。

综上，通过滞后校正后，系统的静态速度误差系数 $K_v = 5\text{s}^{-1}$，相位裕量 $\gamma = 41.7°$，幅值裕量 $h = 14.6\text{dB}$，满足设计要求。

从以上的分析设计中可以归纳出串联滞后校正的主要特点为：

（1）串联滞后校正是利用滞后校正装置的高频幅值衰减特性使截止频率减小来提高相位裕量，而不是利用其相位的滞后特性，通过滞后校正可以提高系统的抗干扰能力。

（2）串联滞后校正降低了系统的截止频率，使系统的带宽变窄，导致动态响应时间增大，响应速度变慢。

（3）滞后校正装置实质上是一个低通滤波器。

（4）通过调整放大系数，可以对低频信号有较高的增益，在相对稳定性不变的情况下提高系统的稳态精度。

串联滞后校正与串联超前校正两种方法，在完成系统校正任务方面是一致的，但有以下不同之处：

（1）超前校正是利用超前校正装置的相位超前特性，而滞后校正则是利用滞后校正装置的高频幅值衰减特性。

（2）为了满足严格的稳态性能要求，当采用无源校正网络时，超前校正要求一定的附加增益，而滞后校正一般不需要附加增益。

（3）对于同一系统，采用超前校正的系统带宽大于采用滞后校正的系统带宽。从提高系统响应速度的观点来看，希望系统带宽越大越好；与此同时，带宽越大则系统越易受噪声干扰的影响，因此如果系统输入端噪声电平较高，一般不宜选用超前校正。

最后指出，在有些应用方面，采用滞后校正可能会得出时间常数大到不能实现的结果。这种不良后果的出现，是由于需要在足够小的频率值上安置滞后校正装置的第一个转折频率 ω_1，以保证在需要的频率范围内产生有效的高频幅值衰减特性所致。在这种情况下，最好采用串联滞后 – 超前校正。

6.4　串联滞后－超前校正

利用超前校正可使相位裕量增大，从而增加带宽，提高系统的快速性，但抗干扰能力降低了。而滞后校正可以解决提高稳态精度和相对稳定性的矛盾，但会使带宽变窄，快速性降低。为了全面提高系统的动态性能，使相对稳定性、稳态精度和快速性都有所改善，可以采用滞后－超前校正。

当输入正弦信号时，稳态输出正弦信号的相位在低频段滞后于输入信号，在高频段超前于输入信号的校正装置称为滞后－超前校正装置。该装置串接入系统中对系统进行校正的过程称为串联滞后－超前校正。滞后－超前校正可看成滞后校正与超前校正相串联。

6.4.1　滞后－超前校正装置及其特性

图 6－14 是无源滞后－超前校正网络的电路图及其零、极点分布图。滞后－超前校正装置常采用图 6－14(a)所示的无源滞后－超前网络来实现。其传递函数可写为

$$G_c(s) = \frac{U_2(s)}{U_1(s)} = \frac{(T_a s + 1)(T_b s + 1)}{T_a T_b s^2 + (T_a + T_b + T_{ab})s + 1} \quad (6-32)$$

式中，$T_a = R_1 C_1$，$T_b = R_2 C_2$，$T_{ab} = R_1 C_2$。

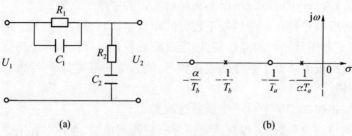

(a)   (b)

图6-14　无源滞后-超前网络及零极点分布

通过适当选择参量，使式(6-32)的分母二项式有两个不相等的负实根，则式(6-32)可以写为

$$G_c(s) = \frac{(T_a s + 1)(T_b s + 1)}{(T_1 s + 1)(T_2 s + 1)} \quad (6-33)$$

比较式(6-32)和式(6-33)，可得

$$T_1 T_2 = T_a T_b$$

$$T_1 + T_2 = T_a + T_b + T_{ab}$$

同样，通过适当选择参数，可使得

$$T_1 > T_a, \qquad \frac{T_a}{T_1} = \frac{T_2}{T_b} = \frac{1}{\alpha}, \quad \alpha > 1$$

则有

$$T_1 = \alpha T_a, \quad T_2 = \frac{T_b}{\alpha}$$

于是，无源滞后-超前网络的传递函数可表示为

$$G_c(s) = \frac{(T_a s + 1)(T_b s + 1)}{(\alpha T_a s + 1)\left(\dfrac{T_b}{\alpha}s + 1\right)} \quad (6-34)$$

其中，$\dfrac{(T_a s + 1)}{(\alpha T_a s + 1)}$ 为滞后部分；$\dfrac{(T_b s + 1)}{\left(\dfrac{T_b}{\alpha}s + 1\right)}$ 为超前部分。

很明显，滞后-超前校正装置的滞后部分的两个转折频率为

$$\omega_1 = \frac{1}{\alpha T_a}, \quad \omega_2 = \frac{1}{T_a}$$

滞后-超前校正装置的超前部分的两个转折频率为

162

$$\omega_3 = \frac{1}{T_b}, \quad \omega_4 = \frac{\alpha}{T_b}$$

则滞后 – 超前校正装置的传递函数又可写为

$$G_c(s) = \frac{\left(\dfrac{1}{\omega_2}s + 1\right)\left(\dfrac{1}{\omega_3}s + 1\right)}{\left(\dfrac{1}{\omega_1}s + 1\right)\left(\dfrac{1}{\omega_4}s + 1\right)}$$

如图 6 – 14(b)所示,滞后 – 超前校正装置传递函数的零、极点均位于负实轴上,滞后部分的零、极点相比超前部分的零、极点更靠近坐标原点。

滞后 – 超前校正装置的对数频率特性如图 6 – 15 所示。可见,在 $0 < \omega < \omega_{m1}$ 频带内,滞后 – 超前校正装置呈现滞后的相位特性;在 $\omega_{m1} < \omega < \infty$ 频带内,滞后 – 超前校正装置呈现超前的相位特性;在 $\omega = \omega_{m1}$ 处相位为零,有

$$\omega_{m1} = \frac{1}{\sqrt{T_a T_b}} = \frac{1}{\sqrt{T_1 T_2}} \tag{6 – 35}$$

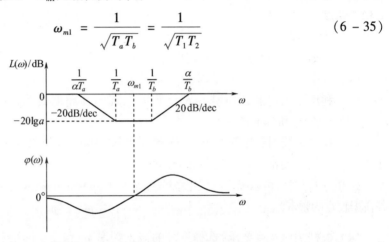

图 6 – 15　滞后 – 超前校正装置的对数频率特性

滞后 – 超前校正装置的实质是综合利用滞后网络幅值衰减特性、超前网络相位超前特性,改造系统开环频率特性,提高系统性能。

滞后 – 超前校正装置还可以采用图 6 – 16 所示的有源滞后 – 超前网络来实现。

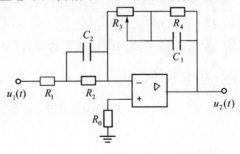

图 6 – 16　有源滞后 – 超前网络

由运算放大器电路分析中"虚地"的概念和复阻抗的概念,可得出有源滞后 – 超前网络的传递函数为

$$G_c(s) = \frac{U_2(s)}{U_1(s)} = -K_c \frac{(\tau_1 s + 1)(\tau_2 s + 1)}{(T_1 s + 1)(T_2 s + 1)} \qquad (6-36)$$

式中, $K_c = \dfrac{R_3 + R_4}{R_1 + R_2}$, $\tau_1 = \dfrac{R_3 R_4}{R_1 + R_2} C_1$, $\tau_2 = R_2 C_2$, $T_1 = R_4 C_1$, $T_2 = \dfrac{R_1 R_2}{R_1 + R_2} C_2$。

6.4.2 串联滞后－超前校正设计

1. 基本原理

串联滞后－超前校正方法兼有滞后校正和超前校正的优点,即已校正系统响应速度较快,超调量较小,抑制高频噪声的性能也较好。当待校正系统不稳定,且要求校正后系统的响应速度、相位裕量和稳态精度较高时,采用串联滞后－超前校正比较好。其基本原理是利用滞后－超前校正装置中超前部分的相位超前角来增大系统的相位裕量,同时利用滞后－超前校正装置中滞后部分的幅值衰减,允许系统低频段的增益提高,来改善系统的稳态精度。

2. 设计步骤

用频率法设计串联滞后－超前校正装置的步骤如下:

(1) 根据稳态误差要求,确定开环增益 K。

(2) 利用已确定的开环增益 K 绘制原系统的开环伯德图,求出原系统的截止频率 ω_{c0}、相位裕量 γ_0 和幅值裕量 h_0。

(3) 在原系统对数幅频特性上,选择斜率从 -20dB/dec 变为 -40dB/dec 的转折频率作为滞后－超前校正装置的超前部分的转折频率 ω_3。

ω_3 的这种选法,可以降低已校正系统的阶次,且可保证中频区斜率为期望的 -20dB/dec,并占据较宽的频带。

(4) 根据响应速度要求,选择系统的截止频率 ω_c 和校正网络衰减因子 $\dfrac{1}{\alpha}$。要保证已校正系统的截止频率为所选的 ω_c,下列等式应成立:

$$-20\lg\alpha + L_0(\omega_c) + 20\lg T_b \omega_c = 0 \qquad (6-37)$$

式中, $T_b = \dfrac{1}{\omega_3}$, $L_0(\omega_c) + 20\lg T_b \omega_c$ 可由待校正系统对数幅频特性的 -20dB/dec 延长线在 ω_c 处的数值确定。因此,由式(6-37)可以求出 α 值。

(5) 根据相位裕量要求,估算滞后－超前校正装置的滞后部分的转折频率 ω_2。为了避免滞后部分的相位滞后对相位裕量的影响,一般按 $\omega_2 = \dfrac{1}{T_a} < 0.1\omega_c$ 的原则选取。

(6) 校验已校正系统的各项性能指标。如不满足要求,则需重新计算,直至全部性能指标都满足要求为止。

例 6-3 设一单位负反馈系统的开环传递函数为 $G_0(s) = \dfrac{K}{s(0.15s+1)(0.5s+1)}$, 如果要使系统的静态速度误差系数 $K_v = 180\text{s}^{-1}$,相位裕量 $\gamma = 45° \pm 3°$,幅值裕量 $h \geqslant 10\text{dB}$,动态过程调整时间 $t_s \leqslant 3\text{s}$。试设计串联滞后－超前校正装置。

解：（1）根据静态误差系数的要求，确定开环增益 K。

$$K_v = \lim_{s \to 0} s G_0(s) = K = 180$$

（2）绘制原系统的开环伯德图，如图 6-17 中所示的 $L_0(\omega)$ 和 $\varphi_0(\omega)$。

$$\begin{cases} A_0(\omega_{c0}) = \dfrac{180}{\omega_{c0}\sqrt{(0.15\omega_{c0})^2 + 1}\sqrt{(0.5\omega_{c0})^2 + 1}} = 1 \\ \gamma_0 = 180° + \varphi(\omega_{c0}) = 180° - 90° - \arctan 0.15\omega_{c0} - \arctan 0.5\omega_{c0} \end{cases}$$

可求得原系统截止频率 $\omega_{c0} = 12.8\,\text{rad/s}$，相位裕量 $\gamma_0 = -53.6°$，当然也可以通过图 6-17 中原系统伯德图 $L_0(\omega)$、$\varphi_0(\omega)$ 直接查出 ω_{c0}、γ_0。

$$\begin{cases} \varphi_0(\omega_{g0}) = -90° - \arctan 0.15\omega_{g0} - \arctan 0.5\omega_{g0} = -180° \\ h_0 = -20\lg A(\omega_{g0}) = -20\lg \dfrac{180}{\omega_{g0}\sqrt{(0.15\omega_{g0})^2 + 1}\sqrt{(0.5\omega_{g0})^2 + 1}} \end{cases}$$

可求得原系统穿越频率 $\omega_{g0} = 3.7\,\text{rad/s}$，幅值裕量 $h_0 = -26.4\,\text{dB}$，当然也可以通过图 6-17 中原系统伯德图 $L_0(\omega)$、$\varphi_0(\omega)$ 直接查出 ω_{g0}、h_0。

显然相位裕量和幅值裕量均不满足要求，且系统不稳定。

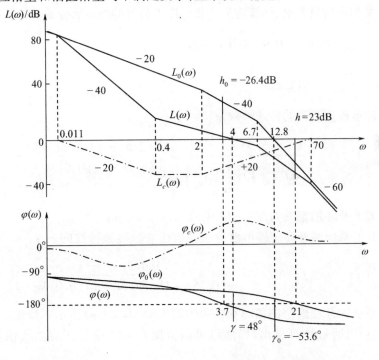

图 6-17　例 6-3 串联滞后-超前校正系统的伯德图

（3）在原系统对数幅频特性上的两个转折频率为 2 和 6.7，选择斜率从 -20dB/dec 变为 -40dB/dec 的转折频率作为滞后-超前校正装置的超前部分的转折频率 ω_3，即

$$\omega_3 = \frac{1}{T_b} = 2, \quad \text{可得} \quad T_b = 0.5$$

（4）根据响应速度要求,选择系统的截止频率 ω_c 和校正网络衰减因子 $\dfrac{1}{\alpha}$。

$$M_r = \frac{1}{\sin\gamma} = \frac{1}{\sin 45°} = 1.4$$

$$t_s = \frac{\pi}{\omega_c}[2 + 1.5(M_r - 1) + 2.5(M_r - 1)^2] \leqslant 3$$

将 $M_r = 1.4$ 代入可得, $\omega_c \geqslant 3.2$。

考虑到要求中频区斜率为 -20dB/dec,故 ω_c 应在 $3.2 \sim 6.7\text{rad/s}$ 范围内取值。由于 -20dB/dec 的中频区应占据一定宽度,故选取 $\omega_c = 4$,则由

$$-20\lg\alpha + L_0(\omega_c) + 20\lg T_b\omega_c = 0$$

也即

$$-20\lg\alpha + 20\lg\frac{180}{\omega_c\sqrt{(0.15\omega_c)^2 + 1}\sqrt{(0.5\omega_c)^2 + 1}} + 20\lg T_b\omega_c = 0$$

将 $\omega_c = 4$, $T_b = 0.5$ 代入,可求得 $\alpha = 35$。

（5）根据相位裕量要求,估算滞后 – 超前校正装置的滞后部分的转折频率 ω_2。

选取, $\omega_2 = \dfrac{1}{T_a} = 0.1\omega_c = 0.4$,可得 $T_a = 2.5$。

所以, $\omega_1 = \dfrac{1}{\alpha T_a} = 0.011$, $\omega_4 = \dfrac{\alpha}{T_b} = 70$。

滞后 – 超前校正装置的传递函数为

$$G_c(s) = \frac{(T_a s + 1)(T_b s + 1)}{(\alpha T_a s + 1)\left(\dfrac{T_b}{\alpha}s + 1\right)} = \frac{(2.5s + 1)(0.5s + 1)}{(87.5s + 1)(0.014s + 1)}$$

校正装置的开环伯德图如图 6 – 17 中的 $L_c(\omega)$ 和 $\varphi_c(\omega)$ 所示。

（6）校正后系统的开环传递函数为

$$G(s) = G_0(s)G_c(s) = \frac{180(2.5s + 1)}{s(0.15s + 1)(87.5s + 1)(0.014s + 1)}$$

校正后系统的开环伯德图如图 6 – 17 中的 $L(\omega)$ 和 $\varphi(\omega)$ 所示。校正后系统相位裕量、幅值裕量可以通过计算求出,当然也可以从图 6 – 17 中校正后系统伯德图 $L(\omega)$、$\varphi(\omega)$ 查出。

校正后系统的相位裕量为

$$\gamma = 180° + \varphi(\omega_c)$$

$$= 180° + (-90° + \arctan 2.5\omega_c - \arctan 0.15\omega_c - \arctan 87.5\omega_c - \arctan 0.014\omega_c)$$

$$= 48°$$

166

$$\begin{cases} \varphi(\omega_g) = -90° + \arctan 2.5\omega_g - \arctan 0.15\omega_g - \arctan 87.5\omega_g - \arctan 0.014\omega_c = -180° \\ h = -20\lg A(\omega_g) = -20\lg \dfrac{180\sqrt{(2.5\omega_g)^2+1}}{\omega_g\sqrt{(0.15\omega_g)^2+1}\sqrt{(87.5\omega_g)^2+1}\sqrt{(0.014\omega_c)^2+1}} \end{cases}$$

可求得校正后系统的穿越频率 $\omega_g = 21\text{rad/s}$，幅值裕量 $h = 23\text{dB}$。

综上，通过滞后－超前校正后，系统的静态速度误差系数 $K_v = 180\text{s}^{-1}$，相位裕量 $\gamma = 48°$，幅值裕量 $h = 23\text{dB}$，调整时间 $t_s \leqslant 3\text{s}$，满足设计要求。

习　　题

6-1　设某单位负反馈系统的开环传递函数为

$$G_0(s) = \frac{K}{s(0.5s+1)}$$

要使系统的静态速度误差系数 $K_v = 20\text{s}^{-1}$，相位裕量 $\gamma \geqslant 50°$，试设计串联超前校正装置。

6-2　设某单位负反馈系统的开环传递函数为

$$G_0(s) = \frac{K}{s(0.1s+1)(0.2s+1)}$$

要使系统的静态速度误差系数 $K_v = 30\text{s}^{-1}$，相位裕量 $\gamma \geqslant 40°$，幅值裕量 $h \geqslant 10\text{dB}$，试设计串联滞后校正装置。

6-3　设某单位负反馈系统的开环传递函数为

$$G_0(s) = \frac{K}{s\left(\frac{1}{6}s+1\right)\left(\frac{1}{2}s+1\right)}$$

要使系统的静态速度误差系数 $K_v = 180\text{s}^{-1}$，相位裕量 $\gamma = 45° \pm 3°$，幅值裕量 $h \geqslant 10\text{dB}$，动态过程调整时间 $t_s \leqslant 3\text{s}$。试设计串联滞后－超前校正装置。

6-4　设单位反馈系统的开环传递函数为

$$G(s) = \frac{40}{s(0.2s+1)(0.0625s+10)}$$

（1）若要求校正后系统相位裕量 $\gamma = 30°$，幅值裕量 $h = 10° \sim 12°\text{dB}$，试设计串联超前校正装置。

（2）若要求校正后系统相位裕量 $\gamma = 50°$，幅值裕量 $h = 30° \sim 40°\text{dB}$，试设计串联滞后校正装置。

6-5　设单位反馈系统的开环传递函数为

$$G(s) = \frac{8}{s(2s+1)}$$

若采用滞后－超前校正装置

$$G_c(s) = \frac{(10s + 1)(2s + 1)}{(100s + 1)(0.2s + 1)}$$

对系统进行串联校正,试绘制系统校正前后的伯德图,并计算系统校正前后的相位裕量。

6-6 单位负反馈最小相位系统的开环对数幅频特性如图6-18所示,其中虚线是未加校正的,实线是加串联校正的(图中小圆圈为折线的起点)。

(1) 求串联校正装置的传递函数 $G_c(s)$。

(2) 求串联校正后,使闭环系统稳定的开环放大倍数 K 的取值范围。

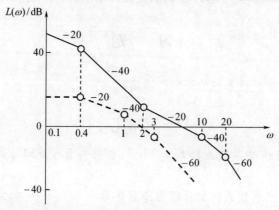

图6-18 单位负反馈最小相位系统的开环对数幅频特性

6-7 已知单位反馈控制系统,其固定不变部分传递函数 $G_0(s)$ 和串联校正装置 $G_c(s)$ 分别如图6-19(a)、(b)所示。要求:

(1) 写出校正后各系统的开环传递函数;

(2) 分析各 $G_c(s)$ 对系统的作用,并比较其优缺点。

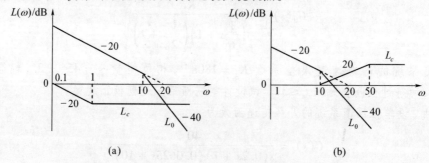

(a)   (b)

图6-19 串联校正系统

6-8 单位反馈控制系统的开环传递函数为

$$G(s) = \frac{400}{s^2(0.01s + 1)}$$

图6-20为三种推荐稳定系统的串联校正网络特性,它们均由最小相位环节组成。试问:

(1) 这些校正网络特性中,哪一种可使已校正系统的稳定程度最好?

(2) 为了将12Hz的正弦噪声削弱10倍作用,你确定采用哪种校正网络特性?

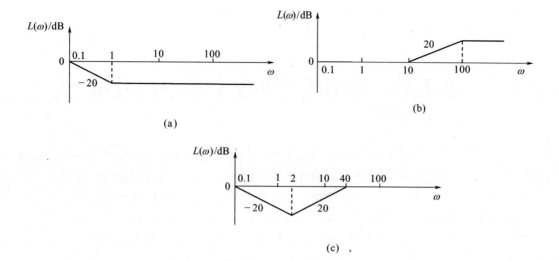

图 6 - 20　推荐的校正网络特性

第7章 控制理论在航空器中的应用

自 1912 年美国的爱莫尔斯派雷研制成功第一台可以保持飞机稳定平飞的电动陀螺稳定装置以来,能够稳定飞机姿态运动的自动控制装置(自动驾驶仪)得以快速发展。第二次世界大战以后,出现了将自动驾驶仪和其他机载装置组合构成飞机的航迹自动控制系统,如定高和自动下滑导引系统等。自成功突破音障以后,飞机的飞行包线逐渐扩大,仅靠气动布局和发动机设计所获得的飞机性能已经很难满足复杂飞行任务的要求。因此,借助于自动控制技术来改善飞机稳定性的飞行自动控制装置(如增稳系统)相继出现,在此基础上自动驾驶仪的功能得到进一步的扩展,发展成为飞行自动控制系统。

本章主要内容为飞机的动力学建模、飞行控制系统的分析和设计。

7.1 飞行控制系统简介

飞行安全一直是有人驾驶飞机的设计最高目标。虽然在民用航空领域,飞机的经济性、飞行舒适性和正点运行也是重要目标,但相对飞行安全而言,这些只能处于次要地位。为了满足飞行安全性和完成飞行任务,飞行控制系统所要完成的基本任务主要有下列四类。

(1) 改善飞行品质。包括改善俯仰、滚转和偏航通道的固有阻尼特性和固有频率特性;改善飞机对操纵输入信号的响应特性;改善飞机对大气紊流的响应特性;对一侧发动机停车或抛投载荷等引起的大扰动情况能进行有效控制。

(2) 协助航迹控制。在机动飞行阶段,驾驶员更需要飞行控制系统的支持,这种支持不仅能使驾驶员进行精确的飞行航迹控制,也能使驾驶员应对飞机剧烈而迅速变化的机动。

(3) 全自动航迹控制。全自动航迹控制是指无驾驶员参与的全自动化的飞行轨迹控制,是完全由所有六个自由度飞行自动控制系统来完成的。最初的自动飞行航迹控制系统仅承担巡航飞行阶段的稳定任务,后来加上了飞行阶段之间的曲线飞行和过度飞行航迹段,最后,实现了由多个阶段组合而成的复杂飞行航迹。

(4) 监控和任务规划。通常在飞行过程中,驾驶员应按照飞行计划,合理地使用机载系统实现最优飞行,并对整个飞行过程进行有效地监控和决策。目前,这项工作正越来越多地由飞行管理计算机来承担。这些系统还逐渐担负起选择电台和发射频率、变换导航系统和控制系统工作模式以及各个飞行阶段的程序控制等费时费力的工作。

飞行控制系统能够减轻驾驶员长时间连续驾驶飞机的疲劳,此外,当驾驶员的反应速度和能力不能胜任多种参数的观测和协调控制时,飞行控制系统也能支持驾驶员完成艰巨的飞行任务,成为驾驶员的得力助手。高品质的飞行控制系统是现代高性能飞机实现安全飞行和完成复杂飞行任务的重要保证,是现代飞机设计技术中不可缺少的重要环节。

驾驶飞行的方式可分为三种：人工驾驶、半自动驾驶和自动驾驶。

人工驾驶方式的特点是，驾驶员不但要亲自对周围的飞行环境进行观察并从领航员、调度员和指示仪表中获得飞行信息，而且还要独立地决策并操纵驾驶杆来完成控制动作。在飞行过程中，驾驶员要全神贯注地观察各种飞行指示仪表，然后经过大脑思维做出决断，并通过手脚来适时准确地操纵飞机，如图7-1所示。

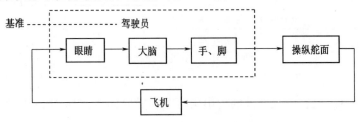

图 7-1   人工驾驶飞机的过程

半自动驾驶方式的特点是，随动系统的任务是由驾驶员来完成的。驾驶员通过监视仪表并操纵驾驶杆来修正由半自动装置形成的失配信号。

自动驾驶方式的特点是，驾驶员在控制回路之外，只是监视着仪器仪表的信息，并不操纵驾驶杆。控制机构（如，气动舵面和发动机油门等）的动作完全由随动系统按照自动装置的信号来驱动完成。

飞行控制系统自动驾驶飞机的过程与驾驶员人工驾驶飞机的过程相似。先需要传感器测量飞机的飞行状态，再由综合计算装置根据预置指令进行比较计算，然后输出控制信号给执行机构来驱动操纵舵面，从而产生空气动力和力矩来控制飞机的飞行状态，如图7-2所示。

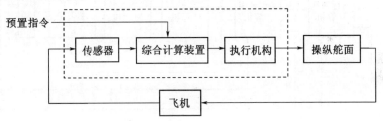

图 7-2   飞行控制系统自动控制过程

飞行控制系统是完成各种单一功能控制子系统的总和。典型飞行控制系统的总体结构如图7-3所示，系统主要由完成三个功能任务的层次构成：最低层的任务是提高飞机运动和突风减缓的固有阻尼（三个运动轴方向的阻尼器功能）；第二层的任务是稳定飞机的姿态角（基本驾驶仪的功能，主要进行角运动控制）；第三层的任务是控制飞行高度、航迹和飞行速度，实现较高级自动驾驶功能。

典型的飞行控制系统一般包括如下基本组成部分。

（1）测量传感器，用来测量飞行控制所需要的飞机运动参数，如垂直陀螺仪、航向陀螺仪、速率陀螺仪以及加速度计等，是飞行控制系统的信息来源。

（2）信号处理单元，主要负责将测量传感器的测量信号加以处理，形成符合控制要求的信号和飞行自动控制规律，如机载计算机等。

（3）放大部件，用来将信号处理单元的输出信号进行必要的放大处理，以便驱动执行

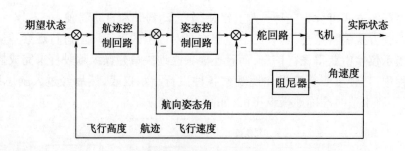

图 7 – 3 典型飞行控制系统

机构。

（4）执行机构，根据放大部件的输出信号驱动舵面偏转，如常用的电动伺服舵机和液压伺服舵机等。

图 7–4 为目前广泛应用的飞行控制系统结构方框图。随着现代控制理论和计算机技术的迅速发展，飞行控制系统不断朝着数字化和综合化方向发展，其功能也不断完善和扩展。

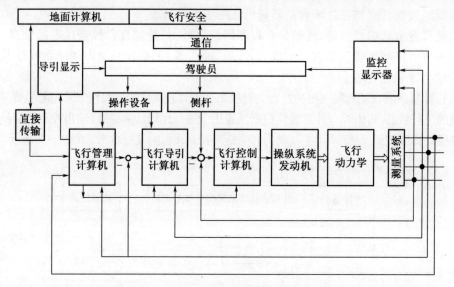

图 7 – 4 广泛应用的飞行控制系统结构方框图

7.2 飞机的动力学建模

飞行控制系统的核心问题是研究由控制系统和飞机所组成的闭合回路，为此，首先要建立控制系统和飞机的数学模型。建立数学模型一般采用牛顿定律描述飞机的运动，数学模型的形式可以是微分方程、传递函数或状态空间模型。

7.2.1 坐标系

1. 假设条件

在一般情况下，由于飞机均在大气层内飞行，其飞行高度有限，为了简化所研究问题

172

的复杂性,有必要进行下列的合理假设:

(1)忽略地球曲率,即采用所谓的"平板地球假设"。

(2)认为地面坐标系为惯性坐标系。

2. 常用坐标系的定义

(1)地面坐标系 $S_g(O_g x_g y_g z_g)$。在地面上选一点 O_g,使 x_g 轴在水平面内并指向某一方向,z_g 轴垂直于地面并指向地心,y_g 轴也在水平面内并垂直于 x_g 轴,其指向按照右手定则确定。

(2)机体坐标系 $S_b(Oxyz)$。原点 O 取在飞机质心处,坐标系与飞机固连;x 轴在飞机对称平面内并平行于飞机的设计轴线指向机头;y 轴垂直于飞机对称平面指向机身右方;z 轴在飞机对称平面内,与 x 轴垂直并指向机身下方。

(3)气流坐标系 $S_a(Ox_a y_a z_a)$。原点 O 取在飞机质心处,坐标系与飞机固联;x_a 轴与飞行速度 V 重合一致;z_a 轴在飞机对称平面内与 x_a 轴垂直并指向机腹下方;y_a 轴垂直于 $Ox_a z_a$ 平面并指向机身右方。

3. 飞机的运动参数

1)姿态角

飞机的姿态角是由机体坐标系与地面坐标系之间关系确定,也称为欧拉角,如图7 – 5 所示。

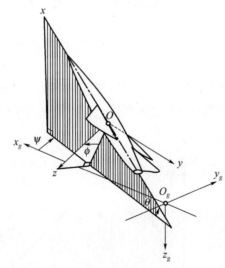

图 7 – 5   机体坐标系与地面坐标系的关系

俯仰角 θ:机体坐标轴 x 与水平面间夹角,抬头为正。

偏航角 ψ:机体坐标轴在 x 水平面上的投影与地面坐标轴 x_g 间夹角,机头右偏航为正。

滚转角 ϕ:机体坐标轴 z 与通过机体坐标轴 x 的铅垂面间夹角,飞机向右滚转时为正。

2)航迹角

飞机的航迹角是由气流坐标系和地面坐标系之间的关系确定。

航迹倾斜角 μ:飞行速度矢量 V 与水平面间的夹角,飞机向上飞时为正。

173

航迹方位角 φ：飞行速度矢量 V 在水平面上的投影与地面坐标系 x_g 轴间的夹角，投影在 x_g 轴右侧为正。

航迹滚转角 γ：气流坐标轴 z_a 与通过气流坐标轴 x_a 的铅垂面间夹角，飞机向右滚转时为正。

3）气流角

气流角又称为气动角，是由飞行速度矢量与机体坐标系之间的关系确定，如图 7-6 所示。

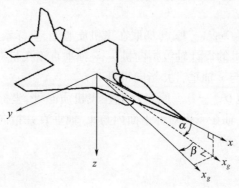

图 7-6　机体坐标系与地面坐标系的关系

迎角 α：飞行速度矢量 V 在飞机对称平面上的投影与机体坐标轴 x 间夹角，V 的投影在机体坐标轴 x 下面为正。

侧滑角 β：飞行速度矢量 V 与飞机对称平面间夹角，V 的投影在飞机对称面右侧为正。

4）机体坐标轴系的角速度分量

机体坐标系的三个角速度分量 p,q,r 是机体坐标系相对于地面坐标系的转动角速度 ω 在机体坐标系各轴上的分量，如图 7-7 所示。

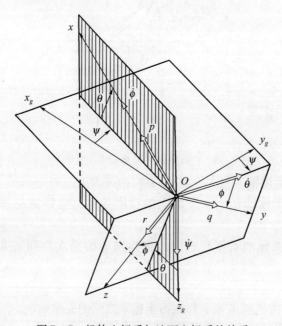

图 7-7　机体坐标系与地面坐标系的关系

174

滚转角速度 p：与机体坐标轴 x 重合一致。

俯仰角速度 q：与机体坐标轴 y 重合一致。

偏航角速度 r：与机体坐标轴 z 重合一致。

5）机体坐标轴系的速度分量

机体坐标系的三个速度分量 (u,v,w) 是飞行速度矢量 V 在机体坐标系各轴上的分量。

u：与机体坐标轴 x 重合一致。

v：与机体坐标轴 y 重合一致。

w：与机体坐标轴 z 重合一致。

7.2.2 作用在飞机上的力和力矩

飞机在空气中飞行时，其表面分布着空气动力，这些力可以归结为一个作用于飞机质心处的合力（总空气动力）和一个绕其质心的合力矩（总空气动力矩）。在空气动力学中，一般将总空气动力在气流坐标系中分解为 X_A、Y_A 和 Z_A，将总空气动力矩在机体坐标系中分解为 $\bar{L}_A$、M_A 和 N_A。

1. 飞机的操纵机构

作用在飞机上的力和力矩决定着飞机的运动，为了控制飞机的运动就必须改变这些作用在飞机上的力和力矩，并使它们按照所要求的规律进行改变。常规布局飞机的运动一般是通过升降舵、方向舵、副翼和油门来改变作用在飞机上的力和力矩，从而达到控制飞机的运动，如图7-8所示。升降舵偏转角一般用 δ_e 表示，方向舵偏转角一般用 δ_r 表示，副翼偏转角一般用 δ_a 表示，油门大小一般用 δ_T 表示。

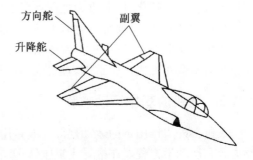

图7-8 常规布局飞机的方向舵、升降舵和副翼

2. 空气动力和力矩

总的空气动力沿气流坐标系各轴的分量分别为 X_A、Y_Z 和 Z_A，通常用 D、Y 和 L 分别表示阻力、侧力和升力，则有 $D=-X_A$，$Y=Y_A$，$L=-Z_A$。

由于机体的转动惯量是以机体坐标系来定义的，所以将作用在飞机上的总力矩（包括发动机的推力力矩）沿机体坐标系各轴分解较为方便，分别为 $\bar{L}$、M 和 N。总的空气动力矩沿机体坐标系各轴分解则为 $\bar{L}_A$、M_A 和 N_A，各个力矩的极性按右手定则确定。

1）纵向气动力和力矩

升力 L：飞机总的空气动力沿气流坐标系 z_a 轴的分量，向上为正。升力一般由机翼升力、机身升力和平尾升力组成，其中，产生升力的主要部件是飞机的机翼。

阻力 D：飞机总的空气动力沿气流坐标系 x_a 轴的分量，向后为正。气流阻力是由空气作用在运动物体表面上的法向力和切向力顺气流方向的分量组成，阻力主要与飞机的外形、飞行高度、马赫数、迎角以及操纵面的偏角有关。

纵向力矩 M（俯仰力矩）：作用于飞机的外力所产生的绕机体坐标系 y 轴的力矩，统称为纵向力矩。其中包括气动力力矩和发动机推力向量因不通过飞机质心而产生的力矩。气动俯仰力矩取决于飞行的速度、高度、迎角和升降舵的偏转角；当俯仰角速度、迎角变化率和升降舵偏转角速率不为零时，还会产生附加俯仰力矩，称为动态气动力矩。

操纵舵面的铰链力矩：当飞机飞行时，由于空气动力的作用，在操纵舵面偏转时，要克服舵面上的铰链力矩。所谓铰链力矩就是作用在舵面上的空气动力的合力对舵面铰链转轴所形成的力矩。

2）横侧向气动力和力矩

侧力 Y：飞机总的空气动力沿气流坐标系 y_a 轴的分量，向右为正。侧力一般由侧滑角、方向舵偏转角、滚转角速度和偏航角速度所引起。

滚转力矩 $\overline{L}$ 和偏航力矩 N：绕机体坐标系 x 轴的力矩称为滚转力矩，绕机体坐标系 z 轴的力矩称为偏航力矩，滚转力矩和偏航力矩统称为横侧向力矩。滚转力矩和偏航力矩一般由侧滑角、副翼偏转角、方向舵偏转角、滚转角速度和偏航角速度所引起。

3. 作用在飞机上的推力和重力

飞机的推力一般由固联于机体的发动机产生。推力的大小通常是通过燃料的质量流量和尾喷管的面积来控制。推力矢量的控制可以采用尾喷流偏转板、尾喷管的偏转控制以及整个发动机的转向控制等方案。由于发动机推力一般不通过飞机的重心，所以推力会对飞机产生推力力矩，必须根据具体情况加以计算处理。

严格讲，飞机在飞行过程中，随着燃料的消耗和飞行高度的变化，飞机的质量和重力加速度都在发生变化，因而重力也在不断变化。但是对于在大气层内飞行的飞机而言，重力加速度的变化很小，通常可忽略不计，认为重力加速度为常量。而对于由于燃料消耗引起的飞机质量的变化，则应根据具体情况分别加以处理。由于重力总是通过飞机的重心，所以重力不会对飞机产生重力力矩，因而对飞机的重力而言，不存在力矩问题。

7.2.3 飞机的基本运动方程

飞机在外力作用下的运动规律一般是用运动方程来描述。运动方程通常可分为动力学方程和运动学方程。在推导飞机刚体运动方程时，如考虑所有因素问题将变得非常复杂，为此一般采用略去次要因素的方法，即作如下假设：

（1）飞机是刚体，质量为常数。

（2）假设地球不动，地面坐标系为惯性坐标系。

（3）忽略地球曲率，认为地面为平面。

（4）重力加速度为常数，不随高度变化。

（5）机体坐标系的 Oxz 平面为飞机的对称平面，飞机不仅几何外形对称，且内部质量分布也对称，即惯性积 $I_{xy} = I_{zy} = 0$。

1. 动力学方程

在惯性参考系中，应用牛顿第二定律可以建立线运动方程和角运动方程为

$$\sum \boldsymbol{F} = \frac{\mathrm{d}}{\mathrm{d}t}(m\boldsymbol{V}) \tag{7-1}$$

$$\sum \boldsymbol{M} = \frac{\mathrm{d}}{\mathrm{d}t}(\boldsymbol{H}) \tag{7-2}$$

式中, F 为外合力; M 为外合力矩; m 为飞机的质量; V 为飞机质心的速度向量; H 为动量矩。

由于假设飞机的质量 m 为常量,地面坐标系为惯性系,则式(7-1)、式(7-2)在地面坐标系中可写为

$$\sum F = m \frac{\mathrm{d}V}{\mathrm{d}t} \tag{7-3}$$

$$\sum M = \frac{\mathrm{d}H}{\mathrm{d}t} \tag{7-4}$$

选用机体坐标系为动坐标系,假设动坐标系相对于惯性坐标系的速度为 V,角速度向量为 Ω。则式(7-3)、式(7-4)的右端在动坐标系中可表示为

$$\frac{\mathrm{d}V}{\mathrm{d}t} = 1_V \frac{\delta_V}{\delta_t} + \Omega \times V \tag{7-5}$$

$$\frac{\mathrm{d}H}{\mathrm{d}t} = 1_H \frac{\delta_H}{\delta_t} + \Omega \times H \tag{7-6}$$

式中, 1_V 和 1_H 分别为沿飞行速度 V 和动量矩 H 的单位向量; $\frac{\delta_V}{\delta_t}$ 和 $\frac{\delta_H}{\delta_t}$ 为在动坐标系内的相对导数, Ω 为动坐标系相对于惯性坐标系的总角速度向量; × 为向量积符号。

将 V 和 Ω 在动坐标系中分解为

$$V = iu + jv + kw \tag{7-7}$$

$$\Omega = ip + jq + kr \tag{7-8}$$

式中, i、j、k 分别为动坐标系的 x 轴、y 轴、z 轴的单位向量。

将合外力 $\sum F$ 在动坐标系中分解为

$$\sum F = iX + jY + kZ \tag{7-9}$$

由式(7-3)、式(7-5)、式(7-7)、式(7-8)、式(7-9)可得

$$\begin{cases} X = m(\dot{u} + wq - vr) \\ Y = m(\dot{v} + ur - wp) \\ Z = m(\dot{w} + vq - uq) \end{cases} \tag{7-10}$$

重力在动坐标系中的分解式为

$$\begin{bmatrix} G_x \\ G_y \\ G_z \end{bmatrix} = \begin{bmatrix} -mg\sin\theta \\ mg\cos\theta\sin\phi \\ mg\cos\theta\cos\phi \end{bmatrix} \tag{7-11}$$

如果将总空气动力和发动机推力在动坐标系中分解为 (F_x, F_y, F_z),则由式(7-10)、式(7-11)可得力方程组

$$\begin{cases} \dot{u} = vr - wq - g\sin\theta + \dfrac{F_x}{m} \\[2mm] \dot{v} = -ur + wp + g\cos\theta\sin\phi + \dfrac{F_y}{m} \\[2mm] \dot{w} = uq - vp + g\cos\theta\cos\phi + \dfrac{F_z}{m} \end{cases} \qquad (7-12)$$

动量矩 $\boldsymbol{H}$ 在动坐标系中的分量 H_x、H_y 和 H_z 可以表示为

$$\begin{bmatrix} H_x \\ H_y \\ H_z \end{bmatrix} = \begin{bmatrix} pI_x - rI_{xz} \\ qI_y \\ rI_z - pI_{xz} \end{bmatrix} \qquad (7-13)$$

式中，I_x、I_y、I_z 为转动惯量；I_{xz} 为惯性积。

将合外力矩 $\sum \boldsymbol{M}$ 在动坐标系中分解为

$$\sum \boldsymbol{M} = \boldsymbol{i}L + \boldsymbol{j}M + \boldsymbol{k}N \qquad (7-14)$$

由式(7-4)、式(7-6)、式(7-13)、式(7-14)可得角运动方程组

$$\begin{cases} L = \dot{p}I_x - \dot{r}I_{xz} + qr(I_z - I_y) - pqI_{xz} \\ M = \dot{q}I_y + pr(I_x - I_z) + (p^2 - r^2)I_{xz} \\ N = \dot{r}I_z - \dot{p}I_{xz} + pq(I_y - I_x) + qrI_{xz} \end{cases} \qquad (7-15)$$

由式(7-15)整理可得力矩方程组

$$\begin{cases} \dot{p} = (c_1 r + c_2 p)q + c_3 L + c_4 N \\ \dot{q} = c_5 pr - c_6(p^2 - r^2) + c_7 M \\ \dot{r} = (c_8 p - c_2 r)q + c_4 L + c_9 N \end{cases} \qquad (7-16)$$

式中，$c_1 = \dfrac{(I_y - I_z)I_z - I_{xz}^2}{\sum}$，$c_2 = \dfrac{(I_x - I_y + I_z)I_{xz}}{\sum}$，$c_3 = \dfrac{I_z}{\sum}$，$c_4 = \dfrac{I_{xz}}{\sum}$，$c_5 = \dfrac{I_z - I_x}{I_y}$，$c_6 = \dfrac{I_{xz}}{I_y}$，$c_7 = \dfrac{1}{I_y}$，$c_8 = \dfrac{I_x(I_x - I_y) + I_{xz}^2}{\sum}$，$c_9 = \dfrac{I_x}{\sum}$，$\sum = I_x I_z - I_{xz}^2$。

2. 运动学方程

由机体坐标系和地面坐标系之间的关系，可得姿态角速率($\dot{\theta}$, $\dot{\psi}$, $\dot{\phi}$)和机体坐标系的三个角速度分量(p, q, r)之间的关系式为

$$\begin{cases} p = \dot{\phi} - \dot{\psi}\sin\theta \\ q = \dot{\theta}\cos\phi + \dot{\psi}\cos\theta\sin\phi \\ r = -\dot{\theta}\sin\phi + \dot{\psi}\cos\theta\cos\phi \end{cases} \qquad (7-17)$$

由式(7－17)可得运动方程组

$$\begin{cases} \dot{\phi} = p + (r\cos\phi + q\sin\phi)\tan\theta \\ \dot{\theta} = q\cos\phi - r\sin\phi \\ \dot{\psi} = \dfrac{1}{\cos\theta}(r\cos\phi + q\sin\phi) \end{cases} \qquad (7-18)$$

对于地面坐标系的位移运动有

$$\begin{bmatrix} \dot{x}_g \\ \dot{y}_g \\ -\dot{h} \end{bmatrix} \qquad (7-19)$$

对于机体坐标系的速度分量有

$$\begin{bmatrix} u \\ v \\ w \end{bmatrix} \qquad (7-20)$$

由地面坐标系和机体坐标系之间的关系可得导航方程组

$$\begin{cases} \dot{x}_g = u\cos\theta\cos\psi + v(\sin\phi\sin\theta\cos\psi - \cos\phi\sin\psi) + \\ \qquad w(\sin\phi\sin\psi + \cos\phi\sin\theta\cos\psi) \\ \dot{y}_g = u\cos\theta\sin\psi + v(\sin\phi\sin\theta\sin\psi + \cos\phi\cos\psi) + \\ \qquad w(-\sin\phi\cos\psi + \cos\phi\sin\theta\sin\psi) \\ \dot{h} = u\sin\theta - v\sin\phi\cos\theta - w\cos\phi\cos\theta \end{cases} \qquad (7-21)$$

式(7－12)、式(7－16)、式(7－18)、式(7－21)所述的 12 个方程是封闭的,只要已知飞机相关的特征参数,根据飞行高度 h、马赫数 Ma 以及飞行状态,就可以确定力(F_x, F_y,F_z)和力矩($\bar{L}$,M,N),应用这 12 个方程就可以求出飞机在任何时刻的运动状态。

需要注意的是,式(7－12)常常采用由飞行速度大小 V、迎角 α 和侧滑角 β 表示的力方程组表达式。

飞行速度大小 V、迎角 α 和侧滑角 β 的关系式为

$$\begin{cases} \tan\alpha = \dfrac{w}{u} \\ \tan\beta = \dfrac{v}{V} \\ V = \sqrt{u^2 + v^2 + w^2} \end{cases} \qquad (7-22)$$

假设发动机无偏置,即机体坐标系 x 轴上的分量只有发动机推力 T。根据式(7－22),可以将式(7－12)转换成由飞行速度 V、迎角 α 和侧滑角 β 表示的力方程组表达式

$$\begin{cases} F_x = T + L\sin\alpha - Y\cos\alpha\sin\beta - D\cos\alpha\cos\beta \\ F_y = Y\cos\beta - D\sin\beta \\ F_z = -L\cos\alpha - Y\sin\alpha\sin\beta - D\sin\alpha\cos\beta \end{cases} \qquad (7-23)$$

3. 飞机线性状态方程

上面求出的力方程组(7-12)和力矩方程组(7-16)均存在着非线性关系,同时方程组中力和力矩与运动参数密切相关,因此,在一般情况下求取飞机运动方程的解析解是非常困难的。将飞机运动方程进行线性化处理是实际工程中广泛采用的方法,线性化的飞机运动方程也更适合于采用成熟的线性系统控制理论进行分析和设计。

根据小扰动原理可以对运动方程组进行线性化处理,再利用水平无侧滑条件 $\phi = \beta \equiv 0$ 和 $p = r \equiv 0$,可以将线性化处理后的运动方程组解耦为纵向运动方程组和横侧向运动方程组。由于飞机运动方程组线性化处理以及纵向和横侧向分组解耦比较复杂,这里不加推导和证明地直接给出飞机线性化和解耦处理后的纵向线性方程组和横侧向线性方程组。

1) 纵向线性化小扰动运动方程组

$$E\dot{X} = AX + BU \qquad (7-24)$$

其中,$X = [\begin{array}{cccc} \Delta V & \Delta\alpha & \Delta\theta & \Delta q \end{array}]^{\mathrm{T}}$,$U = [\begin{array}{cc} \Delta\delta_T & \Delta\delta_e \end{array}]^{\mathrm{T}}$,这些量是在基准运动情况下参数 V、α、θ、q、δ_T、δ_e 的摄动值。雅可比矩阵 E, A 和 B 分别为

$$E = \begin{bmatrix} 1 & 0 & 0 & 0 \\ 0 & V - Z_{\dot{\alpha}} & 0 & 0 \\ 0 & 0 & 1 & 0 \\ 0 & -M_{\dot{\alpha}} & 0 & 1 \end{bmatrix}, \quad B = \begin{bmatrix} X_{\delta T}\cos\alpha_e & X_{\delta e} \\ -X_{\delta T}\sin\alpha_e & Z_{\delta e} \\ 0 & 0 \\ M_{\delta T} & M_{\delta e} \end{bmatrix}$$

$$A = \begin{bmatrix} X_V + X_{TV}\cos\alpha_e & X_\alpha & -g\cos\mu_e & 0 \\ Z_V - X_{TV}\sin\alpha_e & Z_\alpha & -g\sin\mu_e & V + Z_q \\ 0 & 0 & 0 & 1 \\ M_V + M_{TV} & M_\alpha & 0 & M_q \end{bmatrix}$$

式中,α_e、μ_e 为 α、μ 在平衡点的稳态量;$X_{\delta T}$、$X_{\delta e}$、X_V、X_{TV}、X_α、$Z_{\dot{\alpha}}$、$Z_{\delta e}$、Z_V、Z_α、Z_q、$M_{\dot{\alpha}}$、$M_{\delta T}$、$M_{\delta e}$、M_V、M_{TV}、M_α、M_q 为相关力和力矩的量纲导数。

2) 横侧向线性化小扰动运动方程组

$$E\dot{X} = AX + BU \qquad (7-25)$$

其中,$X = [\begin{array}{cccc} \Delta\beta & \Delta\phi & \Delta p_w & \Delta r_w \end{array}]^{\mathrm{T}}$,$U = [\begin{array}{cc} \Delta\delta_a & \Delta\delta_r \end{array}]^{\mathrm{T}}$,这些量是在基准运动情况下参数 β、ϕ、p_w、r_w、δ_a、δ_r 的摄动值,p_w、r_w 为 p、r 在气流坐标系下的对应量。雅可比矩阵 E, A 和 B 分别为

$$E = \begin{bmatrix} V & 0 & 0 & 0 \\ 0 & 1 & 0 & 0 \\ 0 & 0 & 1 & 0 \\ 0 & 0 & 0 & 1 \end{bmatrix}, \quad B = \begin{bmatrix} Y_{\delta a} & Y_{\delta r} \\ 0 & 0 \\ L_{\delta a}^* & L_{\delta r}^* \\ N_{\delta a}^* & N_{\delta r}^* \end{bmatrix}$$

$$A = \begin{bmatrix} Y_\beta & g\cos\mu_e & Y_p & Y_r - V \\ 0 & 0 & \dfrac{\cos\mu_e}{\cos\theta_e} & \dfrac{\sin\mu_e}{\cos\theta_e} \\ L_\beta^* & 0 & L_p^* & L_r^* \\ N_\beta^* & 0 & N_p^* & N_r^* \end{bmatrix}$$

式中,θ_e 为 θ 在平衡点的稳态量;$Y_{\delta a}$、$Y_{\delta r}$、Y_β、Y_p、Y_r 为相关力和力矩的量纲导数;$L_{\delta a}^*$、$L_{\delta r}^*$、L_β^*、L_p^*、L_r^*、$N_{\delta a}^*$、$N_{\delta r}^*$、N_β^*、N_P^*、N_r^* 由相关力和力矩的量纲导数计算得到。

通常情况下,式(7 – 24)、式(7 – 25)中的雅可比矩阵 E 总是非奇异的,因此,式(7 – 24)、式(7 – 25)可以写成更一般的状态空间模型形式

$$\begin{cases} \dot{X} = AX + BU \\ Y = CX + DU \end{cases} \tag{7 – 26}$$

式中,$X \in R^n$ 为状态向量;$U \in R^m$ 为控制输入向量;$Y \in R^l$ 为输出向量,$A \in R^{n \times n}$ 矩阵,$B \in R^{n \times m}$ 矩阵,$C \in R^{l \times n}$ 矩阵,$D \in R^{l \times m}$ 矩阵。

将式(7 – 24)、式(7 – 25)所描述的纵向运动和横侧向运动的状态方程进行拉氏变换后,再利用克莱姆法则就可以得到纵向运动和横侧向运动的传递函数。

7.3 PID 控制方法

在进行飞行控制系统的分析和设计之前,有必要介绍一下 PID 控制方法。在当今工业控制领域,PID 控制器的应用超过一半以上。当控制系统的数学模型难以建立时,PID 控制就显得特别有用。

7.3.1 PID 控制的基本概念

所谓 PID 控制就是采用以误差信号的比例、积分、微分控制规律的组合,以实现对被控对象的有效控制,简称 PID 控制。

1. 比例(P)控制

具有比例控制规律的控制器,称为 P 控制器。如图 7 – 9 所示,控制器的输出信号 $m(t)$ 与输入信号 $e(t)$ 成比例,即

$$m(t) = K_p e(t) \tag{7 – 27}$$

式中,K_p 为控制器增益或称放大系数。

对方程(7 – 27)进行拉氏变换,并代入零初始条件可得 P 控制器的传递函数为

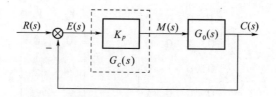

图 7 - 9 比例控制器

$$G_c(s) = K_p \qquad (7-28)$$

P 控制器实质上是一个具有可调增益的放大器。在信号变换过程中,P 控制器只改变信号的增益而不影响其相位。在串联校正中,加大控制器增益 K_p,可以提高系统的开环增益,减小系统稳态误差,从而提高系统的控制精度,但会降低系统的相对稳定性,甚至可能造成闭环系统不稳定。因此,在系统校正设计中,很少单独使用比例控制规律。

2. 比例 – 微分(PD)控制

具有比例 – 微分控制规律的控制器,称为 PD 控制器。如图 7 - 10 所示,控制器的输出信号 $m(t)$ 与输入信号 $e(t)$ 及其导数成比例,即

$$m(t) = K_p e(t) + K_p \tau \frac{\mathrm{d}e(t)}{\mathrm{d}t} \qquad (7-29)$$

式中,K_p 为比例系数;τ 为微分时间常数。

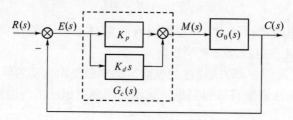

图 7 - 10 比例 – 微分控制器

对方程(7 - 29)进行拉氏变换,并代入零初始条件可得 PD 控制器的传递函数为

$$G_c(s) = K_p + K_d s \qquad (7-30)$$

式中,$K_d = K_p \tau$。

PD 控制器中的微分控制规律,能反映输入信号的变化趋势,产生有效的早期修正信号,以增加系统的阻尼程度,从而改善系统的稳定性。在串联校正时,可使系统增加一个 $-\frac{1}{\tau}$ 开环零点,使系统的相位裕量提高,有助于系统动态性能的改善。

需要说明的是,纯微分控制器对系统及噪声非常敏感,一般不单独采用,通常微分控制器总是和比例或比例 – 积分控制器结合起来使用。

3. 积分(I)控制

具有积分控制规律的控制器,称为 I 控制器。如图 7 - 11 所示,控制器的输出信号 $m(t)$ 与输入信号 $e(t)$ 的积分成比例,即

$$m(t) = K_i \int_0^t e(t)\,\mathrm{d}t \qquad (7-31)$$

182

式中，K_i 为可调系数。由于 I 控制器的积分作用，当其输入 $e(t)$ 消失后，输出信号 $m(t)$ 有可能是一个不为零的常量。

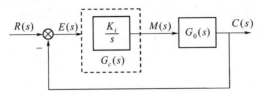

图 7 - 11　积分控制器

对方程(7 - 31)进行拉氏变换，并代入零初始条件可得 I 控制器的传递函数为

$$G_c(s) = \frac{K_i}{s} \tag{7 - 32}$$

在串联校正时，采用 I 控制器可以提高系统的型别，减小稳态误差，但积分控制使系统增加了一个位于原点的开环极点，使信号产生 90°的相位角滞后，导致明显减小相位裕量，使系统振荡变强，甚至造成系统不稳定。通常不宜单独采用。

4. 比例 - 积分(PI)控制

具有比例 - 积分控制规律的控制器，称为 PI 控制器。如图 7 - 12 所示，控制器的输出信号 $m(t)$ 与输入信号 $e(t)$ 及其积分成比例，即

$$m(t) = K_p e(t) + \frac{K_p}{T_i} \int_0^t e(t)\, \mathrm{d}t \tag{7 - 33}$$

式中，K_p 为比例系数；T_i 为积分时间常数。

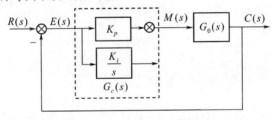

图 7 - 12　比例 - 积分控制器

对方程(7 - 33)进行拉氏变换，并代入零初始条件可得 PI 控制器的传递函数为

$$G_c(s) = K_p + \frac{K_i}{s} \tag{7 - 34}$$

式中，$K_i = \dfrac{K_p}{T_i}$。

在串联校正时，PI 控制器相当于在系统中增加了一个位于原点的开环极点，同时也增加了一个位于 s 左半平面的开环零点。位于原点的极点可以提高系统的型别，以消除或减小系统的稳态误差，改善系统的稳态性能；而增加的负实零点则用来减小系统的阻尼程度，缓和 PI 控制器极点对系统稳定性及动态过程产生的不利影响。只要积分时间常数 T_i 足够大，PI 控制器对系统稳定性的不利影响可大为减弱。在控制工程实践中，PI 控制

183

器主要用来改善控制系统的稳态性能。

5. 比例－积分－微分(PID)控制

具有比例－积分－微分控制规律的控制器,称为 PID 控制器。如图 7－13 所示,控制器的输出信号 $m(t)$ 与输入信号 $e(t)$ 具有如下关系:

$$m(t) = K_p e(t) + \frac{K_p}{T_i} \int_0^t e(t)\,\mathrm{d}t + K_p \tau \frac{\mathrm{d}e(t)}{\mathrm{d}t} \qquad (7-35)$$

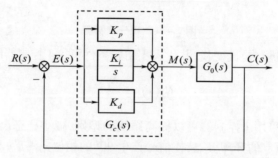

图 7－13　比例－积分－微分控制器

对方程(7－35)进行拉氏变换,并代入零初始条件可得 PID 控制器的传递函数为

$$G_c(s) = K_p \left(1 + \frac{1}{T_i s} + \tau s \right) = K_p + \frac{K_i}{s} + K_d s \qquad (7-36)$$

由式(7－36)可得

$$G_c(s) = K_p \left(1 + \frac{1}{T_i s} + \tau s \right) = \frac{K_p}{T_i} \cdot \frac{T_i \tau s^2 + T_i s_i + 1}{s} \qquad (7-37)$$

对于式(7－37),令 $T_i \tau s^2 + T_i s + 1 = 0$,可得

$$s_{1,2} = \frac{1}{2\tau} \left(-1 \pm \sqrt{1 - \frac{4\tau}{T_i}} \right)$$

当 $\dfrac{4\tau}{T_i} < 1$ 时,s_1、s_2 为两个负实根,于是式(7－37)可写为

$$G_c(s) = \frac{K_p}{T_i} \cdot \frac{(\tau_1 s + 1)(\tau_2 s + 1)}{s} \qquad (7-38)$$

式中,$\tau_1 = \dfrac{T_i}{2} \left(1 + \sqrt{1 - \dfrac{4\tau}{T_i}} \right)$,$\tau_2 = \dfrac{T_i}{2} \left(1 - \sqrt{1 - \dfrac{4\tau}{T_i}} \right)$。

由式(7－38)可见,利用 PID 控制器进行串联校正时,除可使系统的型别提高一级外,还将提供两个负实零点。与 PI 控制器相比,PID 控制器除了同样具有提高系统的稳态性能的优点外,还多提供一个负实零点,从而在提高系统动态性能方面,具有更大的优越性。因此,在工业过程控制系统中,广泛使用 PID 控制器。PID 控制器各部分参数的选择,在系统现场调试中最后确定。通常,应使 I 部分发生在系统频率特性的低频段,以提高系统的稳态性能;而使 D 部分发生在系统频率特性的中频段,以改善系统的动态性能。

184

对比 PD 、PI、和 PID 可以发现,PD 控制本质上是一种超前控制,PI 控制本质上是一种滞后控制,PID 控制本质上是一种滞后 – 超前控制,因此,可以采用第 6 章的频率法很方便地设计 PID 控制器参数。

7.3.2 PID 控制器参数调整

为了满足要求的性能指标,选择控制器参数的过程通常称为控制器调整。针对图 7 – 14 所示的典型 PID 控制系统,如果被控对象的数学模型已知,则可以采用各种不同的设计方法,如第 6 章所讲的频率法,确定控制器的参数,以满足闭环系统的动态和稳态性能指标。但是,如果被控对象很复杂,其数学模型难以建立,则不能应用 PID 控制器设计的解析或计算方法。这时,必须借助于实验的方法调节 PID 控制器。

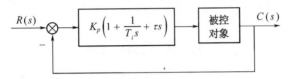

图 7 – 14   典型 PID 控制系统

齐格勒和尼柯尔斯提出了基于实验的调整 PID 控制器参数 K_p、T_i 和 τ 的法则。这些法则是在实验阶跃响应的基础上,或者是在仅采用比例控制作用的条件下,根据临界稳定中的 K_p 值建立起来的。这种确定或调整 PID 控制器参数的方法,可以由工程技术人员通过对被控对象的现场实验进行。当不知道被控对象的数学模型时,齐格勒 – 尼柯尔斯法则比较方便,当然,这些法则也可以用到已知被控对象数学模型的系统设计。

需要指出的是,齐格勒 – 尼柯尔斯法则只是给出参数值的一种合理估值,这样得到的系统,在阶跃响应时往往会出现比较大的超调,通常是不能接受的,因此,必须进行一系列的精细调节,直到获得满意的结果。

齐格勒 – 尼柯尔斯法则有两种,它们分别被称为第一种方法和第二种方法。

1. 第一种方法

首先,通过实验求被控对象的单位阶跃响应,如图 7 – 15 所示。如果被控对象中,既不包括积分器,也不包括主导共轭复数极点,则这时的单位阶跃响应曲线看起来就像一条 S 形曲线,如图 7 – 16 所示。需要说明的是,如果阶跃响应曲线不呈现 S 形,则不能采用这种方法。当然这种阶跃响应曲线可以通过实验得到,也可以通过对被控对象的动态仿真得到。

图 7 – 15   被控对象的单位阶跃响应

通过 S 形曲线的转折点作曲线的切线,确定切线与时间轴和直线 $c(t) = K$ 的交点,就可以求得延迟时间 L 和时间常数 T,如图 7 – 16 所示。传递函数 $\dfrac{C(s)}{R(s)}$ 用具有传递延迟的一阶系统近似表示如下:

$$\frac{C(s)}{R(s)} = \frac{Ke^{-Ls}}{Ts + 1} \qquad (7-39)$$

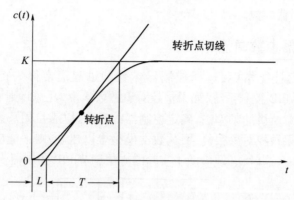

图 7-16 S 形响应曲线

齐格勒和尼柯尔斯提出用表 7-1 中的公式确定 K_p、T_i 和 τ 的值。

表 7-1 基于被控对象阶跃响应的齐格勒-尼柯尔斯法则(第一种方法)

控制器类型	K_p	T_i	τ
P	$\dfrac{T}{L}$	∞	0
PI	$0.9\dfrac{T}{L}$	$\dfrac{L}{0.3}$	0
PID	$1.2\dfrac{T}{L}$	$2L$	$0.5L$

用齐格勒-尼柯尔斯法则的第一种方法调整 PID 控制器,将得出下列公式:

$$
\begin{aligned}
G_c(s) &= K_p\left(1 + \frac{1}{T_i s} + \tau s\right)\\
&= 1.2\frac{T}{L}\left(1 + \frac{1}{2Ls} + 0.5Ls\right) \qquad (7-40)\\
&= 0.6T\frac{\left(s + \dfrac{1}{L}\right)^2}{s}
\end{aligned}
$$

因此,PID 控制器有一个位于原点的极点和一对位于 $s = -\dfrac{1}{L}$ 的零点。

2. 第二种方法

首先设 $T_i = \infty$ 和 $\tau = 0$。只采用比例控制作用进行实验,如图 7-17 所示,使 K_p 从 0 增加到临界值 K_{cr}。这里的临界值 K_{cr} 是使系统的输出首次呈现持续振荡的增益值。需要说明的是,如果不论怎样选取 K_p 的值,系统的输出都不会呈现持续振荡,则不能采用这种方法。因此,临界增益 K_{cr} 和相应的周期 P_{cr} 可以通过实验确定,如图 7-18 所示。齐格勒

186

和尼柯尔斯提出用表 7 – 2 中的公式确定 K_p、T_i 和 τ 的值。

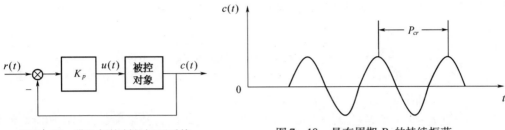

图 7 – 17　带比例控制的闭环系统

图 7 – 18　具有周期 P_{cr} 的持续振荡

（P_{cr} 的测量单位为 s）

表 7 – 2　基于临界增益 K_{cr} 和临界周期 P_{cr} 的齐格勒 – 尼柯尔斯法则（第二种方法）

控制器类型	K_p	T_i	τ
P	$0.5K_{cr}$	∞	0
PI	$0.45K_{cr}$	$\dfrac{1}{1.2}P_{cr}$	0
PID	$0.6K_{cr}$	$0.5P_{cr}$	$0.125P_{cr}$

用齐格勒 – 尼柯尔斯法则的第二种方法调整 PID 控制器，将得出下列公式：

$$
\begin{aligned}
G_c(s) &= K_p\left(1 + \frac{1}{T_i s} + \tau s\right) \\
&= 0.6K_{cr}\left(1 + \frac{1}{0.5P_{cr}s} + 0.125P_{cr}s\right) \\
&= 0.075K_{cr}P_{cr}\frac{\left(s + \dfrac{4}{P_{cr}}\right)^2}{s}
\end{aligned}
\qquad (7 – 41)
$$

因此，PID 控制器有一个位于原点的极点和一对位于 $s = -\dfrac{4}{P_{cr}}$ 的零点。

7.4　飞行控制系统的分析

飞行控制系统主要有阻尼器与增稳系统、控制增稳系统、姿态控制系统、轨迹控制系统以及空速保持与控制系统等。本节介绍一个典型飞行控制系统——姿态控制系统的分析。自动驾驶仪的基本功能之一，就是所谓的姿态控制，即保持飞机在给定的参考姿态下飞行，此参考姿态是由驾驶员根据某种飞行状态的需要而建立，控制系统接通后就保持参考姿态，工作在保持姿态的飞行控制系统又称为角位移控制系统。

7.4.1　纵向短周期运动的传递函数

为了方便对飞行控制系统分析和设计的讲解，这里提供一个纵向短周期运动的控制例子，下面给出其传递函数。

将式(7-24)所描述的纵向运动的状态方程进行拉氏变换后,再利用克莱姆法则就可以得到,以升降舵偏转增量 $\Delta\delta_e$ 为控制输入,俯仰角增量 $\Delta\theta$ 为输出的传递函数

$$\frac{\Delta\theta(s)}{\Delta\delta_e(s)} = \frac{-A_\theta}{(s^2 + 2\xi_p\omega_p s + \omega_p^2)(s^2 + 2\xi_s\omega_s s + \omega_s^2)} \qquad (7-42)$$

其中, A_θ 为传递函数的增益; ξ_p 为长周期运动的阻尼比; ω_p 为长周期运动的固有频率; ξ_s 为短周期运动的阻尼比; ω_s 为短周期运动的固有频率。

针对式(7-24),通常把 $\Delta_L = |sE - A|$ 称为纵向运动的特征多项式,将 $\Delta_L = 0$ 称为纵向运动的特征方程。纵向运动的特征方程 $\Delta_L = 0$ 可以写成下列形式:

$$\Delta_L = s^4 + a_1 s^3 + a_2 s^2 + a_3 s + a_4 = 0 \qquad (7-43)$$

特征方程 $\Delta_L = 0$ 的根具有如下形式:

$$\lambda = \sigma \pm j\omega \qquad (7-44)$$

依据特征根实部和虚部的不同情况,可以初步分析飞机的扰动运动的基本特性:

当虚部 $\omega = 0$ 时,特征根 λ 为一实根,飞机的扰动运动为非周期运动;

当虚部 $\omega \neq 0$ 时,特征根 λ 为一对共轭复根,飞机的扰动运动为周期运动(振荡运动);

当实部 $\sigma < 0$ 时,由于特征根 λ 具有负实部,飞机的扰动运动是稳定的;

当实部 $\sigma > 0$ 时,由于特征根 λ 具有正实部,飞机的扰动运动是不稳定的;

当实部 $\sigma = 0$ 且 $\omega \neq 0$ 时,特征根 λ 为纯虚根,飞机的扰动运动为简谐振动。

可见,根据特征根的情况,可以比较方便地判断飞机运动的稳定特性。因为不同的特征根所对应的飞机扰动运动的类型也不同,所以,将每一个(对)特征根所对应的通过拉氏反变换得到的时域解,称为扰动运动的一种模态,则将每一个(对)特征根所对应的模态进行线性叠加,就组成了飞机总的扰动运动。

一般飞机的纵向运动特征多项式 Δ_L 具有两个二次因式之积的形式,两个二次因式分别代表长周期模态和短周期模态。一般情况下,长周期运动模态对应着一对较小的共轭复根,具有振荡周期长和衰减较慢的特点;而短周期运动模态则对应着一对较大的共轭复根,通常具有振荡周期短和衰减快的特点。

当存在扰动(输入)时,在飞机纵向运动的初始阶段,短周期运动占主导地位,其过渡过程的时间很短,并且在这很短的初始阶段,飞行速度和俯仰角的增量变化不大,即认为 $\Delta V = \Delta\theta = 0$。则由式(7-24),可得纵向短周期运动方程

$$\begin{bmatrix} V - Z_{\dot{\alpha}} & 0 \\ -M_{\dot{\alpha}} & 1 \end{bmatrix} \begin{bmatrix} \Delta\dot{\alpha} \\ \Delta\dot{q} \end{bmatrix} = \begin{bmatrix} Z_a & V + Z_a \\ M_a & M_q \end{bmatrix} \begin{bmatrix} \Delta\alpha \\ \Delta q \end{bmatrix} + \begin{bmatrix} Z_{\delta e} \\ M_{\delta e} \end{bmatrix} \Delta\delta_e \qquad (7-45)$$

由式(7-45)可得纵向短周期运动,以升降舵偏转增量 $\Delta\delta_e$ 为控制输入,俯仰角速度 Δq(或表示为 $\Delta\dot{\theta}$)为输出的传递函数

$$\frac{\Delta q}{\Delta\delta_e} = \frac{\Delta\dot{\theta}}{\Delta\delta_e} = \frac{M_{\delta e}\left(s - \dfrac{Z_a}{V}\right)}{s^2 - \left(\dfrac{Z_a}{V} + M_{\dot{\alpha}} + M_q\right)s + \dfrac{Z_a M_q}{V} - M_a} = \frac{M_{\delta e}(s + Z_a^*)}{s^2 + C_{1d}s + C_{2d}} \qquad (7-46)$$

其中，$Z_a^* = -\dfrac{Z_a}{V}$，$C_{1d} = Z_a^* - M_{\dot{a}} - M_q$，$C_{2d} = -Z_a^* M_q - M_a$。

7.4.2　飞机纵向姿态控制分析

飞机纵向姿态控制就是要保证高精度的俯仰角的稳定与控制，以实现令人满意的俯仰飞行。图 7-19 所示为飞机纵向姿态控制结构方框图，采用典型的 PD（比例-微分）控制律如下：

$$\Delta\delta_e = K_\theta(\Delta\theta - \Delta\theta_g) + K_{\dot{\theta}}\Delta\dot{\theta} \tag{7-47}$$

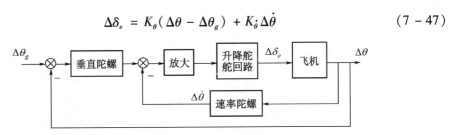

图 7-19　飞机纵向姿态控制结构方框图

1. PD 控制律中微分信号的作用

为了理解一阶微分信号在式（7-47）控制律中的作用，下面以纵向短周期运动控制为例，采用根轨迹法对其加以分析。

由纵向短周期运动的传递函数式（7-46），结合控制律式（7-47），可以得到相对应的飞机纵向短周期运动控制系统方框图，如图 7-20 所示。

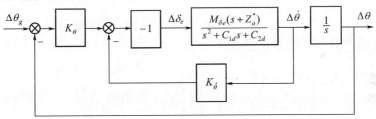

图 7-20　纵向短周期运动控制系统方框图

（1）若 $K_{\dot{\theta}} = 0$，即不引入一阶微分信号时，控制律为 $\Delta\delta_e = K_\theta(\Delta\theta_g - \Delta\theta)$，则开环传递函数为

$$G_K(s) = \frac{-K_\theta M_{\delta e}(s + Z_a^*)}{s(s^2 + C_{1d}s + C_{2d})} \tag{7-48}$$

以某型号运输机为例，其参数为 $M_{\delta e} = -1.2$，$Z_a^* = 0.59$，$C_{1d} = 1.5$，$C_{2d} = 1.47$。则可以作出参数 K_θ 由零到无穷大变化时的根轨迹，如图 7-21 所示。

如图 7-21 所示，当 K_θ 增大时，描述飞机短周期运动的一对复根将右移，并且复根的虚部逐渐增大，这将导致飞机短周期模态的振荡运动逐渐加剧。

（2）若 $K_{\dot{\theta}} \neq 0$，即引入一阶微分信号，控制律为 $\Delta\delta_e = K_\theta(\Delta\theta_g - \Delta\theta) - K_{\dot{\theta}}\Delta\dot{\theta}$。

内回路（即阻尼回路，也称角速度回路）的开环传递函数为

$$G_K(s) = \frac{-K_{\dot{\theta}}M_{\delta e}(s + Z_a^*)}{s^2 + C_{1d}s + C_{2d}} \tag{7-49}$$

以某型号运输机为例,其参数为 $M_{\delta e} = -1.2, Z_a^* = 0.59, C_{1d} = 1.5, C_{2d} = 1.47$。

可以作出参数 $K_{\dot{\theta}}$ 由零到无穷大变化时的根轨迹,如图 7-22 所示。

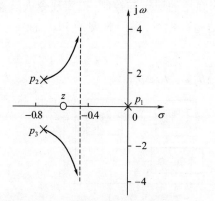

图 7-21　无微分信号的根轨迹　　　　图 7-22　阻尼回路的根轨迹

可见,阻尼回路的根轨迹从飞机传递函数的一对复根 s_1、s_2 出发,随 $K_{\dot{\theta}}$ 的增大而左移且虚部减小,最后到达实轴。即系统阻尼增大,最后由振荡运动转为指数衰减的单调运动。如果仅考虑 $K_{\dot{\theta}}$ 变化,则 $K_{\dot{\theta}}$ 越大阻尼效果越明显。

（3）内回路的闭环传递函数为

$$\phi_B(s) = \frac{-M_{\delta e}(s + Z_a^*)}{s^2 + (C_{1d} - K_{\dot{\theta}}M_{\delta e})s + (C_{2d} - K_{\dot{\theta}}M_{\delta e}Z_a^*)} \tag{7-50}$$

则整个系统的开环传递函数为

$$G_K^*(s) = [K_\theta \phi_B(s)] \cdot \frac{1}{s} = \frac{-K_\theta M_{\delta e}(s + Z_a^*)}{s[s^2 + (C_{1d} - K_{\dot{\theta}}M_{\delta e})s + (C_{2d} - K_{\dot{\theta}}M_{\delta e}Z_a^*)]} \tag{7-51}$$

令闭环系统的特征方程 $1 + G_K^*(s) = 0$,即

$$1 + \frac{-K_\theta M_{\delta e}(s + Z_a^*)}{s[s^2 + (C_{1d} - K_{\dot{\theta}}M_{\delta e})s + (C_{2d} - K_{\dot{\theta}}M_{\delta e}Z_a^*)]} = 0 \tag{7-52}$$

展开可得下列形式的特征方程:

$$s^3 + (C_{1d} - K_{\dot{\theta}}M_{\delta e})s^2 + (C_{2d} - K_{\dot{\theta}}M_{\delta e}Z_a^* - K_\theta M_{\delta e})s - K_\theta M_{\delta e}Z_a^* = 0 \tag{7-53}$$

为了方便分析 K_θ 和 $K_{\dot{\theta}}$ 同时变化时系统的根轨迹情况,需要引入等效传递函数概念,所谓等效传递函数就是特征方程相同的传递函数。

下面引入一个 $G_K^*(s)$ 的等效传递函数 $G_{EK}(s)$,有

$$G_{EK}(s) = \frac{-K_{\dot{\theta}}M_{\delta e}[s^2 + (Z_a^* + A)s + AZ_a^*]}{s(s^2 + C_{1d}s + C_{2d})} \tag{7-54}$$

其中, $A = \dfrac{K_\theta}{K_{\dot{\theta}}}$。

190

其所对应的闭环系统的特征方程 $1 + G_{EK}(s) = 0$，即

$$s^3 + (C_{1d} - K_{\dot\theta}M_{\delta e})s^2 + (C_{2d} - K_{\dot\theta}M_{\delta e}Z_a^* - AK_{\dot\theta}M_{\delta e})s - AK_{\dot\theta}M_{\delta e}Z_a^* = 0 \qquad (7-55)$$

很明显，如果将 $A = \dfrac{K_\theta}{K_{\dot\theta}}$ 代入式(7-55)后，其形式与特征方程式(7-53)完全相同，证明它们是等效传递函数。所以，可以通过分析 A 值来研究 $G_K^*(s)$ 的根轨迹情况。

依据一元三次方程 $ax^3 + bx^2 + cx + d = 0(a \neq 0)$ 的根 $x_i(i = 1,2,3)$ 与系数之间的关系，可以得出结论：

(1) 当 $K_{\dot\theta} = 0$ 时，特征方程式(7-55)的根中，必有等于零的根。

(2) 因为 $K_\theta > 0, K_{\dot\theta} > 0, A = \dfrac{K_\theta}{K_{\dot\theta}} > 0, M_{\delta e} < 0, Z_a^* > 0$，则

$$d = -AK_{\dot\theta}M_{\delta e}Z_a^* > 0$$

即特征方程式(7-55)的根满足关系式 $s_1 s_2 s_3 = -\dfrac{d}{a} = AK_{\dot\theta}M_{\delta e}Z_a^* < 0$，表明三个根可以同时具有负实部，所以，通过合理选择参数，可以使系统满足稳定性条件，而使系统稳定。

以某型号运输机为例，其参数为 $M_{\delta e} = -1.2$，$Z_a^* = 0.59, C_{1d} = 1.5, C_{2d} = 1.47$。

不妨取值 $A = \dfrac{K_\theta}{K_{\dot\theta}} = 1.2$，则阻尼回路的参数 $K_{\dot\theta}$ 变化时整个系统的根轨迹如图7-23所示。

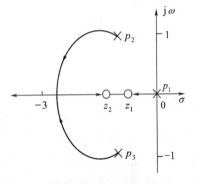

图7-23　参数 $K_{\dot\theta}$ 变化时整个系统的根轨迹

由图7-23可见，随着 $K_{\dot\theta}$ 增大，系统的振荡减弱，系统的阻尼特性变好。一般来说，对于飞机纵向控制系统而言，引入俯仰角速率 $\Delta\dot\theta$ 信号对系统振荡运动的影响，在很大程度上取决于 $A = \dfrac{K_\theta}{K_{\dot\theta}}$ 的取值，换句话说，只有在一定范围内增大反馈增益 $K_{\dot\theta}$ 值，才能使飞机纵向控制系统的阻尼特性得到改善，这是由于舵回路的惯性所造成。下面以某型号运输机的纵向短周期控制系统为例，分析舵回路惯性对于系统阻尼特性的影响。

2. 舵回路的惯性分析

图7-24中给出了某型号无人机的自动驾驶仪系统的方框图，该系统是典型的具有俯仰角速率反馈角位移控制系统。图中舵回路的传递函数为

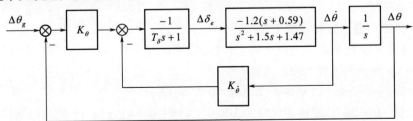

图7-24　某型运输机的具有俯仰角速率反馈角位移控制系统方框图

$$G_\delta(s) = \frac{-1}{T_\delta s + 1} \qquad (7-56)$$

其中, T_δ 为舵回路的时间常数。

下面利用根轨迹方法来分析舵回路惯性对此角位移控制系统阻尼特性的影响。

先求出阻尼回路的开环传递函数

$$G_{\dot\theta}^i(s) = \frac{1.2K_{\dot\theta}(s+0.59)}{(T_\delta s + 1)(s^2 + 1.5s + 1.47)}$$

作出 $T_\delta = 0\mathrm{s}, T_\delta = 0.1\mathrm{s}$ 和 $T_\delta = 0.25\mathrm{s}$ 三种不同的时间常数情况下的阻尼回路的根轨迹如图 7-25 所示。

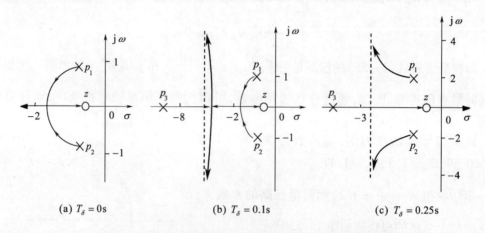

(a) $T_\delta = 0\mathrm{s}$ (b) $T_\delta = 0.1\mathrm{s}$ (c) $T_\delta = 0.25\mathrm{s}$

图 7-25　舵回路具有不同时间常数时阻尼回路的根轨迹图

$T_\delta = 0$, 舵回路为理想环节, 增加 $K_{\dot\theta}$ 阻尼回路可得到满意的性能, 且 $K_{\dot\theta}$ 越大, 阻尼越大, 直至最后不出现振荡, 成为指数衰减的单调运动。

$T_\delta \neq 0$, 由于 T_δ 的不同, 有不同的根轨迹, 但有其共同特点。当反馈增益 $K_{\dot\theta}$ 增大到某一值时, 可得到一定的阻尼效果, 若再增加到一定程度后, 其阻尼性能将急剧地恶化。

由上述的分析可以得到下列结论:

(1) 在一定的舵回路时间常数下, 用增加反馈增益 $K_{\dot\theta}$ 来增大阻尼是有限度的, 特别当 T_δ 较大时。

(2) 为确保角稳定回路的性能, 不能单纯增加速率陀螺信号强度(即 T_δ 不能过大), 必须同时减小舵回路的惯性, 使舵回路具有足够宽的通频带。

(3) 一般舵回路时间常数 T_δ 限制在 $0.03 \sim 0.1\mathrm{s}$ 内, 即舵回路的频带一般比飞行器频带宽 $3 \sim 5$ 倍。

3. 飞机纵向姿态控制系统工作过程分析

针对图 7-19 所示的飞机纵向姿态控制, 采用式(7-47)控制律, 下面分情况分析。

图 7-26 所示为飞机纵向运动姿态图示。

1) 稳定过程 ($\Delta\theta_g = 0$, 初始迎角 $\Delta\alpha_0 = 0$)

假设飞机受扰动后出现俯仰角偏差 $\Delta\theta > 0$, 由于控制律增益 $L_\theta > 0$, 则由控制律可知升降舵偏角 $\Delta\delta_e = L_\theta \Delta\theta > 0$, 即升降舵下偏, 产生低头力矩, 飞机绕横轴向下转动, 使得 $\Delta\theta$ 减小, 同时

会出现俯仰角速度 $\Delta q = \Delta \dot{\theta} < 0$，且其值也会随着俯仰角 $\Delta \theta$ 逐渐减小而负向增大。

由于刚打破平衡后，在低头力矩的作用下，飞机的纵轴总是先于空速向量发生转动，因而产生迎角 $\Delta \alpha < 0$。由于迎角负向增大，使空速向量向下偏转加快，又从而减缓迎角负向增加的速度，当迎角达到最大值 $\Delta \alpha_m$，飞机的纵轴与空速向量转动的速度相同时，负迎角不再增加。由于负值分量的舵偏角 $\Delta \delta_e = L_{\dot{\theta}} \Delta q < 0$ 逐渐增大，当正负两部分的舵偏角抵消后，由负值分量的舵偏角 $\Delta \delta_e = L_{\dot{\theta}} \Delta q < 0$ 占主导，则总舵偏角逐渐变为负值 $\Delta \delta_e < 0$，由此产生抬头力矩，使得飞机产生抬头运动，从而减缓飞机纵轴转动速度，最后使俯仰角的偏差 $\Delta \theta$ 趋于零。其过程如图 7 - 27 所示。

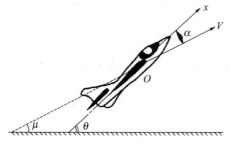

图 7 - 26 飞机纵向运动姿态图示

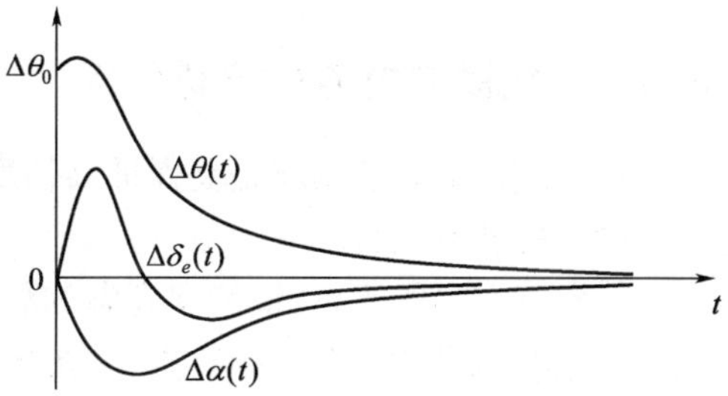

图 7 - 27 修正初始俯仰角偏差 $\Delta \theta_0$ 的过程

2）控制过程（$\Delta \theta_g \neq 0$，初始迎角 $\Delta \alpha_0 = 0$）

首先，由控制律产生舵偏角 $\Delta \delta_e = -L_{\theta} \Delta \theta_g < 0$，升降舵上偏，产生抬头力矩，飞机绕纵轴向上转动，$\Delta \theta$ 增加，同时出现 $\Delta q = \Delta \dot{\theta} > 0$，$\Delta \alpha > 0$，产生正值分量的舵偏角 $\Delta \delta_e = L_{\dot{\theta}} \Delta q > 0$，其余的过程与稳定过程类似。其过程如图 7 - 28 所示。

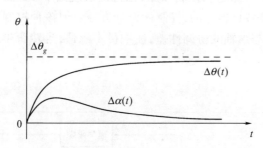

图 7 - 28 比例式驾驶仪对俯仰角控制的过程

3）初始迎角 $\Delta \alpha_0 \neq 0$ 情况下的纵向运动

假设初始迎角 $\Delta \alpha_0 > 0$ 且 $\Delta \theta_0 = 0$，$\Delta \delta_{e0} = 0$，则纵向静稳定力矩使飞机向迎角减小的方向转动下俯，同时由于 $\Delta \alpha_0 > 0$ 使得空速向上转动，这使得迎角急剧减小，同时出现 $\Delta \theta < 0$ 和 $\Delta q = \Delta \dot{\theta} < 0$。由控制律可知，控制系统使升降舵上偏，产生抬头力矩，阻止飞机的下俯运动，抬头力矩随下俯角增大而增大；而低头力矩随迎角减小而减弱，当两力矩平衡后，俯仰角速度不再负向增加，此后抬头力矩大于低头力矩，俯仰角速度由负变正，逐渐使升降舵、俯仰角和迎角回零。其过程如图 7 - 29 所示。

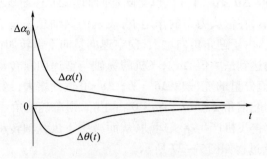

图 7 – 29　修正初始迎角 $\Delta\alpha_0$ 的过程

7.4.3　飞机横侧向姿态控制分析

飞机横侧向姿态控制就是要保证高精度的偏航角 ψ 和滚转角 ϕ 的稳定与控制,以实现令人满意的转弯飞行。

对于常规布局的飞机,横侧向姿态的稳定与控制一般是通过方向舵和副翼舵操纵来实现。根据飞机横侧向运动的特点,飞机横侧向控制有三种基本控制律。

控制律一:

$$
\begin{cases}
\delta_a = I_\phi \phi + I_{\dot\phi} \dot\phi \\
\delta_r = K_\psi(\psi - \psi_g) + K_{\dot\psi} \dot\psi
\end{cases} \tag{7 – 57}
$$

该控制方法是由垂直陀螺测量飞机的滚转角,将此信号输入副翼通道构成滚转稳定回路,使飞机机翼保持水平;由航向陀螺测量飞机纵轴相对于给定航向 ψ_g 的偏离值,将其输入方向舵通道构成航向稳定和控制回路,保持给定航向 ψ_g,如图 7 – 30 所示。此控制方法所涉及的两通道是各自独立的,控制律设计方便。但该种控制方法水平转弯方式存在较大的侧滑角,空速与纵轴的协调性差,使乘员不舒适,且转弯半径较大,因此,仅适合于修正小的航向偏差。

控制律二:

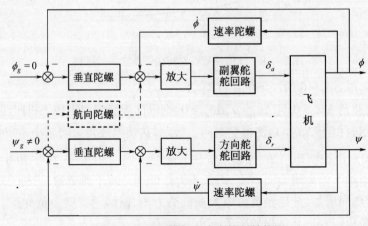

图 7 – 30　飞机横侧向姿态控制结构图

$$\begin{cases} \delta_a = I_\phi \phi + I_{\dot\phi} \dot\phi + I_\psi (\psi - \psi_g) \\ \delta_r = K_\psi (\psi - \psi_g) + K_{\dot\psi} \dot\psi \end{cases} \qquad (7-58)$$

该控制方法是将式(7-57)中的 $\delta_a = I_\phi \phi + I_{\dot\phi} \dot\phi$ 修改为 $\delta_a = I_\phi \phi + I_{\dot\phi} \dot\phi + I_\psi (\psi - \psi_g)$,见图7-30中的虚线部分。

这样,假如飞机纵轴偏离给定航向 ψ_g,使得 $(\psi - \psi_g) > 0$,机头偏离给定航向的右侧,根据控制律 $\delta_a = I_\psi (\psi - \psi_g) > 0$,控制系统将操纵副翼正向差动,飞机向左滚转,出现滚转角 $\phi < 0°$,由此产生的升力的水平分量将使空速也向左转;因滚转角 $\phi < 0°$ 与 $(\psi - \psi_g) > 0$ 反号,随着滚转角 ϕ 逐渐增大,副翼的正向差动偏角 δ_a 将越来越小,当达到新的平衡时,副翼恢复到初始位置。

在上述动态过程中,当飞机向左滚转,产生负的滚转角 $\phi < 0°$ 时,产生的升力水平分量将使空速矢量先于机体轴向左转动,从而出现负的侧滑角 $\beta < 0°$,由此产生的航向稳定力矩将使机体轴跟随空速矢量转动;如果航向稳定性差,则会出现较大的侧滑角,这是不希望出现的,随着航向偏差逐渐减小,$(\psi - \psi_g) \to 0$,滚转角信号($\phi < 0°$)占据上峰,副翼开始反向偏转,使得滚转角 ϕ 和偏航角偏差 $(\psi - \psi_g)$ 越来越小,最后恢复到零状态。

控制律三:

$$\begin{cases} \dot\delta_a = I_{\ddot\phi} \ddot\phi + I_{\dot\phi} \dot\phi + I_\phi (\phi - \phi_g) \\ \dot\delta_r = K_{\ddot\psi} \ddot\psi + K_{\dot\psi} (\dot\psi - \dot\psi_g) - K_\beta \beta \end{cases} \qquad (7-59)$$

也可写成

$$\begin{cases} \delta_a = I_{\dot\phi} \dot\phi + I_\phi \dot\phi + I_{\int\phi} \int (\phi - \phi_g) \mathrm{d}t \\ \delta_r = K_{\dot\psi} \dot\psi + K_\psi (\psi - \psi_g) - K_\beta \int \beta(t) \mathrm{d}t \end{cases} \qquad (7-60)$$

为了克服侧滑角的出现,必须研究侧向转弯过程中的协调控制问题。该控制方法将给定的滚转角 ϕ_g 和偏航角速率 $\dot\psi_g$ 控制信号分别输入到滚转与航向两个通道中,同时在航向通道中引入侧滑角 β 信号,使方向舵的偏转不仅取决于偏航角偏差 $(\psi - \psi_g)$ 和偏航角速率 $\dot\psi$,而且也与侧滑角 β 的积分信号有关,以便减小侧滑角 β。

7.5 飞行控制系统的设计

在飞行控制系统的设计技术中,经典设计方法占有非常重要的地位。如根轨迹、极点配置和伯德图分析等方法很适合单输入单输出系统的设计。对于多输入多输出或者多回路系统,经典设计方法一般采用按回路递次设计的方法,并通过大量的反复试验过程来设计满足指标要求的控制系统。本节以纵向短周期运动控制设计为例,介绍飞行控制系统的根轨迹设计方法。

经典设计技术是一种按回路递次设计的技术,一般遵循"先内后外,最后综合"的设计原则,即先设计频带宽的回路,然后再设计频带窄的回路,即按照"先宽后窄"的原则进行设计。

针对图 7-31 所示的俯仰姿态控制系统,可以将递次设计的根轨迹法的步骤归纳如下:

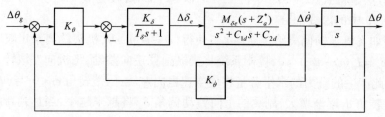

图 7-31 俯仰姿态控制系统

（1）先设计内回路（即阻尼回路）。在舵回路时间常数 T_δ 和增益 K_δ 的取值范围内,初步预选定 T_δ 和 K_δ。

（2）选定 T_δ 和 K_δ 后,则内回路的开环传递函数为

$$G_{\dot\theta}(s) = \frac{K_{\dot\theta} K_\delta M_{\delta e}(s + Z_a^*)}{(T_\delta s + 1)(s^2 + C_{1d}s + C_{2d})} \tag{7-61}$$

作出内回路随增益 $K_{\dot\theta}$ 变化的根轨迹。

（3）依据对内回路的稳定性和性能指标的要求,例如,需要满足阻尼比和固有频率的设计要求等,借助于内回路随增益 $K_{\dot\theta}$ 变化的根轨迹确定合适的增益 $K_{\dot\theta}$,则内回路的闭环传递函数 $\phi_{\dot\theta}(s)$ 就确定了,即

$$\phi_{\dot\theta}(s) = \frac{K_\delta M_{\delta e}(s + Z_a^*)}{(T_\delta s + 1)(s^2 + C_{1d}s + C_{2d}) + K_{\dot\theta} K_\delta M_{\delta e}(s + Z_a^*)} \tag{7-62}$$

（4）在确定 $\phi_{\dot\theta}(s)$ 的基础上,可以得出外回路的开环传递函数

$$G_\theta(s) = K_\theta \phi_{\dot\theta}(s) \frac{1}{s} = \frac{K_\theta K_\delta M_{\delta e}(s + Z_a^*)}{s[(T_\delta s + 1)(s^2 + C_{1d}s + C_{2d}) + K_{\dot\theta} K_\delta M_{\delta e}(s + Z_a^*)]} \tag{7-63}$$

作出整个系统随增益 K_θ 变化的根轨迹。

（5）依据对系统（即外回路）的稳定性和性能指标的要求,借助于整个系统随增益 K_θ 变化的根轨迹来选择适当的增益 K_θ,则可确定整个闭环系统的传递函数 $\phi_\theta(s)$,即

$$\phi_\theta(s) = \frac{K_\theta \phi_{\dot\theta}(s)}{s + K_\theta \phi_{\dot\theta}(s)}$$

$$= \frac{K_\theta K_\delta M_{\delta e}(s + Z_a^*)}{s[(T_\delta s + 1)(s^2 + C_{1d}s + C_{2d}) + K_{\dot\theta} K_\delta M_{\delta e}(s + Z_a^*)] + K_\theta K_\delta M_{\delta e}(s + Z_a^*)} \tag{7-64}$$

（6）根据整个系统的设计要求,通过反复调整舵回路的时间常数 T_δ 和增益 K_δ 以及调整控制增益 $K_{\dot\theta}$ 和 K_θ 的值,以获得满足系统设计指标要求的控制系统。

下面通过一个例子来进一步说明根轨迹的设计过程。某型号运输机采用图 7-31 所

196

示的俯仰姿态控制系统,其纵向短周期运动传递函数为

$$\frac{\Delta\dot{\theta}(s)}{\Delta\delta_e(s)} = \frac{M_{\delta e}(s + Z_a^*)}{s^2 + C_{1d}s + C_{2d}} = \frac{-1.39(s + 0.306)}{s^2 + 0.805s + 1.21}$$

即 $M_{\delta e} = -1.39, Z_a^* = 0.306, C_{1d} = 0.805, C_{2d} = 1.21$。

其舵回路的传递函数为

$$G_\delta(s) = \frac{K_\delta}{T_\delta s + 1} = \frac{-1}{0.1s + 1}$$

即 $K_\delta = -1, T_\delta = 0.1$。

先写出内回路(阻尼回路)的开环传递函数为

$$G_{\dot{\theta}}(s) = \frac{K_{\dot{\theta}}K_\delta M_{\delta e}(s + Z_a^*)}{(T_\delta s + 1)(s^2 + C_{1d}s + C_{2d})} = \frac{1.39K_{\dot{\theta}}(s + 0.306)}{(0.1s + 1)(s^2 + 0.805s + 1.21)}$$

则可作出内回路(阻尼回路)随增益 $K_{\dot{\theta}}$ 变化的根轨迹,如图 7-32 所示。

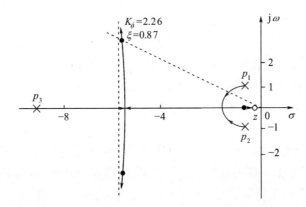

图 7-32　内回路(阻尼回路)随增益 $K_{\dot{\theta}}$ 变化的根轨迹

由内回路的根轨迹图 7-32 可见,当选择阻尼回路的增益 $K_{\dot{\theta}} = 2.26$ 时,阻尼回路的三个极点分别为 $s_1 = -0.6, s_{2,3} = -5.1 \pm j2.9$。

于是,内回路的闭环传递函数 $\phi_{\dot{\theta}}(s)$ 为

$$\phi_{\dot{\theta}}(s) = \frac{K_\delta M_{\delta e}(s + Z_a^*)}{(T_\delta s + 1)(s^2 + C_{1d}s + C_{2d}) + K_{\dot{\theta}}K_\delta M_{\delta e}(s + Z_a^*)}$$

$$= \frac{1.39(s + 0.306)}{(0.1s + 1)(s^2 + 0.805s + 1.21) + 31.4(s + 0.306)}$$

在确定 $\phi_{\dot{\theta}}(s)$ 的基础上,可以得出外回路的开环传递函数

$$G_\theta(s) = \frac{K_\theta K_\delta M_{\delta e}(s + Z_a^*)}{s[T_\delta s + 1)(s^2 + C_{1d}s + C_{2d}) + K_{\dot{\theta}}K_\delta M_{\delta e}(s + Z_a^*)]}$$

$$= \frac{1.39K_\theta(s + 0.306)}{s[(0.1s + 1)(s^2 + 0.805s + 1.21) + 4.31(s + 0.306)]}$$

作出整个俯仰姿态控制系统随增益 K_θ 变化的根轨迹,如图 7-33 所示。

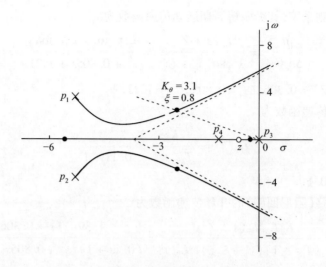

图 7 - 33 整个系统随增益 K_θ 变化的根轨迹

由系统的根轨迹图 7 - 33 可见,系统的主导极点是在 $(0 \sim -Z_a^*)$ 之间的一个小的负实根。随着外回路增益 K_θ 增大,此主导极点的模也增大,因此系统的动态响应过程也加快,但是终归还是受到 Z_a^* 值的限制而不能继续增大;系统的次主导极点是一对复根,随着增益 K_θ 增大,其阻尼比逐渐减小,也就是说,系统的阻尼特性在逐渐变差,因此,系统动态响应过程的振荡因素将逐渐加剧。由图可见,当增益 K_θ 增大到一定程度后,系统将变为不稳定。

由此可见,当内回路增益 $K_{\dot\theta}$ 一定的情况下,外回路增益 K_θ 存在着相应的最佳值和极限值。因此,可以根据系统的性能指标设计要求,选择合适的外回路增益 K_θ。

假设所设计系统的期望阻尼比为 0.7 ~ 0.8 之间时,那么外回路增益 K_θ 应选择为 $K_\theta = 3.1$,整个俯仰姿态控制系统的闭环极点为 $s_1 = -0.23, s_{2,3} = -2.6 \pm j1.9, s_4 = -5.4$。

需要指出的是,由于飞行控制系统的零、极点是随着飞行条件的变化而变化的,仅靠改变系统的增益往往不可能适应所有飞行状态下的性能要求。正如前面所指出的,当随着飞行状态的变化,增益 K_θ 增大到一定程度后,系统将变为不稳定。因此,通过选择系统增益仅能在一定飞行范围内满足飞行品质要求。由经典控制理论可知,引入适当的补偿环节,如第 6 章的串联校正,可以使系统的传递函数中加入适当的零、极点,达到改变闭环系统的根轨迹的布局,从而增大系统增益的适用范围。

习　题

7 - 1　说明飞机空间运动的自由度。

7 - 2　试推导飞机的动力学方程和运动学方程。

7 - 3　已知某飞机的横侧向状态空间模型为

$$\begin{cases} \dot{X} = AX + BU \\ Y = CX + DU \end{cases}$$

其中，$X = \begin{bmatrix} \Delta\beta & \Delta\phi & \Delta p_w & \Delta r_w \end{bmatrix}^T, U = \begin{bmatrix} \Delta\delta_a & \Delta\delta_r \end{bmatrix}^T$，

$$A = \begin{bmatrix} -0.1501 & 0.1165 & 0.0612 & 1 \\ 0 & 1 & 0 & 0 \\ -26.125 & -1.6593 & 0 & -1.0432 \\ -3.5981 & -0.0628 & 0 & -0.2937 \end{bmatrix}, \quad B = \begin{bmatrix} 0 & -0.0028 \\ 0 & 0 \\ -1.598 & -5.762 \\ -0.0287 & -1.9046 \end{bmatrix}$$

$$C = \begin{bmatrix} 0 & 1 & 0 & 0 \end{bmatrix}, \quad D = \begin{bmatrix} 0 & 0 \end{bmatrix},$$

求传递函数 $\dfrac{\Delta\phi(s)}{\Delta\delta_a(s)}, \dfrac{\Delta\phi(s)}{\Delta\delta_r(s)}$。

7 - 4　分析说明姿态控制系统的工作原理和特点。

7 - 5　假定某飞行器传递函数为

$$G_\theta(s) = \frac{\Delta\theta(s)}{\Delta\delta_e(s)} = \frac{M_{\delta e}(s + Z_a^*)}{s(s^2 + C_{1d}s + C_{2d})}$$

舵回路的传递函数为

$$G_\delta(s) = \frac{-1}{T_\delta s + 1}$$

如果采用下面控制律

$$\Delta\delta_e = K_\theta(\Delta\theta - \Delta\theta_g) + K_{\dot\theta}\Delta\dot\theta$$

试画出其相应的结构方框图，分析说明舵回路时间常数 T_δ 对系统阻尼特性的影响（分 $T_\delta = 0$ 和 $T_\delta \neq 0$ 两种情况讨论）。

7 - 6　图 7 - 34 所示为某型飞机的俯仰姿态控制系统。

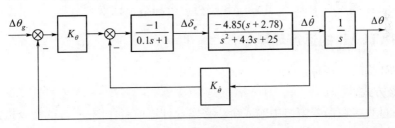

图 7 - 34　某型飞机俯仰姿态控制系统

试按回路梯次设计的根轨迹法，设计阻尼器反馈增益 K_θ 和增稳系统的反馈增益 $K_{\dot\theta}$。

第 8 章　MATLAB 在控制系统分析与设计中的应用

　　MATLAB 是美国 Mathsworks 公司开发的一款高级数学分析和运算软件,可以用于动态系统的建模和仿真。它集数值分析、矩阵运算、信号处理和图形显示于一体,是一个跨平台的科学计算环境。MATLAB 是一个开放环境,通过这个环境,人们开发了大量的特殊用途的工具箱软件,如控制系统工具箱、系统辨识工具箱、模型预测控制工具箱、鲁棒控制工具箱、神经网络控制箱、模糊逻辑控制箱以及最优化、小波分析、通信、财政金融、图形处理、电力系统、线性矩阵不等式等,并且在 Internet 上还有成百上千个各式各样的 MAT-LAB 工具箱;同时还开发了一个基于结构图设计的 Simulink 仿真环境。在国际学术界,MATLAB 已经被确认为准确、可靠的科学计算标准软件。在许多国际一流学术刊物上,都可以看到 MATLAB 的应用。在设计研究单位和工业部门,MATLAB 被认作进行高效研究、开发的首选软件工具。在控制研究领域,MATLAB 也已经成为最流行的软件之一。

8.1　MATLAB 语言简介

　　MATLAB 是一种解析性语言,用户可以用 MATLAB 编写应用程序,也可以在 MAT-LAB 环境下直接键入一个命令,MATLAB 解析运行和给出结果。

8.1.1　MATLAB 的运行环境

　　MATLAB 提供了两种运行方式: 命令方式和 M 文件方式。

1. 命令方式

可以通过直接在命令窗口中输入命令来实现计算或者作图,一般的命令格式如下:

[输出参数 1,输出参数 2,…] = 命令名(输入参数 1,输入参数 2,…)

输出参数使用方括号,输入参数使用圆括号,如果输出量仅一个,可不使用括号。

2. M 文件运行方式

MATLAB 可以执行存储在文件中的程序,只要该程序文件满足两个条件:

(1) 该文件必须有 .m 的扩展名;

(2) 程序文件必须在 MATLAB 当前目录下。

　　一般来说,能够生成 ASCII 码文件的文本编辑器都可以用来生成 M 文件。MATLAB 的 M 文件有两种形式: 程序文件和函数文件。

　　程序文件也称为脚本文件,通常只是一系列命令语句的组合,没有输入参数,也不返回参数,运行时只需要在命令窗口键入文件名即可。程序文件在运行过程中可以调用 MATLAB 系统工作域内的所有数据,所产生的变量也是全局变量,并一直保存在工作域内,除非用户执行 clear 或 quit 命令时为止。

函数文件是系统中已经设计好的为完成某一种特定的运算或是实现某一种特定功能的子程序。MATLAB 的几十种工具箱中提供了非常丰富的函数库,不过,使用这些函数库时,函数是被作为命令来对待的,所以函数又被称为函数命令。函数文件常用于需要反复调用和不断改变参数的场合,它可以接受参数也可以返回参数,其运行需要语句调用。函数文件执行之后只保留最后结果,不保留中间的任何过程,所定义的变量也只是在函数内部起作用,并随着函数文件调用的结束而自动被清除。需要注意的是,以 function 开头的函数文件是一个独立的 M 文件,必须单独存储在内存中 MATLAB 系统所在的工作目录中,将函数文件存盘时,默认状态下系统自动存储为"函数名 . m"的函数文件,即函数文件名与函数名相同。如果函数文件名与函数名不同,MATLAB 在调用时将以函数文件名为准,而忽略函数名。

在 MATLAB 窗口中单击 File 菜单,依次选择 New→M - File,就可以打开 M 文件的编辑和运行窗口,可以在该窗口中编辑程序文件,进行调试运行等。

8.1.2 MATLAB 帮助系统

MATLAB 为用户提供了信息丰富、使用方便的联机帮助系统,用户可以采用如下方法得到帮助信息: 命令行帮助、联机帮助和演示帮助等。

1. 命令行帮助

利用 help 命令可以获得命令行帮助信息。直接在命令窗口中输入命令:

help

将显示系统的帮助信息,可以得到 MATLAB 的基本命令和相关工具箱的名称及功能。

如在 help 后面添加工具箱或命令名,则可显示对应的功能信息。如在命令行中输入:

help plot

将获得绘图命令 plot 的功能和参数说明。

2. 联机帮助

在 MATLAB 界面中单击 Help 菜单中的 Product Help 选项,可以打开联机帮助界面,在界面左边的目录栏中单击项目名或图标,将会在右侧窗口中显示相应的帮助信息。

3. 演示帮助

在 MATLAB 界面中单击 Help 菜单中的 Demos 选项或在命令窗口中输入 demo,就可以打开演示窗口。MATLAB 中包含各种应用范例,用户可以根据提供的范例来使用 MATLAB。

8.1.3 MATLAB 语言基础

1. MATLAB 语言的变量和常量

MATLAB 语言变量名一般由一个字母开头,后面可以跟字母、数字、下划线等。需要注意的是,MATLAB 语言变量是区分大小写的,如 EF 和 ef 表示两个不同变量。

2. MATLAB 语言的数据结构

（1）数值型数据。MATLAB 中最常用的数值量式双精度浮点数,占 8 个字节,值域范围为 $-1.7 \times 10^{308} \sim 1.7 \times 10^{308}$,其 MATLAB 表示为 double( )。另外还有其他数值类型,如 uint8( )、uint16( )、uint32( )、int8( )、int16( )、int32( )等。

（2）符号型。MATLAB 为了方便数学公式推导等解析运算,定义了符号型变量。在进行解析运算前需要先将采用的变量声明为符号变量,一般用以下命令格式实现:

syms var_list var_props

其中,syms 是符号型变量声明命令字,var_list 给出需要声明的变量列表,var_props 为声明变量类型。

（3）字符串型数据。MATLAB 支持字符串变量,用于存储相关信息,与一般 C 语言的字符串采用双引号括起来不同,MATLAB 支持字符串采用单引号括起来。

（4）单元数组和多维数组。单元数组是矩阵的直接扩展,其存储格式类似于普通矩阵,而矩阵的每个元素不是数值,而是能存储任意类型的信息,这样的每个元素称为单元。多维数组可看成是矩阵的直接拓展,如,一般彩色数字图像的数字描述采用三维数组,在控制系统中,多维数组直接用于多变量系统的描述等。

（5）类和对象。MATLAB 允许用户自己编写包含各种复杂结构的变量,即类变量,类变量包含各种下级的信息,并可以重新对类定义其计算。如,在 MATLAB 控制系统工具箱中定义了传递函数类,可以用一个变量来表示整个传递函数,还重新定义了该类的运算。

3. MATLAB 语言的语句和流程结构

1）赋值语句和函数调用

直接赋值语句的基本结构为

赋值变量 = 赋值表达式

功能是把等号右边赋值表达式直赋给等号左边的赋值变量,并返回 MATLAB 工作空间。

函数调用语句的基本结构为

［返回变量列表］= 函数名(输入变量列表)

函数名的要求和变量名的要求基本一致,函数名一般在 MATLAB 路径中有一对应的文件名。返回变量列表和输入变量列表一般有若干变量名组成,变量名之间一般用逗号分隔。

2）循环结构

循环结构可以由 for 或 while 语句引导,用 end 语句结束,在这两个语句之间部分称为循环体。

for 语句的一般结构为:

for i = v,循环体,end

其中,v 为一个矢量,循环变量 i 每次从 v 矢量中取一个数值,执行一次循环体内容,依次直至执行完 v 矢量中所有的分量,将自动结束循环体的执行。

while 语句的基本结构为:

while(条件式),循环体,end

202

while 循环中的条件式是一个逻辑表达式,若其值为真则将自动执行循环体的结构,实行完后再判断条件式的真伪,为真则仍然执行结构体,否则退出循环结构。

3）条件转移结构

MATLAB 最基本的转移结构为:

    if(条件 1)
    语句组 1
    elseif(条件 2)
    语句组 2
     ⋮
    else
    语句组 n + 1
    end

4）开关结构

开关语句的基本结构为:

    switch 开关表达式
    case 表达式 1
    语句段 1
    case{表达式 2,表达式 3,…,表达式 m}
    语句段 2
     ⋮
    otherwise
    语句段 n
    end

当开关表达式的值等于某个 case 语句后面的条件时,程序将转移到该组语句中执行,执行完成后程序转出开关体继续向下执行。

5）试探结构

试探结构的调用格式为:

    try,语句段 1,
    catch,语句段 2,
    end

本语句首先试探性地执行语句段 1,如果在此段语句执行过程中出现错误,则将错误信息赋值给保留的 lasterr 变量,并终止这段语句的执行,转而执行语句段 2 中的语句。

4. MATLAB 语言的函数

在 MATLAB 中,函数是可以定义输入参数或返回输出变量的 M 文件,M 文件和函数的名称必须一致。

MATLAB 函数的基本结构为:

function [返回变量列表] = 函数名(输入变量列表)

注释说明语句段,由%引导

输入、返回变量格式的检测

函数体语句

这里输入和返回变量的实际个数分别由 nargin 和 nargout 两个 MATLAB 保留变量来给出,只要进入该函数,MATLAB 就将自动生成这两个变量。从系统的角度来说,MAT-LAB 函数是一个变量处理单元,它从主调函数接收变量,对之进行处理后,将结果返回到主调函数中,除了输入和输出变量外,其他在函数内部产生的所有变量都是局部变量,在函数调用结束后这些变量均将消失。

8.1.4 MATLAB 图形绘制

MATLAB 中提供了一系列简单、直观的二维、三维图形绘制的命令和函数,可以将实验结果或仿真结果用可视的形式显示出来。

1) plot(x,y)

功能说明:若 x,y 都是矢量,则以 x 中元素为横坐标,y 中元素为纵坐标作平面曲线,此时 x,y 必须具有相同长度;若 x,y 都是矩阵,则将 x 的列和 y 中相应的列相组合,绘制多条平面曲线,此时 x,y 必须具有相同的大小;若 x 是矢量,y 是矩阵,若 x 的长度与 y 的行数相等,则将 x 与 y 中的各列相对应,绘制多条平面曲线,否则,若 x 的长度与 y 的列数相等,则将 x 与 y 中的各行相对应,绘制多条平面曲线,此时 x 的长度必须等于 y 的行数或列数。

2) plot(y)

功能说明:绘制矢量 y 中元素的线性图。

以下标为横坐标,元素值为纵坐标,等价于:x = [1:length(y)];plot(x,y);

3) plot(x,y,string)

其中 string 是用单引号括起来的字符串,用来指定图形的属性:点、线的形状和颜色以及线宽等。表 8-1 所列为 MATLAB 提供的点、线和颜色类型符号。

表 8-1　MATLAB 提供的点、线和颜色类型符号

符号	意义	符号	意义	符号	意义
–	实线	*	星号	y	黄色
:	虚线	s	方格	m	棕色
-.	点划线	d	菱形	c	青色
– –	间断线	^	朝上三角	r	红色
.	点	v	朝下三角	g	绿色
o	小圆圈	>	朝右三角	b	蓝色
x	叉子符	<	朝左三角	w	白色
+	加号	p	五角星	k	黑色
*	星号	h	六角星		

4) title('text')

title('text','Property1', value1, 'Property2', value2, ...)

Property:linewidth, markersize, fontsize, fontweight, fontname, …

功能说明:添加图形标题,并指定文本的属性。

5）xlabel（'text'）或 ylabel（'text'）

功能说明：添加 x 轴或 y 轴坐标的标注。

6）legend（string1，string2，...）

功能说明：添加图例。

7）text（x，y，string1，string2，...）

功能说明：在指定地方添加文本。

8）grid on 或 grid off

功能说明：显示或不显示网格。

9）hold on 或 hold off

功能说明：保持当前窗口的图像。

10）figure（n）

功能说明：新建绘图窗口。

11）subplot（m，n，p）

功能说明：划分绘图区域，将一个绘图窗口分割成 m * n 个子区域，并按行从左至右依次编号。p 表示第 p 个绘图子区域。

12）plot（x1，y1，s1，x2，y2，s2，...，xn，yn，sn）

功能说明：同时绘制多个函数图像。

等价于：

hold on

plot（x1，y1，s1）

plot（x2，y2，s2）

...

plot（xn，yn，sn）

13）手工坐标轴定标

MATLAB 绘图时，一般都是自动定标，如果用户需要自定义的图形大小，则需要手工坐标轴定标，可用如下语句完成：

$v = [\, x - min \quad x - max \quad y - min \quad y - max \,]$；

axis（v）；

它表示 x 轴的范围为 x – min ~ x – max，y 轴范围为 y – min ~ y – max。

8.2　MATLAB 用于处理系统数学模型

通过 MATLAB 控制系统工具箱提供的函数，可以很方便地建立系统的传递函数、零极点模型、频率响应模型和状态方程模型，并可以很容易实现两种模型间的转换，另外，还可以根据多个简单系统模型组合成复杂的系统模型。

线性时不变系统（linear time invariant，LTI，也称线性定常系统）的数学模型主要有微分方程、传递函数、零极点模型、频率响应模型和状态方程等。

1. 微分方程

MATLAB 提供了 dslove（）函数用于求解微分方程。其基本调用格式如下：

$$s = dslove('方程 1','方程 2',\cdots,'方程 12')$$

该函数最多可对 12 个微分方程求解,输入变量含三部分:微分方程、初始条件和指定的独立变量。微分方程为必须输入的内容,独立变量默认为 t,用户可以根据需要自定义。微分方程的各阶导数项以字母 D 表示,D 后的数字表示微分的阶次,如 D3 表示 $\dfrac{d^3}{dt^3}$,微分算子后面表示被微分的变量,如 D2y 表示对 y(t) 的二阶微分。初始条件以符号代数方程表示,如 Dy(a) = b,如初始条件不给定,则结果包括积分常数 C。

例 8 - 1 解微分方程 $5y''(t) + 6y(t) + 2y(t) = 1$,初始条件 $y(0) = 0, y'(0) = 0$。

解:MATLAB 程序如下:

```
y = dsolve('5 * D2y + 6 * Dy + 2 * y = 1','y(0) = 0','Dy(0) = 0')    % 按标准格式输入微分方程
```

结果为

```
y =
1/2 -(3 * sin(t/5) * exp( -(3 * t)/5))/2 -(cos(t/5) * exp( -(3 * t)/5))/2
```

2. 传递函数模型

在讲解传递函数模型之前,有必要介绍一下多项式运算和拉氏变换及其反变换。

1)多项式运算

多项式运算是数学中最基本的运算之一,也是控制系统传递函数方面的基本运算。

roots(p)为求多项式的根。

poly(r)为根据多项式的根求多项式的系数。

conv(p,q)为求两个多项式的乘积。

polyval(p,x)为多项式求值,返回多项式 p 在 x 处的值。

例 8 - 2 求多项式 $f(x) = x^4 + 5x^3 + 12x^2 + 10x + 13$ 的根,并根据根得出多项式的系数。

解:MATLAB 程序如下:

```
p = [1 5 12 10 13];
r = roots(p)   % 求多项式的根
```

结果为

```
r =
  -2.3198 +1.8653i
  -2.3198 -1.8653i
  -0.1802 +1.1978i
  -0.1802 -1.1978i
```

MATLAB 程序如下:

```
p = poly([ -2.3198 +1.8653i, -2.3198 -1.8653i, -0.1802 +1.1978i, -0.1802 -1.1978i])
% 根据多项式的根求多项式的系数
```

结果为

```
p =
   1.0000   5.0000   12.0001   10.0006   13.0006
% 由于计算舍入误差,系数没有完全复原
```

例8 – 3 求多项式 $f(s) = 5s^2 + 2s + 10$ 和多项式 $g(s) = 2s^4 + 3s^2 + 8s + 13$ 的乘积。

解：MATLAB 程序如下：

```
u = [5 2 10];
v = [2 0 3 8 13];
w = conv(u,v)        % 求两个多项式的乘积
```

结果为

```
w =
    10    4    35    46    111    106    130
```

% 结果为 $T(s) = 10s^6 + 4s^5 + 35s^4 + 46s^3 + 111s^2 + 106s + 130$

2）拉氏变换及其反变换

求拉氏变换采用函数 laplace(ft,t,s)。

求拉氏反变换采用函数 ilaplace(ft,t,s)。

例8 – 4 求 $f(t) = 3t^3 + 2t^2 + 6t + 9$ 的拉氏变换。

解：MATLAB 程序如下：

```
syms s t;
ft = 3 * t^3 + 2 * t^2 + 6 * t + 9;
Fs = laplace(ft,t,s)    % 求拉氏变换
```

结果为

```
Fs =
9/s + 6/s^2 + 4/s^3 + 18/s^4
```

% 结果为 $F(s) = \dfrac{9}{s} + \dfrac{6}{s^2} + \dfrac{4}{s^3} + \dfrac{18}{s^4}$

例8 – 5 求 $F(s) = \dfrac{s + 10}{(s + 8)(s^2 + 3s + 2)}$ 的拉氏反变换。

解：MATLAB 程序如下：

```
syms s t;
Fs = (s + 10)/((s + 8) * (s^2 + 3 * s + 2));
ft = ilaplace(Fs,s,t)    % 求拉氏反变换
```

结果为

```
ft =
9/(7 * exp(t)) - 4/(3 * exp(2 * t)) + 1/(21 * exp(8 * t))
```

% 结果为 $f(t) = \dfrac{9}{7e^t} - \dfrac{4}{3e^{2t}} + \dfrac{1}{21e^{8t}}$

3）传递函数

MATLAB 中提供函数 tf( ) 表示传递函数。

对于传递函数

$$G(s) = \frac{b_0 s^m + b_1 s^{m-1} + \cdots + b_{m-1}s + b_m}{a_0 s^n + a_1 s^{n-1} + \cdots + a_{n-1}s + a_n}$$

在 MATLAB 中可表示为

$num = [b_0, b_1, \cdots, b_{m-1}, b_m];$

$den = [a_0, a_1, \cdots, a_{n-1}, a_n];$

$$G = tf(num, den)$$

MATLAB 还支持一种传递函数的输入格式,用 s = tf('s') 先定义传递函数的算子,再用类似数学表达式的形式直接输入传递函数模型。

例 8 - 6 将传递函数 $G(s) = \dfrac{13s^2 + 4s + 10}{4s^3 + 8s^2 + 5s + 3}$ 输入到 MATLAB 的工作空间。

解:MATLAB 程序如下:

```
num = [13 4 10];
den = [4 8 5 3];
G = tf(num,den)      % 输入传递函数模型
```

结果为

```
G =

13 s^2 + 4 s + 10
- - - - - -
4 s^3 + 8 s^2 + 5 s + 3
```

若采用第二种输入方法,也能很方便地输入,两者完全一致。

MATLAB 程序如下:

```
s = tf('s');                          % 定义拉氏算子 s
G = (13 * s^2 + 4 * s + 10)/(4 * s^3 + 8 * s^2 + 5 * s + 3)
```

结果为

```
G =

13 s^2 + 4 s + 10
- - - - - -
4 s^3 + 8 s^2 + 5 s + 3
```

显然,如果传递函数分子和分母多项式给出的不是完全展开的形式,采用第一种输入方法比较麻烦,而采用第二种方法较为简便。

例 8 - 7 将传递函数 $G(s) = \dfrac{(3s+2)^3(s+3)}{s^3(s+3)\left[(s+4)^3 + 2s + 1\right]}$ 输入到 MATLAB 的工作空间。

解:如果采用第一种方法将很麻烦,这时一般采用第二种方法。

MATLAB 程序如下:

```
s = tf('s');
G = ((3 * s + 2)^3 * (s + 3))/(s^3 * (s + 3) * ((s + 4)^3 + 2 * s + 1))
```

结果为

```
G =

27 s^4 + 135 s^3 + 198 s^2 + 116 s + 24
- - - - - -
s^7 + 15 s^6 + 86 s^5 + 215 s^4 + 195 s^3
```

3. 零极点模型

对于零极点模型

$$G(s) = K\frac{\prod\limits_{i=1}^{m}(s-z_i)}{\prod\limits_{j=1}^{n}(s-p_j)}$$

其中,K 为系统的零极点增益;$z_i(i=1,2,\cdots,m)$ 称为系统的零点;$p_j(j=1,2,\cdots,n)$ 称为系统的极点。

MATLAB 提供函数 zpk( )建立系统的零极点模型。

例 8 - 8　$G(s) = \dfrac{s+10}{(s+2)(s+7)}$,试用 MATLAB 建立系统的零极点模型。

解：MATLAB 程序如下：

```
z = [ -10];
p = [ -2, -7];
k = 1;
G = zpk(z,p,k)
```

结果为

```
G =

  (s +10)
- - - - - -
(s +2) (s +7)
```

4. 状态空间模型

一般状态空间模型可以写成如下形式：

$$\begin{cases} \dot{x} = Ax + Bu \\ y = Cx + Du \end{cases}$$

其中,x 为 n 维状态变量;u 为 p 维输入矢量;y 为 q 维输出矢量;A 为 $n \times n$ 的系数矩阵;B 为 $n \times p$ 的系数矩阵;C 为 $q \times n$ 的系数矩阵;D 为 $q \times p$ 的系数矩阵。

MATLAB 提供函数 ss(A,B,C,D)可以很方便地建立起系统的状态空间模型。

例 8 - 9　将状态空间模型：$\begin{cases} \dot{x} = Ax + Bu \\ y = Cx + Du \end{cases}$ 输入到 MATLAB 工作空间,其中

$$A = \begin{bmatrix} 2 & 7 & 3 \\ 5 & 9 & 2 \\ 6 & 1 & 1 \end{bmatrix}, \quad B = \begin{bmatrix} 9 & 2 & 1 \\ 3 & 4 & 2 \\ 6 & 8 & 10 \end{bmatrix}, \quad C = \begin{bmatrix} 1 & 2 & 1 \\ 6 & 4 & 2 \\ 2 & 8 & 3 \end{bmatrix}, \quad D = \begin{bmatrix} 4 & 2 & 6 \\ 3 & 7 & 2 \\ 1 & 4 & 9 \end{bmatrix}。$$

解：MATLAB 程序如下：

```
A = [2 7 3;5 9 2;6 1 1];B = [9 2 1;3 4 2;6 8 10];
C = [1 2 1;6 4 2;2 8 3];D = [4 2 6;3 7 2;1 4 9];
G = ss(A,B,C,D)
```

结果为

```
G =
a =

     x1  x2  x3
  x1  2   7   3
```

```
        x2   5   9   2
        x3   6   1   1
b =
            u1   u2   u3
        x1   9   2   1
        x2   3   4   2
        x3   6   8   10
c =
            x1   x2   x3
        y1   1   2   1
        y2   6   4   2
        y3   2   8   3
d =
            u1   u2   u3
        y1   4   2   6
        y2   3   7   2
        y3   1   4   9
```

5. 控制系统的模型转换

在对控制系统进行分析和设计时,往往要根据具体情况采用不同形式的数学模型,所以必须掌握不同形式的数学模型间的转换方法。

1)系统模型向传递函数转换

MATLAB 提供函数 ss2tf( )实现状态空间模型向传递函数转换,其基本格式为

$[num,den] = ss2tf(A,B,C,D,iu)$

其中,iu 为用于指定变换所用的输入量,如果要想获得传递函数系统的形式,可以采用如下方法:

$G1 = ss(A,B,C,D);$

$G2 = tf(G1)$

2)系统模型向零极点模型转换

MATLAB 提供了实现各类系统模型转换为零极点模型的函数:

$[z,p,k] = ss2zp(A,B,C,D, iu)$

$[z,p,k] = tf2zp(num,den)$

$Gzp = zpk(sys)$

上面第一式是将状态空间模型转换为零极点模型,第二式是将传递函数模型转换为零极点模型,第三式是将非零极点形式转换为零极点模型。

3)系统模型向状态空间模型转换

MATLAB 提供了实现各类系统模型转换为状态空间模型的函数:

$[A,B,C,D] = tf2ss(num,den)$

$[A,B,C,D] = zp2ss(z,p,k)$

$Gss = ss(sys)$

6. 控制系统的串联、并联与反馈连接

MATLAB 提供了传递函数串联、并联和反馈连接的函数。

sys = series(sys1,sys2)

表示系统 sys 等于系统 sys1 与系统 sys2 串联。

sys = parallel(sys1,sys2)

表示系统 sys 等于系统 sys1 与系统 sys2 并联。

sys = feedback(sys1,sys2,sign)

表示系统 sys 等于系统 sys1 与系统 sys2 反馈连接,其中系统 sys1 为前向通道,系统 sys2 为反馈通道,sign = +1 表示正反馈,sign = -1 表示负反馈。

例 8 - 10　求如图 8 - 1 所示控制系统的闭环传递函数。

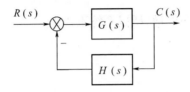

图 8 - 1　控制系统结构图

其中,$G(s) = \dfrac{1}{500s^2}$,$H(s) = \dfrac{s+1}{s+2}$。

解:MATLAB 程序如下

numg = [1];deng = [500 0 0];

numh = [1 1];denh = [1 2];

[num,den] = feedback(numg,deng,numh,denh,-1);

printsys(num,den)

结果为

num/den =

```
        s + 2
 - - - - - -
 500 s^3 + 1000 s^2 + s + 1
```

其中,由函数 printsys(num,den) 打印出传递函数。

8.3　MATLAB 用于时域分析

MATLAB 时域响应仿真主要有两种方法,一种是在命令窗口直接编程输入进行时域仿真,另一种就是在 Simulink 中通过操作窗口菜单进行时域仿真。

1. 分析系统稳定性

1) roots( ) 函数

对于以传递函数表示的系统,可以利用 MATLAB 提供的多项式求根函数 roots( ) 直接求出系统特征方程的根,再直接观察所有根是否都具有负实部,从而判断系统的稳定性。

例 8 - 11　已知系统闭环传递函数为

$$G(s) = \frac{32s + 171}{s^4 + 21s^3 + 15s^2 + 46s + 123}$$

试判断系统的稳定性。

解：MATLAB 程序如下：

```
roots([1 21 15 46 123])
```

运行结果如下：

```
ans =
  -20.3596
  -1.6567
  0.5082 +1.8407i
  0.5082 -1.8407i
```

因为不是全部根都具有负实部，所以系统不稳定。

2）pole( )和 eig( )函数

格式：$p = \text{pole}(\text{sys})$

$\quad\quad d = \text{eig}(\text{sys})$

$\quad\quad [V,D] = \text{eig}(A)$

说明：pole(sys),eig(sys)功能是计算控制系统的极点。对于传递函数模型,系统极点就是分母多项式的根,也可以采用 roots( )函数求取;对于状态空间模型,系统的极点就是矩阵 A 的特征值。

例8 -12 已知某系统的状态空间模型为

$$\begin{bmatrix} \dot{x}_1 \\ \dot{x}_2 \\ \dot{x}_3 \end{bmatrix} = \begin{bmatrix} 0 & 2 & 0 \\ 0 & 0 & 2 \\ -5 & -4 & -3 \end{bmatrix} \begin{bmatrix} x_1 \\ x_2 \\ x_3 \end{bmatrix} + \begin{bmatrix} 2 \\ 5 \\ -13 \end{bmatrix} u$$

$$y = \begin{bmatrix} 2 & 0 & 0 \end{bmatrix} \begin{bmatrix} x_1 \\ x_2 \\ x_3 \end{bmatrix}$$

试判断系统的稳定性。

解：MATLAB 程序如下：

```
A =[0 2 0;0 0 2;-5 -4 -3];B =[2;5;-13];
C =[2 0 0];D =[0];
G = ss(A,B,C,D);
pole(G)
```

运行结果如下：

```
ans =
  -2.7423
  -0.1289 +2.6975i
  -0.1289 -2.6975i
```

全部特征根都具有负实部,所以系统稳定。

也可以采用 eig( )函数,MATLAB 程序如下：

```
A =[0 2 0;0 0 2;-5 -4 -3];B =[2;5;-13];
```

```
C = [2 0 0];D = [0];
G = ss(A,B,C,D);
eig(G)
```

运行结果如下:

```
ans =
  -2.7423
  -0.1289 +2.6975i
  -0.1289 -2.6975i
```

当然也可以直接求矩阵 A 的特征值,MATLAB 程序如下:

```
A = [0 2 0;0 0 2;-5 -4 -3];
eig(A)
```

运行结果如下:

```
ans =
  -2.7423
  -0.1289 +2.6975i
  -0.1289 -2.6975i
```

2. 求取动态响应曲线

1) step( )函数

格式: step(sys)

step(sys,t)

[y,t,x] = step(sys)

说明: step 函数用于计算系统的单位阶跃响应,无输出变量时直接绘出响应图。

step(sys)计算并在当前窗口绘制系统的阶跃响应。

step(sys,t)需要定义计算时的时间矢量。

step(sys1,sys2,…,sysN)或 step(sys1,sys2,…,sysN,t)同时仿真多个控制对象。

step(sys1,'PlotStyle1',sys2,'PlotStyle2',…,sysN,'PlotStyleN')定义每个仿真的绘制属性,其中,PlotStyle1 至 PlotStyleN 是 MATLAB 标准命令 plot 支持的各种属性标识字符串。

[y,t,x] = step(sys)计算仿真数据,并不在窗口中显示,其中,y 为输出响应矢量,t 为时间矢量,x 为状态数据。

2) impulse( )函数

格式: impulse(sys)

impulse(sys,t)

[y,t,x] = impulse(sys)

说明: impulse 函数用于计算系统的单位脉冲响应,无输出变量时直接绘出响应图。

impulse(sys)计算并在当前窗口绘制系统的脉冲响应。

impulse(sys,t)定义计算时的时间矢量。

impulse(sys1,sys2,…,sysN)或 impulse(sys1,sys2,…,sysN,t)同时仿真多个控制对象。

impulse(sys1,'PlotStyle1',sys2,'PlotStyle2',…,sysN,'PlotStyleN')定义每个仿真的绘

制属性,其中,PlotStyle1 至 PlotStyleN 是 MATLAB 标准命令 plot 支持的各种属性标识字符串。

[y,t,x] = impulse(sys,t)计算仿真数据,并不在窗口中显示,其中,y 为输出响应矢量,t 为时间矢量,x 为状态数据。

3) initial( )函数

格式: initial(sys,x0)

       initial(sys,x0,t)

       [y,t,x] = initial(sys,x0)

说明:initial 函数用于计算系统的零输入响应,无输出变量时直接绘出响应图。

initial(sys,x0)计算并在当前窗口绘制系统的零输入响应,其中 x0 为初始状态。

initial(sys,x0,t)定义计算时的时间矢量。

initial(sys1,sys2,…,sysN,x0)或 initial(sys1,sys2,…,sysN,x0,t)同时仿真多个控制对象。

initial(sys1,'PlotStyle1',sys2,'PlotStyle2',…,sysN,'PlotStyleN',x0)定义每个仿真的绘制属性,其中,PlotStyle1 ~ PlotStyleN 是 MATLAB 标准命令 plot 支持的各种属性标识字符串。

[y,t,x] = initial(sys,x0,t)计算仿真数据,并不在窗口中显示,其中,y 为输出响应矢量,t 为时间矢量,x 为状态数据。

4) lsim( )函数

格式: lsim(sys,u,t)

       lsim(sys,u,t,x0)

       lsim(sys,u,t,x0,'zoh')

       [y,t,x] = lsim(sys,u,t,x0)

说明:lsim 函数用于计算系统的任意输入响应,无输出变量时直接绘出响应图。

lsim(sys,u,t)计算并在当前窗口绘制系统在输入 u 作用下的响应。

lsim(sys,u,t,x0)定义系统的初始状态 x0。

lsim(sys,u,t,x0,'zoh')定义系统的输入值所采用的插值方法。

lsim(sys1,sys2,…,sysN,u,t)或 initial(sys1,sys2,…,sysN,u,t,x0)同时仿真多个控制对象。

lsim(sys1,'PlotStyle1',sys2,'PlotStyle2',…,sysN,'PlotStyleN',u,t)定义每个仿真的绘制属性,其中,PlotStyle1 ~ PlotStyleN 是 MATLAB 标准命令 plot 支持的各种属性标识字符串。

[y,t,x] = lsim(sys,u,t,x0)计算仿真数据,并不在窗口中显示,其中,y 为输出响应矢量,t 为时间矢量,x 为状态数据。

例 8 – 13 已知控制系统的闭环传递函数为

$$\phi(s) = \frac{25}{s^3 + 30s^2 + 20s + 25}$$

试用 MATLAB 求系统的单位阶跃响应。

解：MATLAB 程序如下:

```
s = tf('s');
Q = 25/(s^3 + 30 * s^2 + 20 * s + 25);
step(Q);
grid
```

运行结果如图 8 - 2 所示。

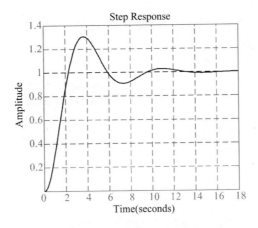

图 8 - 2　控制系统单位阶跃响应

例 8 - 14　图 8 - 3 所示是某型飞机俯仰角控制系统方框图。输入信号为斜坡信号 $\theta_d(t) = at, a = 0.5°/s$，分别求采用下述两种控制控制器情况下系统的斜坡响应曲线。

（1）若采用比例控制器 $G_c(s) = 2$；

（2）若采用比例 - 积分控制器 $G_c(s) = 2 + \dfrac{1}{s}$。

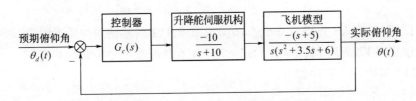

图 8 - 3　飞机俯仰角控制系统方框图

解：MATLAB 程序如下:

```
s = tf('s');
Gc1 = 2;
Gc2 = 2 + 1/s;
G1 = -10/(s + 10);
G2 = -(s + 5)/(s * (s^2 + 3.5 * s + 6));
G3 = series(G1,G2);
G4 = series(Gc1,G3);
G5 = series(Gc2,G3);
H = 1;
Q1 = feedback(G4,H,-1);
```

```
Q2 = feedback(G5,H, - 1);
t = 0:0.05:10;
f = 0.5 * pi/180;                    % 转换为弧度每秒
u = f * t;
lsim(Q1,' - - b',Q2,' - r',u,t);
legend('比例控制','比例积分控制');
grid
```

运行结果如图 8 - 4 所示。从图中可以看出,比例 - 积分控制与比例控制相比,稳态误差显著减小,控制精度得到较大提高。

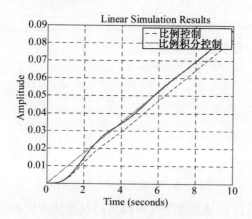

图 8 - 4 控制系统的斜坡响应

例 8 - 15 典型二阶系统传递函数为

$$G(s) = \frac{C(s)}{R(s)} = \frac{\omega_n^2}{s^2 + 2\zeta\omega_n s + \omega_n^2}$$

(1) 试用 MATLAB 分析 $\omega_n = 5$, $\zeta = 0,0.2,0.5,1,2$ 时系统单位阶跃响应。

(2) 试用 MATLAB 分析 $\zeta = 0.5$, $\omega_n = 2,3,4,6,9$ 时系统单位阶跃响应。

解:(1) MATLAB 程序如下:

```
wn = 5;
deta1 = 0; deta2 = 0.2; deta3 = 0.5; deta4 = 1; deta5 = 2;
t = 0:0.02:5;
sys1 = tf(wn^2,[1,2 * deta1 * wn,wn^2]);
sys2 = tf(wn^2,[1,2 * deta2 * wn,wn^2]);
sys3 = tf(wn^2,[1,2 * deta3 * wn,wn^2]);
sys4 = tf(wn^2,[1,2 * deta4 * wn,wn^2]);
sys5 = tf(wn^2,[1,2 * deta5 * wn,wn^2]);
step(sys1,'. m',sys2,': b',sys3,'-. r',sys4,' - - g',sys5,' - k',t);
legend('deta = 0','deta = 0.2','deta = 0.5','deta = 1','deta = 2');    % 标注曲线类型
grid
```

运行结果如图 8 - 5 所示。

由图 8 - 5 可见,当 $\zeta = 0$ 时,输出为等幅振荡,系统临界稳定;当 $0 < \zeta < 1$ 时,输出为

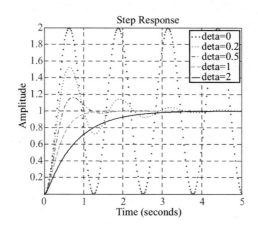

图 8 − 5　控制系统的单位阶跃响应

衰减振荡,且当 ω_n 不变时,增大 ζ,则系统超调量减小、调整时间减小;当 $\zeta \geqslant 1$ 时,系统无超调,且当 ω_n 不变时,增大 ζ 调整时间增大。

（2）MATLAB 程序如下：

```
deta = 0.5;
wn1 = 2; wn2 = 3; wn3 = 4; wn4 = 6; wn5 = 9;
t = 0:0.05:5;
sys1 = tf(wn1^2,[1,2 * deta * wn1,wn1^2]);
sys2 = tf(wn2^2,[1,2 * deta * wn2,wn2^2]);
sys3 = tf(wn3^2,[1,2 * deta * wn3,wn3^2]);
sys4 = tf(wn4^2,[1,2 * deta * wn4,wn4^2]);
sys5 = tf(wn5^2,[1,2 * deta * wn5,wn5^2]);
step(sys1,'. m',sys2,': b',sys3,'-. r',sys4,'- - g',sys5,'- k',t);
legend('wn = 2','wn = 3','wn = 4','wn = 6','wn = 9');
grid
```

运行结果如图 8 − 6 所示。

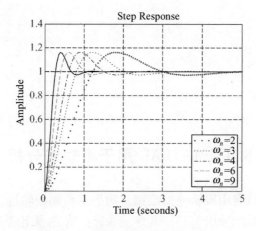

图 8 − 6　控制系统的单位阶跃响应

由图 8 - 6 可见,对于欠阻尼系统(即 $0 < \zeta < 1$),当 ζ 不变时,增大 ω_n,则系统调整时间减小、响应加快,但超调量不变。

3. 求取性能指标

例 8 - 16 已知系统传递函数为

$$G(s) = \frac{200}{s^2 + 5s + 200}$$

试用 MATLAB 求系统的性能指标:峰值时间 t_p,调整时间 t_s 以及超调量 $\sigma\%$(t_s 按 $\Delta = \pm 0.02$ 计算)。

解: MATLAB 程序如下:

```
t = 0:0.05:10;
num = [200];
den = [1,5,200];
yf = polyval(num,0)/polyval(den,0);
[y, x,t] = step(num,den,t);
[ym,tf] = max(y);
pos = (ym - yf)/yf;
tp = t(tf);
i = length(t);
for j = 1: length(t)
if abs((y(i) - yf)/yf) > 0.02
ts = t(i);
break;
else i = i - 1;
end;
end
disp('系统的峰值时间为'),disp(tp);
disp('系统的调整时间为'),disp(ts);
disp('系统的超调量为'),disp(pos)
```

运行结果为:

```
系统的峰值时间为
0.2500
系统的调整时间为
1.4000
系统的超调量为
0.5368
```

8.4　MATLAB 用于根轨迹分析

对于简单系统,可以利用根轨迹的绘制规则手工绘制根轨迹,但是对于高阶复杂系统,手工绘制将非常困难。采用 MATLAB 绘制系统根轨迹,无论系统简单还是复杂,都非常简单。

1. 绘制根轨迹

1）rlocus( )函数

格式：rlocus(sys)

        rlocus(sys,k)

        [r,k] = rlocus(sys)

        r = rlocus(sys,k)

说明：rlocus 用于绘制控制系统的根轨迹。当调用不含输出变量时,就在当前窗口中绘制系统的根轨迹图。当调用含输出变量 r 和 k 时,r 表示对应于开环增益 k 时系统的闭环极点,使用它们时,屏幕上将不显示根轨迹曲线,如要显示根轨迹,需要另加绘图指令 plot(r)。

2）等阻尼比线和等自然振荡频率线

典型二阶系统的开环传递函数为

$$G(s) = \frac{\omega_n^2}{s(s + 2\xi\omega_n)}.$$

其中,ξ 为阻尼比;ω_n 为自然振荡频率。

闭环系统的极点为

$$s_{1,2} = -\xi\omega_n \pm j\omega_n \sqrt{1 - \xi^2}$$

定义闭环极点张角 θ（也称为阻尼角）,则 $\tan\theta = \frac{\omega_n \sqrt{1 - \xi^2}}{\xi\omega_n} = \frac{\sqrt{1 - \xi^2}}{\xi}$。

所以,闭环极点张角 θ 和阻尼比 ξ 是一一对应的关系,因此,根轨迹图上等阻尼比线实际上就是等闭环极点张角线,也即一根径向线（因为径向线上的所有张角都相等）。

观察到闭环极点的实部和虚部有如下关系：

$$(-\xi\omega_n)^2 + (\pm \omega_n \sqrt{1 - \xi^2})^2 = \xi^2\omega_n^2 + \omega_n^2(1 - \xi^2) = \omega_n^2$$

所以只要自然振荡频率 ω_n 相等,闭环极点就位于半径为 ω_n 的同一个圆上,也就是说,根轨迹图上等自然振荡频率线就是一序列半径为 ω_n 的同心圆。

MATLAB 提供函数 sgrid 或 grid 用来绘制表示闭环性能的等阻尼比线和等自然振荡频率线。

2. 根轨迹上参数的获取

在控制系统的分析过程中,有时希望确定根轨迹上的某点的开环增益值和其他参数值,在 MATLAB 根轨迹分析中,通常有两种方法实现。

（1）绘制出根轨迹后,单击根轨迹上曲线上的任意点,就会出现一个显示方框,显示方框里的显示包括该点处的增益值（Gain）、极点（Pole）、阻尼比（Damping）、超调量（Overshoot）以及频率（Frequency）等。

（2）rlocfind( )函数。

格式：[k,poles] = rlocfind(sys)

        [k,poles] = rlocfind(sys,p)

说明：rlocfind 函数可计算出与根轨迹上极点相对应的根轨迹增益。

[k,poles] = rlocfind(sys)在控制对象的根轨迹图中显示出十字形光标,用来选择极点位置,当选中某一点时,其相关的根轨迹增益记录到 K 中,该增益的闭环极点记录到 poles 中。

调用 rlocus( )函数后,接着调用 rlocfind( )函数,运行该函数后,就会在根轨迹的图形屏幕上出现一个十字光标,同时,MATLAB 命令窗口会出现"Select a point in the graphics windows",提示用户选择一点,使用鼠标移动十字光标到需要的位置,单击左键就会在 MATLAB 命令窗口出现该点的数值,再分别键入参数 k 和 pole,就可以得到该点的增益和系统相对于该增益的闭环极点。

例 8 – 17　已知系统开环传递函数为

$$G(s)H(s) = \frac{K}{s(s+5)(s^2+4s+7)}$$

试绘制系统根轨迹。

解:MATLAB 编程如下:

```
s = tf('s');
GH = 1/(s*(s+5)*(s^2+4*s+7));
rlocus(GH);
```

运行结果如图 8 – 7 所示。

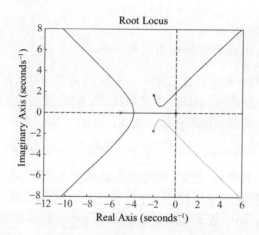

图 8 – 7　控制系统的根轨迹

例 8 – 18　假设某控制系统结构框图如图 8 – 8 所示。

其中,$G(s)H(s) = \dfrac{K}{s(s+2)}$,$H(s) = \dfrac{1}{s+1}$。

(1) 试绘制根轨迹;

(2) 求出阻尼比 $\xi = 0.707$ 时 K 的值,并绘制此时闭环系统的单位阶跃响应。

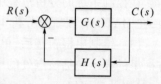

图 8 – 8　控制系统的结构框图

解:(1) 根据系统结构框图可以求出系统开环传递函数为

$$G(s)H(s) = \frac{K}{s(s+1)(s+2)}$$

MATLAB 编程如下：

```
s = tf('s');
GH = 1/(s*(s+1)*(s+2));
rlocus(GH);
grid                    % 打开等阻尼线
```

运行结果如图 8-9 所示。

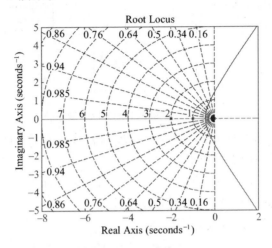

图 8-9　控制系统的根轨迹

（2）从根轨迹图中，可以单击根轨迹上阻尼比 $\xi = 0.707$ 的点，如图 8-10 所示，可以看出 $K = 0.648$，这样就可以绘制闭环系统的阶跃响应曲线。绘制阶跃响应曲线的 MAT-LAB 程序如下：

```
s = tf('s');
G = 0.648/(s*(s+2));
H = 1/(s+1);
step(feedback(G,H,-1));
axis([0 30 0 1.2]);            % 选定坐标范围
```

运行结果如图 8-11 所示。

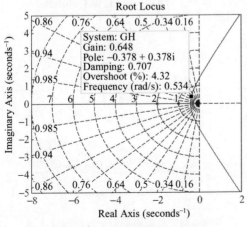

图 8-10　由根轨迹确定参数

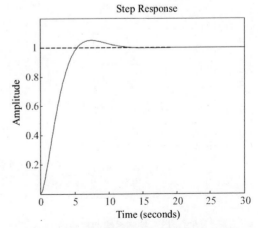

图 8-11　控制系统的单位阶跃响应曲线

221

从图中可以看出这样设计的系统动态性能比较合理。

例 8 - 19 某高性能战斗机,其俯仰角速度控制系统方框图如图 8 - 12 所示。其中

$$G(s) = \frac{-18(s+0.015)(s+0.45)}{(s^2+1.2s+12)(s^2+0.01s+0.0025)}$$

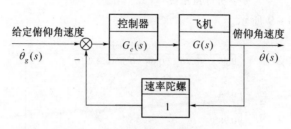

图 8 - 12 飞机俯仰角速度控制系统

(1) 若采用比例控制,即 $G_c(s) = -K$,试绘制 K 变化时的根轨迹图;若取 $K = 0.12$,试绘制此时系统的单位阶跃响应曲线。

(2) 若采用比例 - 微分控制,设计 $G_c(s) = -K(s+2)$,试绘制 K 变化时的根轨迹图;若取 $K = 0.5$,试绘制此时系统的单位阶跃响应曲线。

解:(1) 系统开环传递函数为

$$G(s)H(s) = \frac{18K(s+0.015)(s+0.45)}{(s^2+1.2s+12)(s^2+0.01s+0.0025)}$$

MATLAB 程序如下:

```
s = tf('s');
GH = (18 * (s + 0.015) * (s + 0.45))/((s^2 + 1.2 * s + 12) * (s^2 + 0.01 * s + 0.0025));
rlocus(GH);
grid
```

运行结果如图 8 - 13 所示,图 8 - 14 为原点附近局部放大图。

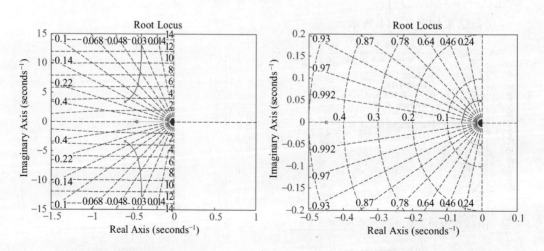

图 8 - 13 控制系统的根轨迹   图 8 - 14 根轨迹原点附近局部放大图

222

若取 $K = 0.12$,绘制此时系统阶跃响应曲线的 MATLAB 程序如下:

```
s = tf('s');
G = (18 * 0.12 * (s + 0.015) * (s + 0.45))/((s^2 + 1.2 * s + 12) * (s^2 + 0.01 * s +
0.0025));
H = 1;
step(feedback(G,H, -1));
```

运行结果如图 8 - 15 所示。显然,超调量过大,且稳态误差也过大,控制性能不够理想。

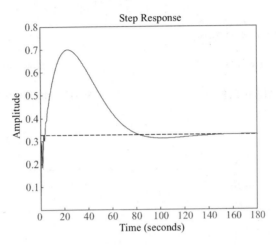

图 8 - 15　控制系统的单位阶跃响应

(2) 系统开环传递函数为

$$G(s)H(s) = \frac{18K(s + 2)(s + 0.015)(s + 0.45)}{(s^2 + 1.2s + 12)(s^2 + 0.01s + 0.0025)}$$

MATLAB 程序如下:

```
s = tf('s');
GH = (18 * (s + 2) * (s + 0.015) * (s + 0.45))/((s^2 + 1.2 * s + 12) * (s^2 + 0.01 * s +
0.0025));
rlocus(GH);
grid
```

运行结果如图 8 - 16 所示,图 8 - 17 为原点附近局部放大图。

若取 $K = 0.5$,绘制此时系统阶跃响应曲线的 MATLAB 程序如下:

```
s = tf('s');
G = (18 * 0.5 * (s + 2) * (s + 0.015) * (s + 0.45))/((s^2 + 1.2 * s + 12) * (s^2 + 0.01
* s + 0.0025));
H = 1;
step(feedback(G,H, -1));
```

运行结果如图 8 - 18 所示。很明显,采用比例 - 微分控制后,控制性能改善较大,超调量和稳态误差都减小到合理范围,且调整时间也增加不大。

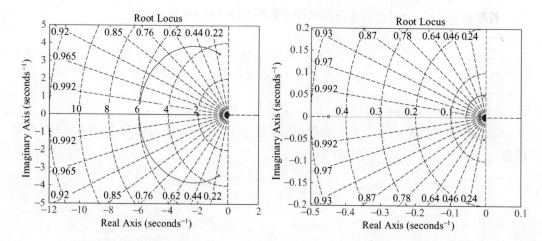

图 8-16　控制系统的根轨迹　　　　　图 8-17　根轨迹原点附近局部放大图

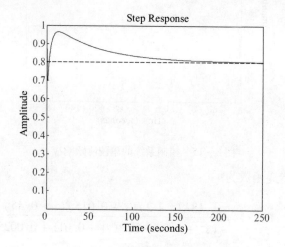

图 8-18　控制系统的单位阶跃响应

8.5　MATLAB 用于频域分析

1. 绘制频率特性曲线

1）bode( )函数

格式：bode(sys)

bode(sys,w)

bode(sys1,sys2, …,sysN)

bode(sys1,sys2, …,sysN,w)

bode(sys1,'PlotStyle1',…, sysN, 'PlotStyleN')

[mag,phase,w] = bode(sys)

[mag,phase] = bode(sys,w)

说明：bode 函数计算并显示系统的伯德图,当调用无输出变量时,bode 在当前图形窗口中进行伯德图绘制。

bode(sys)计算并在当前窗口绘制 LTI 对象 sys 的伯德图,可用于 SISO 或 MIMO 系统。

bode(sys,w),需要定义绘制时的频率范围或频率点 w,如果定义频率范围,w 必须具有[wmin,wmax]格式,如果定义频率点,则 w 必须为由需要频率点频率组成的矢量。

bode(sys1,sys2,…,sysN),同时在一个窗口绘制多个 LTI 对象的伯德图,这些系统必须具备同样的输入数目和输出数目,常用于多个系统伯德图的比较。

bode(sys1,sys2,…,sysN,w),同时在一个窗口绘制多个 LTI 对象的伯德图,并需要定义频率范围。

bode(sys1,'PlotStyle1',…, sysN, 'PlotStyleN'),需要定义每个绘制的绘制属性,其中 PlotStyle1 和 PlotStyleN 为 MATLB 命令 plot 支持的各种绘图属性标志字符串。

[mag,phase,w]=bode(sys)和[mag,phase]=bode(sys,w),mag 为伯德图的幅值, phase 为伯德图的相位值,w 为伯德图的频率点。

2)nyquist()函数

格式:nyquist(sys)

nyquist(sys,w)

nyquist (sys1,sys2,…,sysN)

nyquist (sys1,sys2,…,sysN,w)

nyquist (sys1,'PlotStyle1',…, sysN, 'PlotStyleN')

[re,im,w] = nyquist(sys)

[re,im] = nyquist(sys,w)

说明:nyquist 函数可计算 LTI 系统的奈氏频率曲线。奈氏曲线用来分析包括幅值裕量、相位裕量和稳定性在内的系统特性。当调用无输出时,nyquist 函数会在当前图形窗口中直接绘制出奈氏曲线。

nyquist(sys),在当前窗口中绘制 LTI 对象 sys 的奈氏曲线。可应用于 SISO 或 MIMO 系统。当系统为 MIMO 时,该函数产生一组奈氏曲线,每个输入输出通道对应一个。

nyquist(sys,w),显示定义绘制时的频率范围或频率点 w。

nyquist (sys1,sys2,…,sysN)和 nyquist (sys1,sys2,…,sysN,w),同时在一个窗口绘制多个 LTI 对象的奈氏图。

nyquist (sys1,'PlotStyle1',…, sysN, 'PlotStyleN'),需要定义每个绘制的绘制属性,其中 PlotStyle1 和 PlotStyleN 为 MATLB 命令 plot 支持的各种绘图属性标志字符串。

[re,im,w] = nyquist(sys)和[re,im] = nyquist(sys,w),返回系统在频率 w 处的频率响应。其中,re 为频率响应的实部,im 为频率响应的虚部,w 为频率点。

2. 分析系统相对稳定性

margin()函数

格式:margin(sys)

[Gm,Pm,Wcg,Wcp]=margin(sys)

[Gm,Pm,Wcg,Wcp]=margin(mag. phase,w)

说明:margin 函数可从频率响应数据中计算出幅值、相位裕量以及相应的穿越频率、截止频率。幅值和相位裕量是针对开环 SISO 系统而言的,它指示出当系统闭环时的相对稳定性。当不带输出变量引用时,margin 可在当前图形窗口中绘制出带幅值、相位裕量的伯德图。

margin(sys)在当前图形窗口中绘制出带幅值、相位裕量的伯德图。

[Gm,Pm,Wcg,Wcp] = margin(sys)计算 LTI 对象 sys 的幅值和相位裕量。返回值中,Gm 对应于系统的幅值裕量,Wcg 为其响应的穿越频率,Pm 对应于系统的相位裕量,Wcp 为其响应的截止频率。

[Gm,Pm,Wcg,Wcp] = margin(mag,phase,w)根据由 mag,phase 和 w 给出的系统伯德图数据计算系统的幅值和相位裕量。其中 mag 给出伯德图数据的幅值数据,phase 给出伯德图数据的相位数据,w 为频率矢量。

例 8 - 20 系统开环传递函数为

$$G(s) = \frac{s+5}{s(s^2 + 3s + 2)(s^2 + 2s + 5)}$$

(1) 绘制系统的伯德图;

(2) 绘制系统的奈氏图。

解:(1) MATLAB 程序如下:

```
s = tf('s');
G = (s + 5)/(s * (s^2 + 3 * s + 2) * (s^2 + 2 * s + 5));
bode(G);
grid
```

运行结果如图 8 - 19 所示。

(2) MATLAB 程序如下:

```
s = tf('s');
G = (s + 5)/(s * (s^2 + 3 * s + 2) * (s^2 + 2 * s + 5));
nyquist(G);
grid
axis([ -1 0.2 -1 1]);
```

运行结果如图 8 - 20 所示。

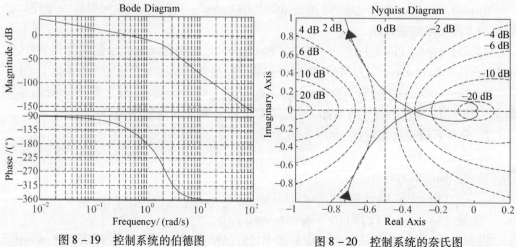

图 8 - 19 控制系统的伯德图   图 8 - 20 控制系统的奈氏图

226

例 8 - 21 已知某负反馈系统的开环传递函数为

$$G(s) = \frac{s + 13}{s(s^2 + 7s + 5)}$$

试求系统的幅值裕度和相角裕度,并绘制系统伯德图。

解: MATLAB 程序如下:

```
s = tf('s');
G = (s + 13)/(s * (s^2 + 7 * s + 5));
margin(G)
```

运行结果如图 8 - 21 所示。从图中可以看出,截止频率为 1.33rad/s,相角裕量为 25°,穿越频率为 3.29rad/s,幅值裕量为 15.3dB。

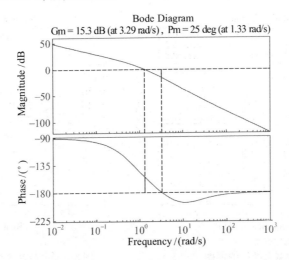

图 8 - 21 控制系统的伯德图

例 8 - 22 典型二阶系统传递函数为

$$G(s) = \frac{C(s)}{R(s)} = \frac{\omega_n^2}{s^2 + 2\zeta\omega_n s + \omega_n^2}$$

(1) 试用 MATLAB 绘制 $\omega_n = 5, \zeta = 0.05, 0.2, 0.8, 2$ 时系统的伯德图。

(2) 试用 MATLAB 绘制 $\omega_n = 5, \zeta = 0.4, 0.6, 1, 2$ 时系统奈氏图。

解: (1) MATLAB 程序如下:

```
wn = 5;
deta1 = 0.05; deta2 = 0.2; deta3 = 0.8; deta4 = 2;
sys1 = tf(wn^2,[1,2 * deta1 * wn,wn^2]);
sys2 = tf(wn^2,[1,2 * deta2 * wn,wn^2]);
sys3 = tf(wn^2,[1,2 * deta3 * wn,wn^2]);
sys4 = tf(wn^2,[1,2 * deta4 * wn,wn^2]);
bode(sys1,' - b',sys2,': g',sys3,' - - r',sys4,'- . m');
legend('deta = 0.05','deta = 0.2','deta = 0.8','deta = 2');
grid
```

运行结果如图 8 - 22 所示。

（2）MATLAB 程序如下：

```
wn = 5;
deta1 = 0.4; deta2 = 0.6; deta3 = 1; deta4 = 2;
sys1 = tf(wn^2,[1,2 * deta1 * wn,wn^2]);
sys2 = tf(wn^2,[1,2 * deta2 * wn,wn^2]);
sys3 = tf(wn^2,[1,2 * deta3 * wn,wn^2]);
sys4 = tf(wn^2,[1,2 * deta4 * wn,wn^2]);
nyquist(sys1,'- b',sys2,': g',sys3,'- - r',sys4,'-. m');
legend('deta = 0.4','deta = 0.6','deta = 1','deta = 2');
grid
```

运行结果如图 8 – 23 所示。

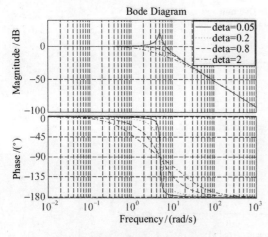

图 8 – 22　控制系统的伯德图　　　　图 8 – 23　控制系统的奈氏图

例 8 – 23　系统开环传递函数为

$$G(s) = \frac{K}{s(Ts+1)(2s+1)}$$

试分别绘制：

（1）$T = 1$，K 分别取 0.5,4,10,20 时的伯德图，并讨论系统的稳定性；

（2）$T = 1$，K 分别取 1,1.4,1.8,2.6 时的奈氏图，并讨论系统的稳定性；

（3）$K = 1$，T 分别取 0.5,4,10,20 时的伯德图，并讨论系统的稳定性；

（4）$K = 1$，T 分别取 1,1.4,1.8,2.6 时的奈氏图，并讨论系统的稳定性。

解：（1）MATLAB 程序如下：

```
T = 1;
K1 = 0.5; K2 = 4; K3 = 10; K4 = 20;
s = tf('s');
G1 = K1/(s * (T * s + 1) * (2 * s + 1));
G2 = K2/(s * (T * s + 1) * (2 * s + 1));
G3 = K3/(s * (T * s + 1) * (2 * s + 1));
```

228

```
G4 = K4/(s*(T*s+1)*(2*s+1));
bode(G1,'-b',G2,':g',G3,'--r',G4,'-.m');
legend('K=0.5','K=4','K=10','K=20');
grid
```

运行结果如图 8 - 24 所示。从图中可以看出，K 值的增加，只影响伯德图的幅频特性，而不影响相频特性的变化，系统由稳定渐渐变为不稳定。

（2）MATLAB 程序如下：

```
T=1;
K1=1; K2=1.4; K3=1.8; K4=2.6;
s=tf('s');
G1 = K1/(s*(T*s+1)*(2*s+1));
G2 = K2/(s*(T*s+1)*(2*s+1));
G3 = K3/(s*(T*s+1)*(2*s+1));
G4 = K4/(s*(T*s+1)*(2*s+1));
nyquist(G1,'-b',G2,':g',G3,'--r',G4,'-.m');
legend('K=1','K=1.4','K=1.8','K=2.6');
grid
axis([-3 0 -1.5 1.5]);
```

运行结果如图 8 - 25 所示。由图可知，随着 K 值的增加，系统由不包围（ -1,j0）点渐渐变为包围（ -1,j0）点，即系统由稳定渐渐变为不稳定。

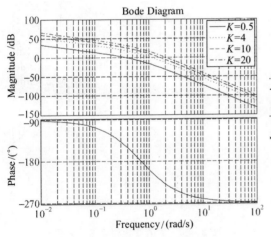

图 8 - 24　K 值变化时系统伯德图　　　图 8 - 25　K 值变化时系统奈氏图

（3）MATLAB 程序如下：

```
K=1;
T1=0.5; T2=4; T3=10; T4=20;
s=tf('s');
G1 = K/(s*(T1*s+1)*(2*s+1));
G2 = K/(s*(T2*s+1)*(2*s+1));
G3 = K/(s*(T3*s+1)*(2*s+1));
G4 = K/(s*(T4*s+1)*(2*s+1));
```

```
bode(G1,'- b',G2,': g',G3,'- - r',G4,'- . m');
legend('T =0.5','T =4','T =10','T =20');
grid
```

运行结果如图 8 -26 所示。由图可知,随着 T 值增加,对幅频特性,相频特性都有影响,稳定性要综合考虑。

（4）MATLAB 程序如下:

```
K =1;
T1 =1; T2 =1.4; T3 =1.8; T4 =2.6;
s =tf('s');
G1 =K/(s*(T1*s +1)*(2*s +1));
G2 =K/(s*(T2*s +1)*(2*s +1));
G3 =K/(s*(T3*s +1)*(2*s +1));
G4 =K/(s*(T4*s +1)*(2*s +1));
nyquist(G1,'- b',G2,': g',G3,'- - r',G4,'- . m');
legend('T =1','T =1.4','T =1.8','T =2.6');
grid
axis([ -3 0 -1.5 1.5]);
```

运行结果如图 8 -27 所示。由图可知,随着 T 值增加,曲线离(-1 , j0)点越来越近,也即稳态裕量越来越小,最后包围(-1 , j0)点,也即变为不稳定。

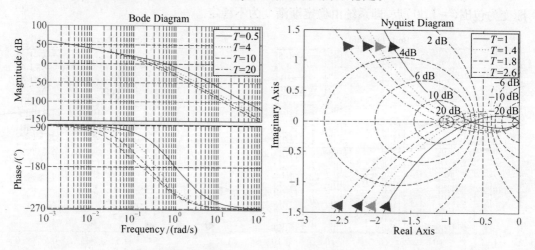

图 8 -26 T 值变化时系统伯德图   图 8 -27 T 值变化时系统奈氏图

8.6 MATLAB 用于系统校正和设计

MATLAB 用于控制系统校正和设计,不仅可以直接获得系统的相位裕量和截止频率等性能指标,还可以通过校正前后系统的仿真曲线,直观地看到校正装置在改善系统性能中所起的作用,方便及时调整校正装置的参数。

1. 超前校正装置的设计

例 8 -24 设某一单位反馈系统开环传递函数:

$$G_0(s) = \frac{K}{s(0.5s+1)}$$

要求系统的速度误差系数 $K_v = 20s^{-1}$，相位裕量 $\gamma \geqslant 50°$，为满足系统性能指标的要求，试设计超前校正装置。

解：先确定 K

$$K_v = \lim_{s \to 0} sG_0(s) = \lim_{s \to 0} \frac{K}{0.5s+1} = K = 20$$

为了方便使用，可以自定义一个超前校正函数 leadcompensation( )。

超前校正函数 leadcompensation( )的编程如下：

```
function leadcompensation(G0,K,dpm)
[mag,phase,w] = bode(G0 * K);
Lmag = 20 * log10(mag);                    % 将幅值转化为以 dB 为单位
[Gm,Pm,Wcg,Wcp] = margin(G0 * K);          % 求校正前系统的相位裕量
phi = (dpm - Pm) * pi/180;
a = (1 + sin(phi))/(1 - sin(phi));              % 求 a
m = -10 * log10(a);                        % 在未校正系统的幅频特性上
wc = spline(Lmag,w,m);                     % 找到幅值为 m 处的频率
T = 1/(wc * sqrt(a));                         % 求 T
numc = [a * T,1];
denc = [T,1];
Gc = tf(numc,denc);                        % 确定校正装置
[gm,pm,wcg,wcp] = margin(G0 * K * Gc);        % 输出校正结果
disp('校正装置的传递函数为:'),Gc = tf(numc,denc)
disp('校正前后系统相位裕量分别为:'),disp(Pm),disp(pm);
disp('校正前后系统截止频率分别为:'),disp(Wcp),disp(wcp);
figure
bode(Gc,'-. g',G0 * K,'- - b',G0 * K * Gc,'- r');   % 分别作校正装置和校正前
legend('校正装置','校正前','校正后')          % 系统的伯德图
grid;
figure
step(feedback(G0 * K,1,-1),'- - b',feedback(G0 * K * Gc,1,-1),'- r');  % 分别作
校正前后系统
legend('校正前','校正后')                        % 的单位阶跃响应图
grid;
end
```

在 MATLAB 命令窗口中输入原系统传递函数，要求指标，并调用自定义的超前校正函数 leadcompensation( )，编程如下：

```
s = tf('s');
G0 = 1/(s * (0.5 * s + 1));
K = 20;
dpm = 50 + 10;                          % 相位裕量加 10°的补偿
```

```
leadcompensation(G0,K,dpm)
```

程序运行结果如下(包含图 8 - 28 和图 8 - 29):

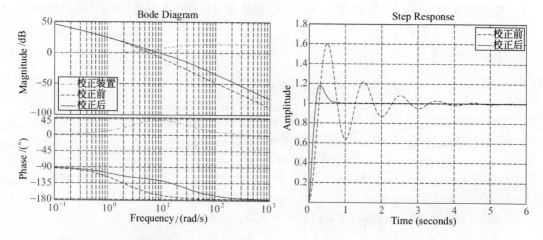

图 8 - 28　校正前后开环系统伯德图　　　图 8 - 29　校正前后闭环系统单位阶跃响应

校正装置的传递函数为:

Gc =

　0.2397 s + 1

　－ － － － － －

　0.04744 s + 1

Continuous - time transfer function.

校正前后系统相位裕量分别为:

　17.9642

　54.0751

校正前后系统截止频率分别为:

　6.1685

　9.3776

从运行结果可知,设计的超前校正装置符合设计要求。

例 8 - 25　图 8 - 30 所示是某型飞机俯仰角速度控制系统方框图。试设计超前校正装置,要求系统的速度误差系数 $K_v = 20s^{-1}$,相位裕量 $\gamma \geqslant 45°$。

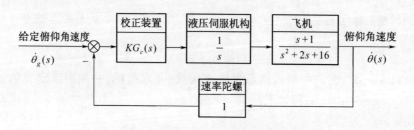

图 8 - 30　飞机俯仰角速度控制系统方框图

解:系统的开环传递函数为

$$G_0(s) = \frac{s+1}{s(s^2+2s+16)}$$

则可以确定 K

$$K_v = \lim_{s \to 0} sG_0(s) = \lim_{s \to 0} \frac{K}{s^2+2s+16} = 20,\text{所以 } K = 320$$

采用例 8 – 24 自定义的超前校正函数 leadcompensation( )可以较方便地设计校正装置,在 MATLAB 命令窗口编程如下:

```
s = tf('s');
G0 = (s+1)/(s*(s^2+2*s+16));
K = 320;
dpm = 45 + 10;                    % 相位裕量加 10°的补偿
leadcompensation(G0,K,dpm)
```

程序运行结果如下(包含图 8 – 31 和图 8 – 32):

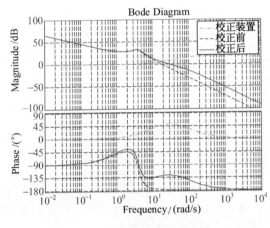

图 8 – 31 校正前后开环系统伯德图

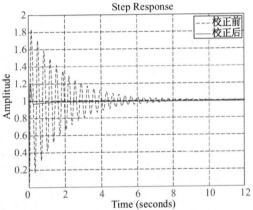

图 8 – 32 校正前后闭环系统单位阶跃响应

校正装置的传递函数为:

Gc =

  0.09396 s + 1

  – – – – – –

  0.01141 s + 1

Continuous – time transfer function.

校正前后系统相位裕量分别为:

  3.4226

  53.5139

校正前后系统截止频率分别为:

  18.2863

  30.5421

从运行结果可知,针对飞机俯仰角速度控制系统所设计的超前校正装置符合设计要求。

2. 滞后校正装置的设计

例 8-26　单为反馈系统的开环传递函数为

$$G_0(s) = \frac{K}{s(s+1)(s+2)}$$

试设计滞后校正装置,要求系统的速度误差系数 $K_v = 2s^{-1}$,相位裕量 $\gamma \geqslant 40°$,幅值裕量 $h \geqslant 10\text{dB}$。

解:先确定 K

$$K_v = \lim_{s \to 0} s G_0(s) = \lim_{s \to 0} \frac{K}{(s+1)(s+2)} = \frac{K}{2} = 2,\text{所以 } K = 4$$

可以自定义一个滞后校正函数 lagcompensation( )。

滞后校正函数 lagcompensation( ) 的编程如下:

```
function lagcompensation(G0,K,dpm)
[mag,phase,w] = bode(G0 * K);                    % 求原系统的频率特性
Lmag = 20 * log10(mag);                          % 将幅值转化为以 dB 为单位
pm = -180 + dpm;
wc = spline(phase,w,pm);                         % 在原系统中找满足要求的截止频率
mwc = spline(w,Lmag,wc);
b = 10^( -mwc/20);
w2 = 0.15 * wc;                                  % 求滞后校正装置的转折频率
T = 1/(b * w2);                                  % 求 T
numc = [b * T,1];
denc = [T,1];
Gc = tf(numc,denc);                              % 确定校正装置
[Gm,Pm,Wcg,Wcp] = margin(G0 * K);                % 求校正前系统的相位裕量
[gm,pm,wcg,wcp] = margin(G0 * K * Gc);           % 输出校正结果
disp('校正装置的传递函数为:'),Gc = tf(numc,denc)
disp('校正前后系统相位裕量分别为:'),disp(Pm),disp(pm);
disp('校正前后系统截止频率分别为:'),disp(Wcp),disp(wcp);
LGm = 20 * log10(Gm);                            % 将幅值转化为以 dB 为单位
Lgm = 20 * log10(gm);                            % 将幅值转化为以 dB 为单位
disp('校正前后系统幅值裕量分别为:'),disp(LGm),disp(Lgm);
disp('校正前后系统穿越频率分别为:'),disp(Wcg),disp(wcg);
figure
bode(Gc,'-. g',G0 * K,'- - b',G0 * K * Gc,'- r');   % 分别作校正装置和校正前后
legend('校正装置','校正前','校正后')                  % 系统的伯德图
grid;
figure
step(feedback(G0 * K,1,-1),'- - b',feedback(G0 * K * Gc,1,-1),'- r');  % 分别作
校正前后系统
legend('校正前','校正后')                                    % 的单位阶跃响应图
```

```
grid;
end
```

在 MATLAB 命令窗口中输入原系统传递函数,要求指标,并调用自定义的滞后校正函数 lagcompensation( ),编程如下:

```
s = tf('s');
G0 = 1/(s*(s+1)*(s+2));
K = 4;
dpm = 40 + 10;                          % 相位裕量加 10°的补偿
lagcompensation(G0,K,dpm)
```

程序运行结果如下(包含图 8 – 33 和图 8 – 34):

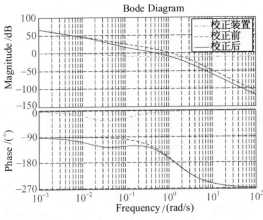

图 8 – 33 校正前后开环系统伯德图   图 8 – 34 校正前后闭环系统单位阶跃响应

校正装置的传递函数为:

Gc =

　13. 56 s + 1

　– – – – – –

　48. 05 s + 1

Continuous – time transfer function.

校正前后系统相位裕量分别为:

　11. 4304

　43. 6514

校正前后系统截止频率分别为:

　1. 1431

　0. 4957

校正前后系统幅值裕量分别为:

　3. 5218

　13. 7880

校正前后系统穿越频率分别为:

　1. 4142

1. 3569

从运行结果可知,设计的滞后校正装置符合设计要求。

8.7　Simulink 建模与仿真

Simulink 是 MATLAB 非常重要的一个工具箱,它与用户的交互接口是基于图形的编程方法。其主要功能是实现动态系统的建模、仿真和分析。

Simulink 提供了大量按功能分类的系统模块,用户只需要了解这些模块的输入输出和模块实现的功能即可,而不必考察模块内部是如何实现的。通过对这些模块进行调用,再将它们连接起来构成所需要的系统模型,就可以实现对系统的分析和仿真。

1. Simulink 的启动

进入 MATLAB 环境后,在 MATLAB 命令窗口中输入 Simulink,回车后就可启动 Simulink 库模块浏览器。在 Simulink 库模块浏览器中新建空模型窗口。接下来就可以在这个空模型窗口中创建所需的 Simulink 模型。

2. Simulink 模型基本结构

典型的 Simulink 模型一般包含三种类型的模块元素:信号源模块、被仿真的系统模块以及输出显示模块。其典型关系如图 8 - 35 所示。系统模块是 Simulink 仿真建模的核心,是建模所要解决问题的主要部分,信号源为系统的输入,可以是常数信号源、函数信号源以及用户自定义的信号等。显示模块显示系统的输出,显示形式包括图形显示、示波器显示以及输出到 MATLAB 工作空间或输出到文件等。

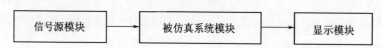

图 8 - 35　Simulink 模型典型模块间的关系

3. Simulink 模型的建立

建立 Simulink 模型的具体做法就是从 Simulink 库模块中选择所需要的模块,并将其拖拽到空模型窗口中,再按住鼠标左键进行模块间的连线,然后双击模块打开参数设置,设置好参数,就可以构建出系统模型。

4. Simulink 运行仿真

创建了 Simulink 模型后,在 MATLAB 中有两种方法运行仿真。

1) 使用窗口运行仿真

在已经创建了 Simulink 模型的窗口中,选择 Simulation 菜单下的 Start 命令,即可进行模型的仿真。选择 Simulation Parameters 进行仿真参数和算法选择的设置。

2) 使用 MATLAB 命令运行仿真

在 Simulink 环境下创建好了所需要的仿真模型后,保存为 mdl 为后缀的文件后,就可以在 MATLAB 命令窗口中或 M 文件中,输入仿真命令运行仿真,一般常用的运行仿真命令有 sim 和 set_param。

sim 命令的格式如下:

`[T,X,Y] = sim('ModelName',Timespan,Options,Ut)`

其中，ModelName 表示需仿真的模块图名。

可以使用 set_param 命令来启动、停止和暂停或继续一个仿真，或者更新模块图。set_param 命令的格式如下：

```
set_param('ModelName', 'SimulationCommand','cmd')
```

其中，ModelName 表示需仿真的模块图名，cmd 可以是 start、stop、pause、continue 或 update。

例 8-27 图 8-36 所示是某型飞机俯仰角速度控制系统方框图，试用 Simulink 对系统进行仿真。

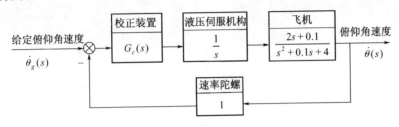

图 8-36 飞机俯仰角速度控制系统方框图

（1）若不采用校正装置，即 $G_c(s)=1$，求系统的单位阶跃响应。

（2）若采用如下校正装置

$$G_c(s) = \frac{88(s+2)^2(s+4)}{(s+10)^2(2s+0.1)}$$

求系统的单位阶跃响应。

解：在 MATLAB 命令窗口中输入 simulink 打开 Simulink 库模块浏览器，新建空模型窗口，从 Simulink 库模块中选择所需要的模块，并将其拖拽到空模型窗口中，再按住鼠标左键进行模块间的连线，然后双击模块打开参数设置，设置好参数，就可以构建如图8-37所示的系统仿真结构图。

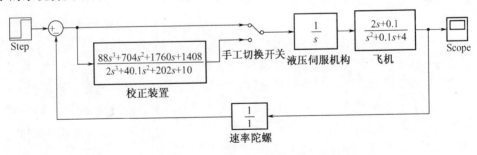

图 8-37 在 Simulink 下建立的系统仿真结构图

（1）将手工切换开关选择不采用校正装置，仿真运行后，系统的单位阶跃响应如图 8-38(a)所示。很明显，系统单位阶跃响应初期呈现出高频率的振荡，且调整时间过长，控制性能较差。

（2）双击手工切换开关变换到采用校正装置，仿真运行后，系统的单位阶跃响应如图 8-38(b)所示。通过校正后，消除了响应初期呈现的高频率振荡，且调整时间大大缩短，表明所设计的校正装置是令人满意的。

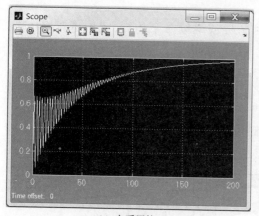
(a) 未采用校正

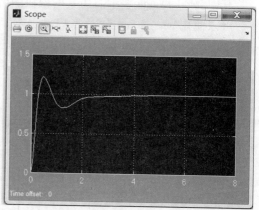
(b) 采用校正后

图 8-38　系统单位阶跃响应

习　题

8-1　在飞机控制系统的设计和分析过程中,常采用虚拟飞行员模型对飞行员建模。飞机和飞行员构成的回路如图 8-39 所示,其中变量 τ 表示飞行员的时延,$\tau=0.5$ 意味着飞行员的反应较慢,而 $\tau=0.25$ 意味着飞行员的反应较快。

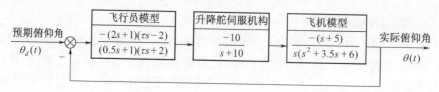

图 8-39　飞行员在回路中的飞机俯仰角控制系统方框图

(1) 试绘制 τ 变化时的根轨迹图,并分析为保证系统稳定 τ 的最大取值,也即飞行员的最大允许时延。

(2) 试分别求飞行员反应较快和较慢两种情况下的单位阶跃响应。

(3) 试分别求飞行员反应较快和较慢两种情况下的系统开环伯德图和奈氏图。

8-2　为下一代新概念喷气式民航客机所设计的俯仰角速度控制系统如图 8-40 所示。其中,增益因子 K_1 的可调范围较大,当飞机飞行条件由中等重量巡航变成轻重量降落时,K_1 可以从 0.02 变到 0.2。

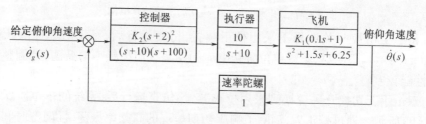

图 8-40　新概念飞机俯仰角速度控制系统方框图

（1）增益 K_1、K_2 变化时,绘制系统的根轨迹图。

（2）当飞机以中等重量巡航时,确定 K_2 的取值,使系统的阻尼比为 $\xi = 0.707$。

（3）利用(2)中得出的 K_2,且 K_1 为轻重量降落时的增益,试确定系统的阻尼比 ξ。

8-3　图8-41所示是某型飞机俯仰角速度控制系统方框图。试设计超前校正装置,要求系统的速度误差系数 $K_v = 320\mathrm{s}^{-1}$,相位裕量 $\gamma \geqslant 45°$。

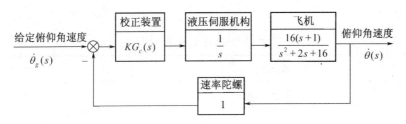

图 8-41　飞机俯仰角速度控制系统方框图

8-4　图8-42所示是某战斗机俯仰角速度控制系统方框图。

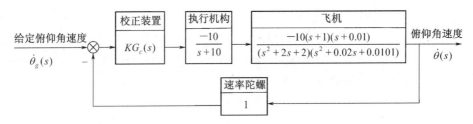

图 8-42　飞机俯仰角速度控制系统方框图

（1）试设计超前校正装置,要求系统的位置误差系数 $K_p = 19.6$,相位裕量 $\gamma \geqslant 55°$。

（2）试用 Simulink 对系统进行仿真,求系统校正前后的单位阶跃响应。

附　　录

常用函数的拉氏变换对照表

序号	原函数 $f(t)$	象函数 $F(s)$
1	单位脉冲 $\delta(t)$	1
2	单位阶跃 $1(t)$	$\dfrac{1}{s}$
3	t	$\dfrac{1}{s^2}$
4	$\dfrac{t^{n-1}}{(n-1)!}\,(n=1,2,3,\cdots)$	$\dfrac{1}{s^n}$
5	$t^n\,(n=1,2,3,\cdots)$	$\dfrac{n!}{s^{n+1}}$
6	e^{-at}	$\dfrac{1}{s+a}$
7	$t\mathrm{e}^{-at}$	$\dfrac{1}{(s+a)^2}$
8	$\dfrac{t^{n-1}}{(n-1)!}\mathrm{e}^{-at}\,(n=1,2,3,\cdots)$	$\dfrac{1}{(s+a)^n}$
9	$t^n\mathrm{e}^{-at}\,(n=1,2,3,\cdots)$	$\dfrac{n!}{(s+a)^{n+1}}$
10	$\sin\omega t$	$\dfrac{\omega}{s^2+\omega^2}$
11	$\cos\omega t$	$\dfrac{s}{s^2+\omega^2}$
12	$\sinh\omega t$	$\dfrac{\omega}{s^2-\omega^2}$
13	$\cosh\omega t$	$\dfrac{s}{s^2-\omega^2}$
14	$\dfrac{1}{a}(1-\mathrm{e}^{-at})$	$\dfrac{1}{s(s+a)}$
15	$\dfrac{1}{b-a}(\mathrm{e}^{-at}-\mathrm{e}^{-bt})$	$\dfrac{1}{(s+a)(s+b)}$

序号	原函数 $f(t)$	象函数 $F(s)$
16	$\dfrac{1}{b-a}(be^{-bt}-ae^{-at})$	$\dfrac{s}{(s+a)(s+b)}$
17	$\dfrac{1}{ab}\left[1+\dfrac{1}{a-b}(be^{-at}-ae^{-bt})\right]$	$\dfrac{1}{s(s+a)(s+b)}$
18	$\dfrac{1}{a^2}(1-e^{-at}-ate^{-at})$	$\dfrac{1}{s(s+a)^2}$
19	$\dfrac{1}{a^2}(at-1+e^{-at})$	$\dfrac{1}{s^2(s+a)}$
20	$e^{-at}\sin\omega t$	$\dfrac{\omega}{(s+a)^2+\omega^2}$
21	$e^{-at}\cos\omega t$	$\dfrac{s+a}{(s+a)^2+\omega^2}$
22	$\dfrac{\omega_n}{\sqrt{1-\xi^2}}e^{-\xi\omega_n t}\sin\omega_n\sqrt{1-\xi^2}\,t \quad (0<\xi<1)$	$\dfrac{\omega_n^2}{s^2+2\xi\omega_n s+\omega_n^2}$
23	$-\dfrac{1}{\sqrt{1-\xi^2}}e^{-\xi\omega_n t}\sin(\omega_n\sqrt{1-\xi^2}\,t-\varphi)$ $\varphi=\arctan\dfrac{\sqrt{1-\xi^2}}{\xi}\quad(0<\xi<1,0<\varphi<\pi/2)$	$\dfrac{s}{s^2+2\xi\omega_n s+\omega_n^2}$
24	$1-\dfrac{1}{\sqrt{1-\xi^2}}e^{-\xi\omega_n t}\sin(\omega_n\sqrt{1-\xi^2}\,t+\varphi)$ $\varphi=\arctan\dfrac{\sqrt{1-\xi^2}}{\xi}\quad(0<\xi<1,0<\varphi<\pi/2)$	$\dfrac{\omega_n}{s(s^2+2\xi\omega_n s+\omega_n^2)}$
25	$1-\cos\omega t$	$\dfrac{\omega^2}{s(s^2+\omega^2)}$
26	$\omega t-\sin\omega t$	$\dfrac{\omega^3}{s^2(s^2+\omega^2)}$
27	$\sin\omega t-\omega t\cos\omega t$	$\dfrac{2\omega^3}{(s^2+\omega^2)^2}$
28	$\dfrac{1}{2\omega}t\sin\omega t$	$\dfrac{s}{(s^2+\omega^2)^2}$
29	$t\cos\omega t$	$\dfrac{s^2-\omega^2}{(s^2+\omega^2)^2}$
30	$\dfrac{1}{\omega_2^2-\omega_1^2}(\cos\omega_1 t-\cos\omega_2 t)\quad\omega_1^2\neq\omega_2^2$	$\dfrac{s}{(s^2+\omega_1^2)(s^2+\omega_2^2)}$
31	$\dfrac{1}{2\omega}(\sin\omega t+\omega t\cos\omega t)$	$\dfrac{s^2}{(s^2+\omega^2)^2}$

参 考 文 献

[1] 胡寿松. 自动控制原理 [M]. 第五版. 北京：科学出版社,2007.

[2] 胡寿松. 自动控制原理习题解析[M]. 北京：科学出版社,2007.

[3] 宋丽蓉. 自动控制原理[M]. 北京：机械工业出版社,2004.

[4] 李晓秀,宋丽蓉. 自动控制原理(第2版)[M]. 北京：机械工业出版社,2011.

[5] 程鹏主编. 自动控制原理[M]. 北京：高等教育出版社,2003.

[6] Richard C. Dorf, Robert H. Bishop. 现代控制系统[M]. 第十一版. 谢红卫,孙志强,宫二玲,等译. 北京：电子工业出版社,2011.

[7] Katsuhiko Ogata. 现代控制工程(第五版)[M]. 卢伯英,佟明安,译. 北京：电子工业出版社,2011.

[8] 胡东华. 自动控制原理辅导及考研应试指导[M]. 北京：机械工业出版社,2003.

[9] 吴森堂,费玉华. 飞行控制系统[M]. 北京：北京航空航天大学出版社,2005.

[10] 张明廉. 飞行控制系统[M]. 北京：航空工业出版社,1994.

[11] 蔡满意. 飞行控制系统[M]. 北京：国防工业出版社,2007.

[12] 吴文海. 飞行综合控制系统[M]. 北京：航空工业出版社,2007.

[13] 章卫国,李爱军,李广文,等. 现代飞行控制系统设计[M]. 西安：西北工业大学出版社,2009.

[14] 鲁道夫－布罗克豪斯. 飞行控制[M]. 金长江,译. 北京：国防工业出版社,1999.

[15] 薛定宇.控制系统计算机辅助设计——MATLAB语言与应用(第2版)[M]. 北京：清华大学出版社,2006.

[16] 刘叔军,盖晓华,樊京,等. MATLAB7.0控制系统应用与实例[M].北京：机械工业出版社,2006.

[17] 吴忠强,刘志新,魏立新,等. 控制系统仿真及MATLAB语言[M]. 北京：电子工业出版社,2009.

[18] 张德丰. MATLAB程序设计与典型应用[M]. 北京：电子工业出版社,2009.